SiCp/Al-Si 基复合材料的制备技术及组织性能

王爱琴　马窦琴　柳　培　郝世明　谢敬佩　著

科 学 出 版 社

北　京

内 容 简 介

本书针对 SiCp/Al-Si 复合材料制备及加工过程中微观组织、界面结构及性能难以控制的难题，介绍粉末冶金法制备工艺，采用碳化硅预处理、基体微合金化、稀土氧化物变质及细化处理等措施制备了 SiCp/Al-30Si、SiCp/Al-19Si-Cu-Mg、氧化态 SiCp/Al-19Si-Cu-Mg、纳米 SiCp/Al-12Si-Cu-Mg 复合材料。本书阐明复合材料微观结构演变规律、界面结构及增强相特征与性能的关联性，揭示了基于界面效应与第二相协同作用的强韧化机制，实现轻质高强低膨胀复合材料的可控制备，为 SiCp/Al-Si 复合材料应用提供技术支撑。

本书可供从事装备制造、金属基复合材料等领域的科研工作者、工程技术人员、大学教师及研究生参考。

图书在版编目(CIP)数据

SiCp/Al-Si基复合材料的制备技术及组织性能 / 王爱琴等著. —北京：科学出版社，2023.3

ISBN 978-7-03-074161-5

Ⅰ. ①S… Ⅱ. ①王… Ⅲ. ①硅基材料-非金属复合材料-制备 ②硅基材料-非金属复合材料-组织性能(材料) Ⅳ. ①TN304.2

中国版本图书馆CIP数据核字(2022)第235967号

责任编辑：吴凡洁 罗 娟 / 责任校对：王萌萌
责任印制：吴兆东 / 封面设计：无极书装

科 学 出 版 社 出版
北京东黄城根北街 16 号
邮政编码：100717
http://www.sciencep.com
北京中石油彩色印刷有限责任公司 印刷
科学出版社发行 各地新华书店经销
*
2023 年 3 月第 一 版 开本：720 × 1000 1/16
2023 年 3 月第一次印刷 印张：14 1/4
字数：287 000

定价：118.00 元

(如有印装质量问题，我社负责调换)

前　言

SiCp/Al 复合材料具有轻质、低膨胀和高比强度等优点，可以满足太空恶劣服役环境对空间材料综合性能提出的苛刻要求，因此在航天飞行器关键部件中得到了广泛应用。作者团队在国家 863 计划军口项目和国家自然科学基金项目(51771070、52171138)的支持下，近十几年来一直致力于轻质、高强、低膨胀 SiCp/Al 复合材料的开发及应用研究，所制备的体积分数大于 50%SiCp/2024Al 复合材料成功应用于“神舟系列”飞船及“天宫一号”对接。随着航天飞行器向着更加高性能化和高可靠性等方向发展，要求其关键部件在保持尺寸稳定性(低膨胀性)的同时具有更加优异的力学性能。然而 SiCp/Al 复合材料强度与尺寸稳定性呈倒置关系；随着 SiCp 体积分数的增加，复合材料的膨胀系数降低，其强韧性亦随之降低；采用普通的铝合金基体及传统的调节 SiCp 含量的方法很难实现复合材料综合性能的同步优化提升。基于此，可采用具有低膨胀系数的铝硅合金作为基体，通过制备时析出的硅相和 SiCp 协同作用，解决 SiCp/Al 复合材料低膨胀和高强韧性难以兼顾、制约其发展的瓶颈。

界面作为增强体与基体之间的媒介，在 SiCp/Al-Si 复合材料变形过程中起着关键作用，界面微区调控对提升复合材料强韧性具有重要作用。采用碳化硅预处理、基体微合金化、稀土氧化物变质及细化组织等措施，调控复合材料的 SiCp/Al 界面结构、析出相及微观结构，可最大限度地发挥复合材料载荷传递强化、热错配强化、固溶强化及第二相析出强化效应。

本书利用粉末冶金法制备了不同种类的 SiCp/Al-Si 复合材料，采用扫描电镜、透射电镜及高分辨电镜等先进手段对复合材料的微观结构进行了表征，并对其力学性能和膨胀系数进行了测试，分析了粉末冶金制备工艺、碳化硅氧化处理、CeO_2 对复合材料组织及性能的影响，阐明制备及变形过程中微观组织演变规律及界面结构的形成机制，探明了界面结构及增强相特征与复合材料性能的关联性，揭示了基于界面效应与第二相协同作用的强韧化机制，实现轻质、高强、低膨胀 SiCp/Al-Si 复合材料可控制备。

全书共分 7 章，1.1 节、1.2 节由谢敬佩教授撰写；1.3 节、1.4 节及第 2 章由郝世明副教授撰写；第 3 章由柳培博士撰写；第 4 章由马窦琴博士撰写；第 5 章和第 7 章由王爱琴教授撰写；第 6 章由王行博士研究生撰写。全书由王爱琴教授统稿。

中国电子科技集团公司第二十七研究所张志高级工程师及张利军工程师做了

大量的工业实验及应用工作。

河南科技大学李炎教授、倪增磊硕士、韩辉辉硕士、李敏硕士、王荣旗硕士、李剑云硕士、王震硕士做了数据处理及有关编写材料的准备工作。

本书是作者团队长期科研、教学及工业应用工作的总结。由于作者水平有限，加之 SiCp/Al-Si 复合材料微观结构的复杂性，很多问题的研究正处于不断发展和深入过程中，书中难免会出现不妥之处，恳请读者批评指正。作者在此表示衷心的感谢！

联系地址：河南省洛阳市洛龙区 263 号，河南科技大学，邮编：471023，E-mail aiqin_wang888@163.com。

王爱琴

2022 年 11 月于洛阳

目　录

第1章 绪论

低膨胀复合材料作为新材料中的一种，广泛应用于精密仪器设备中，是高精度仪器设备中的关键材料。随着科学技术的迅速发展，高度集成的电子元件、光学器件、微波设备等都需要低膨胀材料来保证尺寸精度，减少温度引起的尺寸波动所引入的仪器误差，涉及航天领域，仪器精度更是至关重要。目前，低热膨胀系数材料多用在一定的环境温度下并且要求尺寸近似恒定的元器件或仪器设备中，已广泛应用于精密仪器、航天、电子封装领域，例如：

(1)精密仪器仪表、光学仪器中的元件，如精密天平的臂、标准杆件的摆杆、摆轮；

(2)长度标尺、大地测量基线尺；

(3)各种谐振腔、微波通信的波导管、标准频率发生器；

(4)航天工业复合材料零件；

(5)电子封装业；

(6)人造卫星、激光、环形激光陀螺仪及其他先进的高科技产品。

常用的低膨胀材料有：因瓦(Invar)合金、负热膨胀材料 ZrW_2O_8 和 Cu/ZrW_2O_8、硅铝合金、SiCp/Al 复合材料、碳纤维增强复合材料、非晶态低膨胀合金，其中具有高强度、轻质、低热膨胀系数等性能特点的 SiC 颗粒增强铝基复合材料已广泛应用于航空航天、光学仪器、精密电子、武器制导等高新技术领域。

铝硅基复合材料由于具有质量轻(密度小于 $2.7g/cm^3$)，热膨胀系数低，热传导性能良好，以及强度和刚度高，与金、银、铜、镍可镀，与基材可焊，易于精密机加工、无毒等优越性能，符合电子封装技术朝小型化、轻量化、高密度组装化方向发展的要求。另外，铝和硅在地球上含量都相当丰富，硅粉的制备工艺成熟，成本低廉，因此铝硅合金材料成为一种潜在的具有广阔应用前景的电子封装材料，受到越来越多的重视，特别是在航空航天领域。高硅铝合金封装材料作为轻质电子封装材料，其优点突出表现在：一是通过改变合金成分可实现材料物理性能设计；二是该类材料是飞行器用质量最轻的金属基电子封装材料，具有优异的综合性能；三是可实现低成本要求。

高硅铝合金具有密度小、比强度高、耐磨性能优异和热膨胀系数小等优点，还具有良好的导热性和耐腐蚀性能，在电子、航空领域有很大的应用潜力。近年来，世界各国都开始致力于开发这种轻质、低膨胀的硅基铝合金复合材料，欧盟率先启动了 BRITE/EURAM(BE5095—93)开发项目。在与美国 Sprey Metal 公司、Alcatel Space 公司和 GEC-Marconi 公司通力合作下，采用喷射沉积研制出了 CE 系列(controlled expansion，热膨胀系数可控)高硅铝基电子封装材料。其中，含 70%Si(质量分数)的 CE7 合金热膨胀系数为 $6.8\times10^{-6}K^{-1}$，接近 Si 和 GaAs，热导率达 120W/(m·K)，密度为 $2.49g/cm^3$，比纯铝轻近 15%，比强度($53MPa\cdot cm^3/g$)为 Kovar 合金($17MPa\cdot cm^3/g$)的 3 倍，完全满足电子封装性能要求，已成功地用于航天微波电路的封装。我国台湾的 Chien 在 NSC88-2216-E-008-013 基金支持下，采用压力浸渗制备出了高体积分数 SiCp/Al 电子封装复合材料，其热膨胀系数约为 $8.4\times10^{-6}K^{-1}$，密度为 $2.49g/cm^3$。

美国用喷射沉积和液体金属熔渗等方法制备了铝含量为 30%～70%(质量分数)的硅基铝合金，密度为 $2.5g/cm^3$ 左右，并且具有良好的使用性能和加工性能；英国、美国于 20 世纪 90 年代初研发成功的新型高硅铝合金材料是采用先进的喷射沉积生产工艺技术制备的,其硅含量高达 30%～50%,密度仅为 2.5～$2.69g/cm^3$，热导率为 126～160W/(m·K)，热膨胀系数为(6.5～13.5)$\times10^{-6}K^{-1}$，该类材料易加工、可钎焊、机加工性能好。目前，技术最成熟的是英国的 Osprey 公司。Osprey 公司这一典型应用的 CE7 硅基铝合金复合材料，硅含量 70%，热膨胀系数为 $7.4\times10^{-6}K^{-1}$，热导率为 120W/(m·K)，密度为 $2.4g/cm^3$。这些研究工作代表了低膨胀、轻质材料的进展和发展水平，并在航空航天飞行器中得到应用，但大规格板材制备工艺及其导电性未见报道。

1.1　铝硅基电子封装材料

空间电子封装材料包括电子基板、布线、框架、层间基质和密封材料[1-5]。在集成度日益增加的现代电子电路中，电子封装材料必须支撑和保护半导体芯片和电子电路，并且及时散失电子电路在正常工作中产生的热量。为符合现代电子封装基板材料的要求，高硅铝合金材料的制备应向以下方面发展：较高的强度和刚度；较低的热膨胀系数；轻质、低密度；尽可能地减少电子元器件的质量；较高的热导率；较高的气密性；良好的可加工性和焊接性能；制备工艺简单，材料性能稳定可靠，成本低廉。

1.1.1　常用电子封装材料

目前应用于电子封装基板的材料种类很多，包括陶瓷、环氧玻璃、金刚石、金属及金属基复合材料[1]。国内外常用电子封装材料物理性能指标列于表 1-1。

表 1-1 常用电子封装材料主要性能指标

材料	密度(ρ)/(g/cm^3)	热导率(K)/[W/(m·K)]	热膨胀系数/$10^{-6}K^{-1}$	比热导率/[$W\cdot cm^3/(m\cdot K\cdot g)$]
Si	2.3	135	4.1	5.8
GaAs	5.3	39	5.8	10.3
Al_2O_3	3.9	20	6.5	6.8
BeO	3.9	290	7.6	74.4
AlN	3.3	200	4.5	60.6
Kovar	8.1	17	5.2	2.1
Invar	8.04	11	0.4	1.4
C	3.5	50	1.4	14.3
SiC	3.21	70	3.8	21.8

1. 陶瓷

陶瓷具有较高的绝缘性和优异的高频性能，并且满足热膨胀系数和电子元器件相近，化学性能稳定和热导率较高，是电子封装中常用的一种基板材料。目前，已经投入使用的高导热多层片陶瓷基片材料有 SiC、AlN、BN 和 BeO 等，图 1-1 所示为 BN 和 BeO 陶瓷材料及环氧玻璃基板材料。

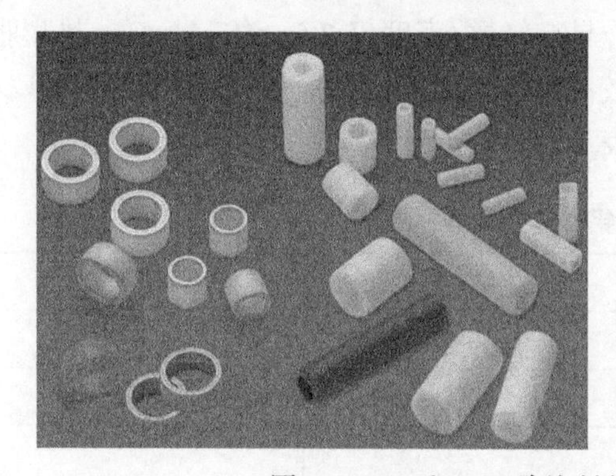

图 1-1 BN 和 BeO 陶瓷材料及环氧玻璃基板材料

2. 环氧玻璃材料

环氧玻璃基板材料是由化学处理过的电子用无碱玻璃纤维布为基材，以环氧树脂为黏合剂经热压而成的层压制品。环氧玻璃基板材料是电子电路元器件进行引脚和塑料封装成本最低的一种，这种材料力学性能良好，但导热性能较差。

3. 金刚石

从 20 世纪 60 年代起，天然金刚石已经作为具有良好散热性能的半导体元器件的封装基板。

4. 金属

金属基板因其热导率和力学强度高、加工性能好的优点至今仍是电子封装界继续研发和推广的主要封装材料之一[5]。传统的封装用金属材料有 Al、Cu、Mo、W、Invar 合金(镍铁合金)和 Kovar 合金(铁镍钴合金)。

5. 金属基复合材料

金属基复合材料综合了各成分的性能特点，弥补了单一金属作为电子封装基板材料的种种缺点。常用于封装基板的金属基复合材料为 Cu 基、Mg 基和 Al 基复合材料。目前，由于 Al 基复合材料高强度、低密度的优点，其发展最快并成为研究的主流，Al 基复合材料在航空航天工业中主要用来代替中等温度下使用的昂贵的钛合金[6]。

1.1.2 高硅铝合金电子封装材料

在众多铝合金材料中，高硅铝合金具有轻质(密度仅 2.5～2.7g/cm^3)、热膨胀系数小、导热性能好、强度高、刚度较高等优点，并且可镀性能好、容易与基材焊接，适用于精密场合的加工制造。表 1-2 为单质铝和硅的物理性能。

表 1-2 单质铝和硅的物理性能

单质	Si	Al
熔点/℃	1410	667
比热容/[J/(kg·K)]	0.713	0.905
密度/(g/cm^3)	2.3	2.7
热膨胀系数/10^{-6}K^{-1}	4.1	23.6
热导率/[W/(m·K)]	148	237

随着高硅铝合金应用领域的不断扩展，发动机活塞、缸体对耐磨性，电子封装材料对低膨胀、高热导率等性能的要求不断提高，科研人员从合金材料的制备和性能改善等方面进行了深入研究。

近几十年来，随着粉末冶金技术、快速成形技术和喷射成形技术的发展，高硅铝合金的制备逐渐摆脱了传统的熔铸方法，并且合金中的硅含量不断提高。

美国、英国在20世纪90年代初期，采用先进的喷射沉积生产工艺技术成功研发出新型高硅铝合金封装材料，其硅含量为30%～50%(质量分数，下同)，密度仅为2.5～2.69g/cm^3，热膨胀系数为6.5×10^{-6}～13.5×10^{-6}K^{-1}，热导率为126～160W/(m·K)，该类材料易于加工、可钎焊、机加工性能好。此外，俄罗斯、法国和德国也有类似报道[7-10]。

1995年，美国的Chen和Chung首次提出采用液体金属熔渗法，使熔融态的铝合金渗入硅粒子构成的网络中，凝固后可得到硅含量高且各向同性、组织细小的硅铝复合材料。目前，英国Osprey公司采用喷射沉积-热等静压方法制备的CE7高硅铝合金电子封装材料已成功应用于航天微波电路中，该材料内部组织结构均匀，性能较其他材料优越。表1-3为Osprey公司近年来生产的CE合金牌号及性能。

表1-3 Osprey公司生产CE合金牌号及性能

合金牌号	CE7	CE9	CE11	CE13	CE17
成分	Si-30Al	Si-40Al	Si-50Al	Si-58Al	Si-73Al
热膨胀系数/10^{-6}K^{-1}	7.4	9	11	13	17
导热率(25℃)/[W/(m·K)]	120	129.4	149	160	177.4
抗弯强度/MPa	143	140	172	213	210
屈服强度/MPa	—	—	125	155	110

日本住友公司采用粉末冶金方法生产出牌号为CMSHA-240的26%Si-Al材料，该高硅铝合金材料有着理想的综合性能指标，其密度为2.53g/cm^3，热膨胀系数为15.4×10^{-6}K^{-1}，热导率为138W/(m·K)，并已经实现商品化[11-15]。美国最近采用液体金属熔渗和喷射沉积等方法制备了硅元素含量为30%～70%的硅铝合金电子封装复合材料，其密度为2.5g/cm^{3}左右，具有良好的使用性能且易于成形加工。欧盟设立了由BRITE和EURAM领导的BE25095293协作项目，致力于热膨胀系数小、密度低和热导率高的高硅铝合金材料的研究。

国内一些高校也对高硅铝复合材料做了一些基础的研究。林峰等[16]在研究粉末冶金制备高硅铝合金时提出，在低温液相烧结时，烧结过程中压制压力是烧结体致密度的控制因素；在高温烧结时，粉体颗粒的重排和润湿过程成为主要因素。陈招科[17]指出，配比一定的粉末、压制压力、合适的烧结温度、较长的烧结时间可以获得内部分布均匀、孔隙率低、导热性能良好的粉体烧结复合材料。杨伏良[18]研究表明，增加压制压力可以增强Al-Si体系的润湿反应过程，有效地提高材料的导热性。

1.2　铝硅基复合材料制备技术

1.2.1　高硅铝合金材料的制备方法

有研究表明，在二元 Al-Si 合金中，增加硅含量可降低合金的热膨胀系数，增加合金的体积稳定性和耐磨性，但是硅元素含量超出一定值后，会产生加工性能变差等新的问题[19]。图 1-2 为铝硅合金的二元相图。

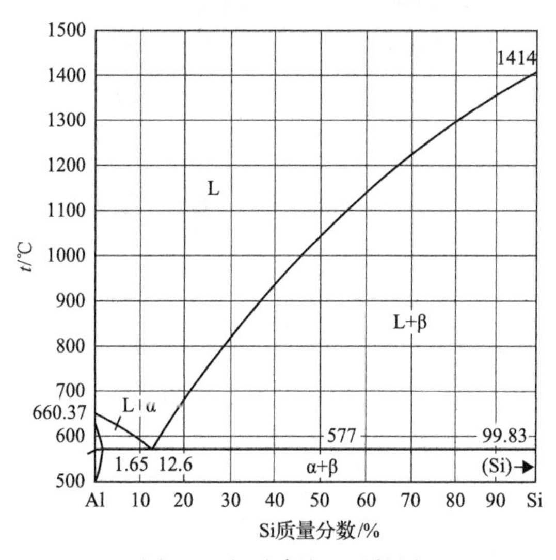

图 1-2　铝硅合金二元相图

当铝硅合金中硅元素含量低于 12.6% 时，随着含量的增加，合金组织中共晶体的数量会不断增加，铝硅合金的结晶温度范围逐渐变窄，合金的流动性也明显提高；当合金中硅含量达到 12.6%时，合金的结晶温度范围最小，此时铝硅合金熔液流动性最好；12.6%为 Al-Si 合金体系共晶点。当合金中硅含量高于 12.6%时，高硅铝合金组织中将出现少量粗大颗粒状的初晶硅。

硅含量再进一步提高时，合金组织中的初晶硅将继续长大，并呈现为粗大的板状晶。板状晶之间的结合力非常弱，导致铝硅合金的力学性能和切削制造性能较差，其延伸率不足 2%，抗拉强度也低于 110 MPa，使其在制造业中使用价值大大降低[20-22]。

目前，高硅铝合金中硅的含量已从 20%提高到 70%，硅元素在铝合金中的含量越高，避免初晶硅的长大就越重要。当高硅铝合金中的硅元素含量大于 40%时，通过加入变质剂难以有效地细化初晶硅。

1) 传统熔炼法

像制备大多数合金材料一样，高硅铝合金也可以通过传统熔炼法制备。熔炼法设备简单、成本低廉，可实现大批量的工业化生产。在普通铸造法中选择能改善硅相析出和控制共晶硅颗粒尺寸的变质剂是研究重点[23]。

2) 喷射沉积+热挤压

喷射沉积技术是一种由熔融金属直接制造轧制用带材的方法。英国的 Ospray 工艺是国内外锻造坯体生产的成功范例，该工艺成功地改变了传统的铸造和轧制大型铸锭的工艺技术。喷射沉积后再通过后续的反复热挤压变形，可使高硅铝合金的致密度和强度大大提高。组织中割裂基体的硅相在反复的热挤压过程中被破坏，合金中一些体积较大没有溶解的过共晶铝硅混合物也进一步细化。

3) 雾化制粉+粉末冶金法

雾化制粉是直接击碎液体金属或合金并快速冷凝而制得粉末的方法。粉末冶金法制备高硅铝合金材料采用快速凝固技术制备的高硅含量的铝硅合金粉，使硅元素过饱和固溶于铝基体中，通过高能球磨改善 Al-Si 粉体的颗粒特性，球磨后的合金粉体经冷压制坯、烧结、致密化制备成高硅铝合金材料。

1.2.2　铝硅基复合材料制备技术简介

SiCp/Al-Si 复合材料的制备方法主要有粉末冶金法、搅拌铸造法、浸渗法、原位合成法和半固态搅熔复合法等。原位合成法是在某一特定的温度下，将产生增强相的物质加入基体中，使其能够与 Al-Si 熔体发生固定的化学反应，然后生成所需要的增强体颗粒。该制备工艺过程要求严格，成分及化学反应程度不易控制且不能保证每次添加的含量都相同，故制备的复合材料致密度相对较低；高成本的气氛条件和喷射沉积设备，以及生产成型产品中的困难因素等都限制了其产业化应用。半固态搅熔复合法的原理是：Al 基体处于半固态时加入增强体 SiCp，通过搅拌使 Al 基体与 SiCp 相互碰撞，起到增强的作用。该方法中搅拌作用引入的气体较多，容易导致复合材料的致密度相对较低。制备技术是 SiCp/Al-Si 复合材料获得良好性能的关键，目前主要采用四种制备方法，即工艺简单的粉末冶金法、低成本的搅拌铸造法、制备高含量增强相的浸渗法及效率较高的喷射沉积法。

1. 粉末冶金法

粉末冶金法是制备 SiCp/Al-Si 复合材料最常用的方法之一，主要分为三个步骤：混料、成形、烧结。混料一般分为机械球磨法和人工混合法。混料完成后是成形和烧结工艺，成形方式主要有模压成形、热压成形，冷压成形、热等静压成形等。结合国内外研究成果，粉末冶金法最常用的两条工艺路线为：一种是混料之后进行冷压成形，再进行普通烧结，然后是热挤压；另一方案是混料后直接进行真空热压成形烧结。粉末冶金法最大的优点是 SiCp 的加入量可根据需要任意选择，体积分数可高达 70%，SiCp 的粒度选择范围大，几十纳米至几百微米都可；制备流程相对简单，对设备的要求也较低，较低的烧结温度还可减轻 SiCp 与 Al-Si 基体的有害界面反应。其不足之处是制件的大小和形状受到一定限制，工艺程序多，流程周期长；当 SiCp 尺寸较小或体积分数达到一定值时，混料过程中会出现严重的颗粒团聚现象；此外，制备的 SiCp/Al-Si 复合材料一般还需进行二次加工。如何改善 SiCp 在 Al-Si 基体中的分布和提高 SiCp 与 Al-Si 基体的界面结合，从而有效提高复合材料的整体性能将成为今后粉末冶金法制备工艺的研究重点。

粉末冶金法制备 SiCp/Al 复合材料的代表有：英国 Aerospace Metal Composites (AMC)有限公司，研制出了 25%SiCp/2124Al(体积分数)复合材料，该复合材料已经批量生产，并已投入工程使用。

2. *搅拌铸造法*

搅拌铸造法的工艺过程一般是，逐步加入定量的 SiCp 于完全熔化为液相的 Al-Si 基体中，为使 SiCp 在基体熔液中分布均匀，可使用电磁搅拌等搅拌方式；然后把含有 SiCp 的熔液浇入固定模具中进行挤压，从而制得 SiCp/Al-Si 复合材料。搅拌铸造法的突出优点是对设备要求低、生产成本较低、工艺简单；缺点是制备温度较高，SiCp 与 Al-Si 基体之间容易发生相关界面反应，从而弱化界面结合强度；搅拌过程中因卷入大量气体而容易使复合材料形成较高的气孔率，导致致密度降低。搅拌铸造法还可分为气氛保护搅拌、电磁搅拌、高能超声搅拌等。Kang 等[24]运用电磁设备进行搅拌铸造制备 SiCp/A357 复合材料，得到性能提高的复合材料，其中 SiCp 分布相对较均匀，且在 SiCp 体积分数为 5%时，SiCp/A357 复合材料的抗拉强度达到 250MPa，热处理后更是达到 375MPa。

3. *浸渗法*

通过浸渗法制备 SiCp/Al-Si 复合材料通常分为两个阶段。首先是制备硅颗粒增强体的粉末黏合的预制件，其次是铝合金熔体浸渗到硅颗粒的预制体中形成铝硅基复合材料。浸渗法主要分为压力浸渗和无压浸渗两种。压力浸渗法的简单装置如图 1-3 所示。无压浸渗法是将基体 Al-Si 合金加热到液相线以上温度，在特定气氛保护下，Al-Si 熔液自行浸渍到 SiCp 中或预制件中的一种 SiCp/Al-Si 复合材料制备方法。叶斌等[25]采用无压浸渗法制备了 63%的 SiCp/Al 复合材料，1100℃时复合材料相对密度最高，达 97.4%。浸渗法成本较低，工艺简单，制得的复合材料中 SiCp 分布较均匀，常用于制备相对较高体积分数的 SiCp/Al-Si 复合材料。较为成熟的制备工艺已能达到电子封装材料的要求；缺点是制备所需孔隙率的 SiCp 预制体较难，因此浸渗法不适合制备对致密度要求较高的复合材料。

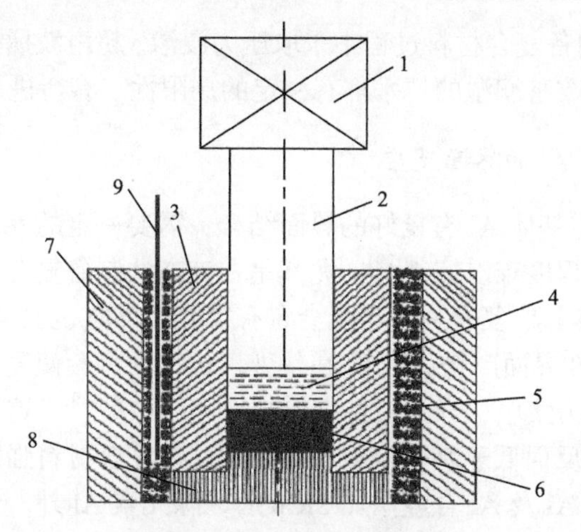

图1-3 压力浸渗法简单装置

1-压力装置；2-压头；3-阴模；4-金属液；5-耐火石棉；6-预制坯体；7-电阻炉；8-下冲模；9-热电偶

4. 喷射沉积法

喷射沉积法的基本原理是：基体Al合金为熔液态时，经高速高压保护气体气流破碎，雾化成微小的、分散的熔滴束；一定量的SiCp与基体Al合金熔滴混合，并在沉积表面附着、扩展、沉积、熔合、凝固结晶，逐步生长成一个大块致密的沉积坯[26]。这种方法的优点是高温条件下，SiCp与基体Al熔滴的接触时间极短，几乎没有有害界面反应，故能制备出晶粒细小的、具有快速凝固组织的SiCp/Al复合材料。其缺点是部分SiCp可能和Al熔滴重复混合，造成增强相SiCp的浪费，使制备成本提高；并且喷射沉积过程中无法完全避免空气混入，可能存在较多的孔洞缺陷。

1.2.3 复合材料的制备中的技术问题及应对措施

1. SiCp与基体Al的润湿问题

SiCp增强Al复合材料的制备过程中，首先应考虑增强颗粒与基体间的润湿问题[27]。润湿性从根本上取决于两相界面表面能之间的平衡，固体表面张力越大、液体表面张力及液固表面张力越小，则润湿性越好；润湿行为不仅适用于固-液界面，在液-液界面及固-固界面也同样有效。由接触角公式可知，为获得良好浸润的界面，需设法降低SiC与Al界面的表面能，使其接触角小于90°。通常采用化学方法和机械方法[28]提高两者润湿性；目前多采用对SiCp进行洗涤处理(酸、碱、盐)、颗粒表面涂覆处理(镀一层Cu、Ni等金属)、适当改变基体金属成分(添加合金元素Mg、Li、Be等)、进行SiCp高温氧化处理(期望发生氧化反应，形成

SiO_2 膜)，或者在制备复合材料过程中采取压力浸渗、超声波搅拌等机械方法改善润湿问题，但这些改善润湿的技术都有一定的局限性，有待进一步研究和完善。

2. SiCp 与基体 Al 的界面反应

为保证 SiCp 与基体 Al 有良好的界面结合，需要一定的界面反应，但是制备过程中其界面反应程度难以控制[29]，尤其是在液态法制备复合材料过程中，如制备温度较高等影响因素，复合材料难免会有有害界面反应(表 1-4 中式(1)和(2)等)产生。而大量的脆性界面产物 Al_4C_3，在热处理过程中将会使复合材料中产生位错增殖，从而产生应力集中，导致拉伸变形中 SiCp 脱黏[30]，这种有害界面的存在使复合材料的强度反而低于基体合金，不能达到按复合材料强度的混合定律所预期的增强效果。在 Al 及 Al 合金添加 SiCp 后，除元素 Al 外，可能存在的元素有 C、Si、Mg、Cu、Fe 等，因此可能发生的反应[31-34]如表 1-4 所示。

表 1-4　Al 合金基体与 SiCp 可能发生的界面反应

序号	化学反应
(1)	$3SiC(s)+4Al(l)=Al_4C_3(s)+3Si(l)$
(2)	$3C(s)+4Al(l)=Al_4C_3(s)$
(3)	$3SiO_2(s)+4Al(l)=2Al_2O_3(s)+3Si(l)$
(4)	$SiO_2(s)+2Mg(l)=2MgO(s)+Si(l)$
(5)	$2SiO_2(s)+2Al(l)+Mg(l)=MgAl_2O_4(s)+2Si(l)$
(6)	$2MgO(s)+4Al(l)+3SiO_2(s)=2MgAl_2O_4(s)+3Si(l)$
(7)	$MgO(s)+Al_2O_3(s)=MgAl_2O_4(s)$
(8)	$3Mg(l)+4Al_2O_3(s)=3MgAl_2O_4(s)+2Al(l)$
(9)	$SiC(s)=Si(l)+C(s)$
(10)	$Al_4C_3(s)+18H_2O(l)=4Al(OH)_3(s)+3CO_2(g)+12H_2(g)$
(11)	$3TiO(s)+4Al(l)=2Al_2O_3(s)+3Ti(l)$
(12)	$2Mg(l)+Si(l)=Mg_2Si(s)$

一般认为，在 SiCp/Al 复合材料中，最容易发生表 1-4 中式(1)所示的界面反应。SiC 在 Al 液中溶解，发生界面反应后生成 Al_4C_3，随着界面反应的进行，Al_4C_3 由界面向 Al 液中生长和扩散。Al_4C_3 的形核通过两个步骤进行，即 SiCp 溶解于熔融 Al 中，然后与 Al 发生反应，基本上是溶解、扩散和化合的过程[35]，界面反应产物 Al_4C_3 属于脆性相，不利于复合材料的力学性能，因此必须采取措施控制此反应发生。

有害界面反应程度亦与复合材料的制备工艺条件，如制备温度、热处理工艺等因素有关。制备过程中温度越高，保温时间越长，有害界面反应程度及对复合材料性能的减弱作用就会越严重。故为尽量避免有害界面反应，应择优选择制备方法，优化制备工艺参数，如降低制备温度、缩短保温时间、缩短 SiCp 和基体的接触时间等；还可以选择合适的 SiCp 预处理方法来控制脆性相 Al_4C_3 产生。

3. SiCp 在基体中的分散问题

SiCp/Al 复合材料中至今无法解决的难题之一就是 SiCp 的分散性问题，当 SiCp 直径小于 25μm 时，颗粒容易发生团聚，团聚现象将会严重阻碍增强体颗粒与基体的复合，降低复合材料的力学性能[36]。王行等[37]利用真空热压法制备不同尺寸的 SiCp 增强 2024Al 复合材料，得出结论：随着 SiCp 尺寸减小复合材料性能提高，但小于 15μm 后 SiCp 在复合材料中出现团聚现象，降低了复合材料的综合性能，断裂方式以界面处基体撕裂为主。

4. SiCp/Al-Si 中的气孔等缺陷问题

在 SiCp/Al-Si 复合材料制备方法中，液相法，特别是搅拌铸造法，制备过程中向 Al-Si 液中加入增强体 SiCp 时，由于 SiCp 粒径小，搅拌过程中会卷入大量气体导致复合材料中出现大量气孔、孔洞等缺陷；还可能使 SiCp 与 Al-Si 发生有害界面反应，使复合材料综合性能降低[38]。气孔和孔洞严重降低了复合材料的致密度和强度，因此需采用一些措施予以防止。例如，在增强体颗粒加入前对复合材料的基体合金前进行精炼，目的是除去合金溶液吸附的气体；或者在真空或惰性气体的气氛保护下进行搅拌制备，以避免空气卷入，形成气孔等缺陷。

5. SiCp 预处理方法

由于 SiCp/Al 制备过程中出现的一系列问题，如 SiCp 分布不均匀、界面反应、气孔孔洞、SiCp 与 Al 的润湿性很差，且与 Al 熔体容易发生界面反应生成脆性相等，对复合材料的性能产生不利的影响，故出现多种 SiCp 预处理方式。

一是加热氧化处理，SiCp 高温加热后可在其表面氧化形成一定厚度的 SiO_2 氧化层。在液相法制备复合材料时 SiCp 表面的氧化层在高温下与 Al 熔体发生界面反应，改善界面润湿性，提高界面结合强度；粉末冶金制备复合材料时，SiCp 表面的氧化层与基体中的 Mg 元素作用形成界面产物 $MgAl_2O_4$ 和 Mg_2Si，提高界面结合强度。

二是酸洗、水洗或碱洗。崔岩等[39]用 HF 酸洗的 SiCp 作为 Al 基复合材料增强相，结果发现复合材料的界面为干净型界面，无反应物或非晶物质层是 SiC 与 Al 之间的直接结合；未进行 HF 酸洗的 SiC 颗粒增强的复合材料界面上存在离散分布的小颗粒状界面反应物 $MgAl_2O_4$，尺寸为 50～100nm，为轻微反应界面；SiCp 的预处理使复合材料的弹性模量提高 11.4%。

三是通过表面改性技术增加润湿性，减少不良界面反应：如添加合金、表面涂覆氧化层等，以金属/金属界面代替金属/陶瓷界面[40]。添加 Si 元素或者使用含 Si 的 Al 合金基体，高含量的 Si 会抑制 Al_4C_3 生成。也可添加其他合金元素，如 Ti、Cu、Mg、Ni 等。Ti 可以与 SiC 发生界面反应生成 TiC，改善润湿性。Mg 可以降低 SiCp 与 Al 溶液的表面张力，提高 Al 和 SiCp 的润湿性；同时，Mg 比 Al 活泼，可与 SiCp 发生界面反应生成 $MgAl_2O_4$，$MgAl_2O_4$ 比较稳定，是一种良好的界面反应物。

1.3　铝硅基复合材料的研究现状

1.3.1　SiC 颗粒的表面处理

SiCp 作为增强体加到铝合金中，可以很大程度上提高基体合金材料的强度等性能，但 SiC 与 Al 液的润湿性很差，给 SiCp/Al 复合材料的制备带来很大困难；因此 SiCp 的预处理研究极为重要。

2002 年，北京科技大学的刘俊友等[41]对 SiCp 进行 800～1100℃焙烧，发现随高温氧化时间的延长和氧化温度的提高，SiO_2 层厚度呈抛物线形态变化。用化学方法表征 SiCp/Al-2%Mg 复合材料组织特征得出，氧化的 SiCp 表面形成了弥散分布的 $MgAl_2O_4$，而形成的 40～50nm 厚度的 SiO_2 层阻挡不了 Al 或 Mg 元素的长时间反应与侵蚀，将进一步形成 Al_4C_3。

2006 年中原工学院的郭建等[42]对 SiCp 进行不同加热温度和保温时间研究，期望得到 SiCp 加热预处理工艺对复合材料制备的影响。其直接采用搅拌复合方法制备出 10%SiCp/Al 复合材料。实验证明：当 SiCp 的加热预处理工艺为 600℃保温 3h 时，可以最大限度地改善 SiCp 与 Al 的润湿性，使复合材料的孔隙率降至最低。

2005 年中南大学的王日初等[43]研究了不同 SiCp 预处理对粉末冶金法制备的 SiCp/6066Al 基复合材料组织与性能的影响，采用的是平均粒径为 5μm 的 SiCp 和 147μm 的合金粉。结果表明：采用高温氧化（1100℃ 10h）和酸洗（5%HF 中浸泡 6h）表面处理工艺能使 SiCp 棱角产生明显钝化现象，基体中 SiCp 分布更均匀，复合材料的抗拉强度和断裂韧性提高，且酸洗态的复合材料性能优于相应高温氧化的复合材料的性能；其认为预处理改变了 SiCp 的形状，使复合材料的抗拉强度、断裂韧性及断口形貌等得到很大程度的改善。

2009 年兰州大学的徐金城等[44]先将 SiCp 进行化学镀铜处理，采用粉末冶金法制备了致密度较好的镀铜 SiCp/Al 复合材料。对镀铜前后复合材料力学性能进行对比分析：SiCp 表面镀铜较好地解决了 SiCp 与基体 Al 的难润湿问题，避免了有害界面反应的产生，使复合材料的力学性能得到明显提高。

2013年西安科技大学的王明静等[45]对SiCp表面进行酸洗等预处理后，采用复合铸造法制备SiCp/6066Al复合材料。得出结论：经过酸洗+高温氧化(即40%HF浸泡3h+1000℃6h)处理的SiCp表面生成非晶态SiO_2膜，棱角明显钝化；经过碱洗+氟酸盐(饱和NaOH溶液浸泡30min+饱和K_2ZrF_6溶液浸泡2h)处理的SiCp表面粗化效果最好，复合材料的硬度达到最大。

综合比较SiCp的预处理方法可知，采用液相法制备SiCp/Al复合材料的SiCp预处理的研究较多，而不同的制备工艺对SiCp预处理要求不同。SiCp的预处理直接影响SiC/Al界面；国内外对SiC/Al界面反应的见解还未达成一致，但达成共识的是：适度的界面反应对改善SiC与Al的润湿性是有利的；只有过度的界面反应、形成连续的层状Al_4C_3才是有害的[46]。SiCp/Al复合材料的界面结构类型，除了干净界面、台阶界面外，有时还有具有纳米厚度的界面微区的界面类型，其界面结合择优机理研究尚不充足。

1.3.2 SiCp/Al-Si复合材料的界面研究

界面是将化学成分显著不同的两相连接在一起并将其形成一个整体的纽带，同时承载了两者之间力学性能及物理性能的传递，其结构和形成规律对SiCp/Al-Si复合材料的性能有着至关重要的影响[47]。材料的制备工艺、热处理制度、增强体种类和基体合金的成分等是影响SiCp/Al-Si复合材料界面结合好坏的重要因素。这些因素的共同作用使得SiCp/Al-Si复合材料的界面种类、微观结构十分复杂，导致研究复合材料界面处微观组织的难度增大[48,49]。高分辨电子显微镜的发展和应用，能够从纳观尺度对复合材料中界面缺陷、原子排列情况及界面位相关系进行表征，为SiCp/Al-Si复合材料微观组织的分析研究提供实验技术支持。

根据构成界面区两相的热膨胀系数、耐腐蚀性、晶格类型的不同，界面存在增强体与基体界面、析出相与增强体界面、析出相与基体界面及近界面处的高密度位错区等界面结合状态[50,51]。复合材料发生化学反应的区域主要集中在界面处，且界面两侧的物质晶格结构及化学成分存在较大的差异，致使界面区的情况极其复杂，但界面结合强度对SiCp/Al-Si复合材料的力学性能与物理性能有直接的影响。因此，研究SiCp/Al-Si复合材料的界面结合机制同时控制并减少界面有害化学反应对复合材料综合性能的提高有非常重要的意义。

1.3.3 SiCp/Al-Si复合材料的界面结合机制

随着研究SiCp/Al-Si复合材料的界面不断深入，从微观组织结构、界面反应程度，力学性能、物理性能等角度对复合材料中的界面结合特点进行了全面系统的分析，将SiCp/Al-Si复合材料的界面结合类型分为物理结合、溶解扩散型结合、化学反应结合三种结合机制[52-55]。

复合材料的物理结合机制是增强体与基体之间发生机械咬合而产生界面摩擦力进行的结合，界面处没有发生元素溶解、扩散及反应物生成等现象，界面结合比较紧密，多形成台阶状界面或者锯齿形界面[56]。

曹利等[57,58]研究高压凝固铸造法制备的 SiCw/Al 复合材料的界面时发现界面干净、无反应物生成及反应层存在，界面结合良好。认为复合材料中的 SiC 晶须与 Al 基体之间界面存在某种取向的晶体学位向关系，并且 SiCw/Al 界面结合方式为半共格界面。

复合材料溶解扩散结合是由于界面两相之间为元素发生扩散而形成的。这类界面没有发生化学反应也无界面反应物生成，只是界面两侧的元素因加热发生溶解扩散，界面处的原子之间以化学键方式形成较高强度的结合。郭宏等[59]采用 X 射线光电子谱和俄歇能谱技术研究了 SiC/Al 界面处的化学状态，发现在界面处存在元素扩散，形成严重的元素偏聚，尤其 Mg 含量，界面区域的 Mg 含量高达 24.52%（质量分数），而基体中仅为 2.93%。马俊林等[60]通过透射电子显微镜（transmission electron microscope, TEM）和 X 射线电子能谱（X-ray photoelectron spectroscopy, XPS）研究了在等径角挤扭工艺条件下 SiCp/Al 复合材料界面元素的扩散。发现极度活跃的 Al 原子和 SiO_2 分子在界面相互扩散，且在 SiC 颗粒边缘处存在高密度的位错线聚集缠结。

复合材料的化学反应结合机制是在制备温度或热处理温度较高情况下导致界面两相之间发生明显的界面化学反应而形成的界面结合类型。根据 SiCp/Al 复合材料界面反应层厚度及反应生成相尺寸的不同将反应界面分为轻微反应界面和严重反应界面。轻微反应界面是在复合材料的界面处生成一些尺寸较小的纳米反应相，且呈现不连续分布。这种轻微的化学反应有利于复合材料中界面两相之间形成较强的界面结合强度。严重反应型界面是由于界面反应剧烈而在界面处存在一层较厚的反应层，界面结合处微观结构遭到破坏，进而存在许多降低材料性能的缺陷。复合材料发生适量的界面化学反应有利于增强界面结合强度，但严重的界面化学反应破坏了界面原子匹配关系反而降低了界面结合强度，进而使复合材料的力学性能下降。

施忠良等[61]通过对 SiCp/Al-Mg 复合材料的界面反应进行研究，发现界面反应的程度与 Mg 元素含量有很大关系，当材料中 Mg 元素含量超过 4%时，在 SiC 颗粒表面生成一层纳米 MgO，该纳米反应层隔离了 SiC 颗粒与 Al 基体的接触。当 Mg 含量较低，形不成致密 MgO 层时，MgO、SiO_2 与 Al 发生反应，即

$$2SiO_2+Mg+2Al=\!=\!=MgAl_2O_4+2Si$$

$$2MgO+4Al+3SiO_2=\!=\!=2MgAl_2O_4+3Si$$

生成尖晶石相。复合材料界面反应及反应产物类型能够通过调节 Mg 元素的含量来设计实现控制，从而得到较强的界面结合。

在实际应用的 SiCp/Al 复合材料中，每一种复合材料中的界面是两种或者多种界面结合方式同时存在于 SiCp/Al 复合材料中。因此，复合材料中的界面结合方式复杂多样，对其认知还有限。采用合理的制备工艺及热处理制度优化 SiCp/Al 复合材料界面结合机制，实现对复合材料界面的宏观调控，进而提高复合材料的综合性能，还有待进一步研究。

1.3.4 SiCp/Al-Si 复合材料界面反应的控制

如何控制并减少有害界面化学反应的发生一直是 SiCp/Al 复合材料研究中的重点，主要原因是：一方面，SiC 颗粒的加入，为复合材料引入了大量的界面；另一方面，SiCp/Al 复合材料在较高的制备温度下，SiC 颗粒与 Al 基体反应易生成降低界面结合强度的脆性反应层或缺陷，使复合材料的性能下降[62]。因此，采取合理有效的措施阻止界面产生有害的反应或者促使界面产生有益的界面反应，对复合材料综合性能的提高有重要意义。

许多学者就如何减少复合材料界面的有害反应进行了研究，发现可以抑制界面发生有害反应的主要措施有：添加合金元素、改进和调控复合材料制备工艺、SiC 颗粒表面预处理等[63]。①添加合金元素，通常 SiC 颗粒与 Al 基体之间在高温条件下容易发生有害界面反应，在基体中加入 Mg、C、Si 等合金元素能够有效阻止界面发生有害的化学反应。如 Mg 元素能够与 SiC 颗粒表面的 SiO_2 反应生成 $MgAl_2O_4$ 和 MgO，可有效阻止 SiC/Al 界面的反应[64]。②改进和调控复合材料制备工艺，如粉末冶金法，该制备方法制备复合材料的温度较低，有效地阻止了 SiC/Al 界面的反应。如真空搅拌铸造法能够排除 SiC 颗粒表面及合金液内的有害气体，阻止有害化学反应发生，改善了 SiC 颗粒与合金液的界面润湿性。兖利鹏等[65]研究粉末冶金法制备 SiCp/Al 基复合材料的 SiCp/Al 界面结合情况，发现 SiCp/Al 界面清晰，没有有害界面反应物生成，界面结合良好。③SiC 颗粒表面预处理，如高温氧化、化学蒸汽沉积法、盐溶液浸洗、颗粒清洗以及电镀法等能够有效清除 SiC 颗粒表面可能存在的 CO、CO_2 等杂质，为复合材料界面结合强度的提高奠定良好的基础[66,67]。刘凤国[68]采用加热氧化后酸洗方式对 SiC 颗粒进行预处理，减轻了铸造凝固过程中的 SiC 颗粒的团聚现象，改善了 SiC 颗粒与 Al 基体界面结合润湿行为。这些措施的实施能够有效地控制并减少有害界面反应的发生，增加复合材料界面结合强度，进而复合材料的力学性能得到较大的提高。

1.3.5 SiCp/Al-Si 复合材料的热处理研究现状

目前，SiCp/Al-Si 复合材料所用的 Al-Si 基体主要有 ZL101、ZL108、A356、

A390 等，它们都是可热处理强化合金。因此，SiCp/Al-Si 复合材料经过合理热处理制度处理后，其强度和硬度等力学性能能够得到较大的提高。SiCp/Al-Si 复合材料的主要的热处理方式为 T6 热处理，根据加热温度及冷却速度的不同，可将其分为固溶处理和时效处理。

1. 固溶处理

固溶处理是将 SiCp/Al-Si 复合材料升温到某一温度且保温一段时间，使 Cu、Mg 等合金元素充分溶解到 Al-Si 基体中，然后快速冷却到室温而进行的热处理过程。固溶处理的主要目的在于充分溶解基体上分布的粗大金属化合物，形成过饱和固溶体，为复合材料的时效处理进而达到时效强化效果提供先决条件。SiCp/Al-Si 复合材料固溶处理的温度越高，复合材料的合金强化效果越好[69]。但过高的固溶温度会造成过烧现象，反而降低了合金元素的合金化效果，导致复合材料的性能降低。

2. 时效处理

固溶处理不是 SiCp/Al 复合材料进行热处理的最终方案，需要随后进行时效处理。时效处理根据处理温度及方式的不同分为人工时效和自然时效。人工时效是指复合材料经过固溶处理后，再加热到某一较低温度，并保温一段时间空冷而进行时效强化的热处理工艺。自然时效是复合材料经过固溶处理后，经过长时间的室温或自然条件下存放，材料自发产生的时效强化的热处理过程。

时效强化过程主要是复合材料时效处理后基体上弥散析出大量的强化相，这些强化相能够有效阻碍位错运动，进而提高复合材料的强度和硬度的过程。A390 合金粉末中过饱和分布着多种元素，这些合金元素相互共存与结合，使第二相组成极为复杂。时效析出相的数量、大小、形态、分布、间距及与基体的界面结合强度等因素的变化影响复合材料时效强化效果。时效处理条件的不同，不仅使复合材料中沉淀相形核的速度、数量、成分不相同，而且沉淀析出相聚集长大的速度也不相同[70]。因此，研究 SiCp/Al 复合材料的时效析出强化过程是改善复合材料微观组织和提高材料性能的重要课题。

SiCp/Al 复合材料经过时效处理后，复合材料的强度得到很大提高，强化效果与颗粒的增强效果相当。在不同时效温度下的时效行为，随着时效温度提高，材料到达峰时效的时间缩短。与该材料基体合金到达峰时效相比，高体积分数 SiC 颗粒的加入缩短了复合材料性能到达峰时效的时间。因此，研究 SiCp/Al 复合材料的时效处理工艺已经成为优化基体提高复合材料综合性能的重要手段。

1.4　铝硅基复合材料的应用

1.4.1　汽车材料

1. 新一代制动盘材料

随着能源的日益紧缺和车辆速度的不断提高，车辆的轻量化、高速化以及低能耗已成为车辆发展的必然趋势。与传统钢铁材料相比，SiCp/Al 复合材料，特别是 SiCp/Al-Si 复合材料，具有高的比强度和比刚度、良好的耐磨性和热稳定性等，可以大大减轻机车车辆的重量，改善列车的动力力学性能，提高机车车辆与运行的安全性，被认为是理想的新一代制动盘材料[71-73]。采用 6%～13%Si 的 Al-Si 合金作为基体，加入质量分数为 5%～30%的 SiC 颗粒，压铸而成的铝硅复合材料制动盘更加适用于高速，甚至超高速列车。齐海波等[74]采用半固态搅拌熔炼-液态模锻工艺制备了 40W20SiCp(体积分数)复合材料制动盘，发现其磨损量约为铸铁的 1/4，有望代替传统的铸铁制动盘。对搅拌铸造法制备的 SiCp/Al-10Si 复合材料的磨损试验发现，其磨损率小于灰铸铁的 1/3，耐磨性提高了 3 个数量级[75]。

交通运输车辆的迅猛发展，对颗粒增强铝硅系合金的性能提出了更高要求，这主要体现在进一步提高耐磨性、耐热性，降低线收缩率及密度等方面；在合金成分上表现为高硅含量及合金化。搅拌铸造法因冷速偏低，初晶硅粗化、增强颗粒团聚、含量低等缺点，难以满足现代科学技术发展的要求。粉末冶金技术可以有效地细化初生硅相，获得较高的力学性能。湖南大学陈振华(Chen)等[76]首次采用坩埚移动式喷射沉积工艺制备出了组织均匀、初晶硅细小(小于 5μm)、增强颗粒分布均匀(体积分数约为 15%)、尺寸为 ϕ(外)1200/ϕ(内)600mm×100mm 的颗粒增强铝硅基复合材料环坯。并采用喷射沉积+楔压致密化制备出了 SiCp/A1-Si 复合材料制动盘实样，与自制的合成闸片试样配制进行了 1∶1 台架试验，考察其制动特性，其摩擦副综合摩擦磨损性能已满足 200km/h 高速列车的使用要求。

2. 活塞

重量轻的金属基复合材料表现出优良的力学性能，如模量高、耐磨性好、热膨胀系数小等，因此在汽车和航天等领域有着广泛的应用前景。近年来，国内外对颗粒及纤维(包括晶须)增强铝基复合材料进行了广泛而深入的研究，大大推动了铝基复合材料的发展[77-79]。世界大型汽车公司及专业生产厂家相继将氧化铝短纤维增强的 Al-12Si 复合材料用于制造发动机，活塞是这类复合材料工业应用的典型例子[80-82]。

活塞是发动机的重要部件之一，在工作过程中承受着交变载荷和周期性的温度变化。特别是现代社会要求发动机具有很高的功率密度，并且要满足日益严格的排放标准，在这种近乎苛刻的工作环境中，普通的铝合金活塞往往发生疲劳失效(图 1-4)。随着现代复合材料制备工艺的不断完善，铝基复合材料以其高强度、高模量、低热膨胀系数、良好耐磨性等优良性能在航空、航天、汽车等工业领域逐渐获得应用广泛。各种纤维或者颗粒增强的 Al-Si 复合材料成为现代内燃机活塞的优先选用材料。

图 1-4 活塞疲劳失效

1.4.2 新型电子封装材料

任何电路或者电子器件都需要经过封装才能使用，所以要求构成大功率电路的材料必须具备能保护内部电路不受外力损伤、有效隔绝外界环境有害物质对内部电路的侵蚀、能够及时排走电路工作时生成的热量等基本功能。因此，电子封装就是把组成集成电路或电子器件的所有部件按照规定的要求依次达到合理布置、组装、键合、连接、与环境隔离和保护等操作的工艺，实现防止尘埃、水分以及其他有害气体对集成电路或电子器件的侵入、减缓振动、防止外力损伤和稳定元件参数的目标[83]。不仅要充分考虑材料的热膨胀系数、导热性能和密度，而且必须具有优异的封装性能的材料才能符合电子信息工业的新发展趋势。所以，合适的电子封装材料的性能必须具备如下几个方面。

(1)热膨胀系数相匹配：电子元器件在其正常工作过程中不可避免地涉及温度变化。在此过程中，电子元器件与封装材料以及各个封装材料之间会形成热应力，有可能导致电子器件的失效。所以，热膨胀系数对于电子封装材料特别重要。如果电子元器件材料和封装材料之间热膨胀系数能够良好匹配，则可以显著降低热应力。但是如果热膨胀系数相差较大，那么电子元器件工作时产生的热应力将会损坏电子线路，同时使封装结构发生变形。

(2)导热性能优越：电子封装材料的另一个重要性能指标是导热性能，如果电子元器件工作时产生的热量不能及时地通过封装材料散走，就会导致电子设备的寿命和运行状况受到影响，持续的高热量也会直接影响电子元器件的工作状况，甚至造成电子元器件工作不稳定或失效。

(3)密度低：对于运用于便携式电子器件，特别是航空航天领域的电子封装材料，要求其密度尽可能低，以减轻整体器件的质量。因为额外的成本会随着质量的增加而极大地增加，所以封装材料轻质化所带来的经济效益是非常可观的。

(4)电子封装材料还需要具备稳定的化学性质、良好的机械加工性能等优点。理想的电子封装材料必须具有与硅和砷化镓等典型半导体材料相匹配或略高的热膨胀系数($6\times10^{-6}\sim13\times10^{-6}K^{-1}$)、良好的热导率[$>100W/(m\cdot K)$]和低密度($<3g/cm^3$)。此外，希望封装材料具有合理的刚度($E>100GPa$)，可以为对机械作用敏感的部件和基板提供可靠的机械支撑。还必须方便进行精密加工成形，并且可以利用经济的工业标准方法，如电镀、焊接、涂装处理等进行加工[84]。

铝硅合金作为一种综合性能可以满足电子封装要求的合金体系，通过改变合金中的硅含量可以使热导率与热膨胀系数在一定范围连续可调[85]。其中，Al-50Si高硅铝合金的密度低、力学性能优良、热导率较高、与传统半导体材料硅和砷化镓的热膨胀系数相匹配，极其适合作为电子封装领域乃至航空航天领域的新型封装材料，其应用前景非常广阔。中国科学院沈阳金属研究所王晓峰等[86]将喷射沉积技术与热等静压技术有机结合，同样也获得了硅含量达到70%的超高硅铝合金，得到的合金组织均匀细小，硅相晶粒的尺寸为 10～20μm。武高辉等用挤压铸造技术获得硅含量为65%的铝硅复合材料，然后在600～700℃、40～50MPa下热压烧结 1～2h，导致形成连续的三维网状骨架硅相，均匀分布于铝基体相上，该复合材料单位温度改变下单位长度增长比值不高，散失导走热量能力较强[87]。北京有色金属研究总院张永安等[88]采用喷射成形工艺制备了硅含量达到60%的超高硅合金电子封装材料，同时对喷射成形过程中工艺参数对沉积坯件的影响作用进行相关研究，最后总结出了最优工艺参数及热等静压致密化工艺参数。

1.4.3 航天精密仪器和光机构件

相较于传统的不锈钢、钛合金等，铝基复合材料具有比刚度高、热导率高的特点；相较于铍材具有加工环境友好的特点，适合应用于精密仪器等领域。美国ACMC公司将中高体积分数SiCp/Al复合材料部件应用于导弹惯性导航系统以及用于光纤制导导弹(FOG-M)和“海尔法导弹”的红外成像制导系统和探测器平衡环，相对于416不锈钢重量减少了约62%[89]。美国M-Cubed公司将中高体积分数

SiCp/Al 复合材料应用于精密仪器装备。哈尔滨工业大学研制出仪表级的 SiCp/Al 复合材料，其在交变温度场下的尺寸稳定性在 1×10^{-5} 以内，且相对于铸铝件，其模态频率提高了 36%[90]。目前已应用于惯导结构件、挠性平台、陀螺仪、轴承座等(图 1-5)。其中与应用于某半铍半 SiCp/Al 复合材料陀螺仪与 LY12 铝合金陀螺仪相比，精度提高了 5 倍，逐次漂移精度提高了几十倍。北京有色金属研究总院利用粉末冶金法制备 40%～70%SiCp/Al(体积分数)复合材料大尺寸锭坯，应用于无人机与制导武器惯导系统器件[91]。航天材料及工艺研究所成功研制多种中等体积分数的 SiCp/Al 宇航零件样件，部分已应用于某型号惯导平台[92]。

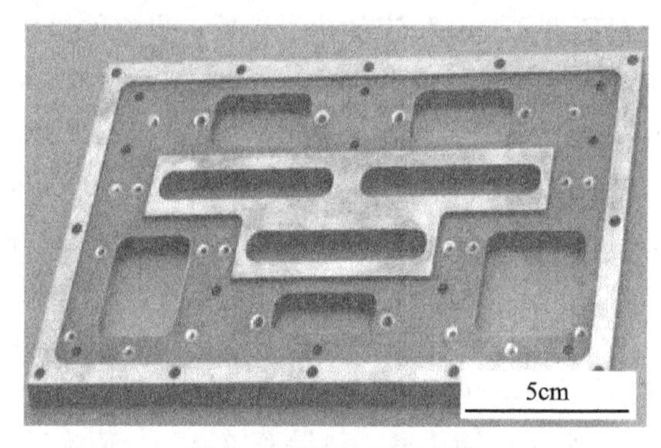

图 1 5　惯导系统结构件

复合材料由于具有较高的比刚度和热物理性能，目前已应用于光机结构等领域[93,94]，同时在光学反射镜领域也进行了探索性研究与应用。哈尔滨工业大学成功研制出应用于红外波段的 SiCp/Al 复合材料反射镜，并且在热力耦合作用下具有较高的尺寸稳定性(图 1-6)；美国 M-Cubed 公司利用 PRIMEXTM 技术制备的中高体积分数 SiCp /Al 复合材料应用于反射镜、光机结构外壳制造。美国亚利桑那大学与美国 ACMC 公司合作研制的口径为 300mm 超轻型空间望远镜，其主次

图 1-6　SiCp/Al 复合材料反射镜

镜连接桁架、次镜、次镜支撑系统均采用中高体积分数 SiCp/Al 复合材料制备，而使其整个望远镜质量仅为 4.5kg；同时，美国 ACMC 公司研制中高体积分数 SiCp/Al 复合材料用于替代铍材料作为坦克红外瞄准系统反射镜、前视红外反射镜及激光反射镜等[89,95]。

我国采用 SiCp /Al 复合材料的卫星相机零件已应用于“资源二号”卫星，相较于原设计采用的钛合金在减轻零件质量的同时，导热性能显著提高[96]。北京有色金属研究总院、中国科学院沈阳金属研究所制备出应用于航天结构功能一体化领域的中高体积分数 SiCp /Al 复合材料红外成像制导系统部件。北京航空材料研究院利用无压浸渗工艺制备的中高体积分数 SiCp/Al 复合材料焦面支撑结构(图 1-7)、调焦机构零部件、航空光电稳定平台框架等应用于空间光机结构和航空光电稳定平台，保证光学系统成像质量[97]。

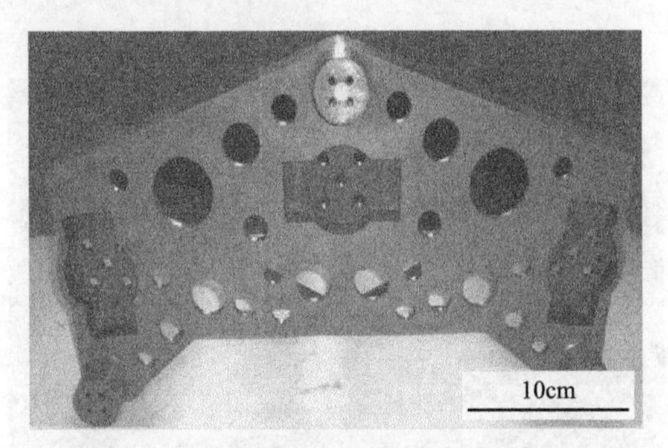

图 1-7　SiCp/Al 复合材料焦面支撑结构

法国 Eurocopter 公司采用 SiCp/2009Al 复合材料锻件应用于 EC-120 直升机旋翼连接件(图 1-8)和 NH90 的动环与不动环(图 1-9)，该应用成果实现首次在航空一级运动零件上的使用，并且构件的疲劳强度比铝合金提高 50%～70%，弹性模

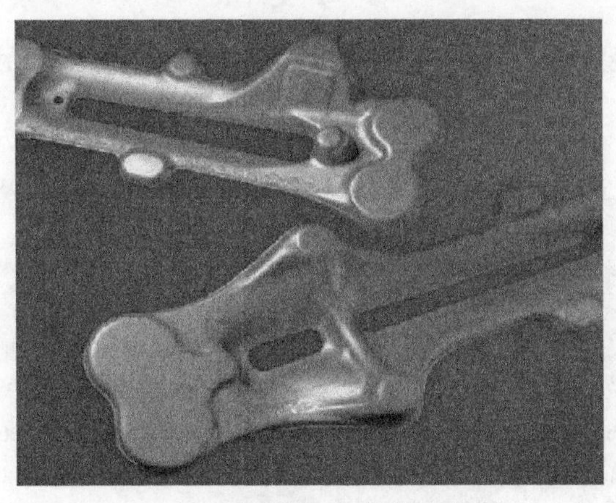

图 1-8　欧洲直升机旋翼连接件

图 1-9 NH90 的动环与不动环

量提高 40%，构件质量比钛合金大幅减轻。美国 Boing Military Aircraft and Missile Systems 则将铝基复合材料替代石墨/聚合物复合材料，用于波音 777 商用飞机 Pratt and Whitney 4000 系列发动机导流叶片(图 1-10)，提高了零件抵抗飞鸟等外来物冲击破坏的能力。

图 1-10 波音 777 商用飞机发动机导流叶片

参 考 文 献

[1] 周贤良，吴江晖，张建云，等. 电子封装用金属基复合材料的研究现状[J]. 南昌航空工业学院学报，2001，5(1)：11-14.

[2] 安建军，严彪，程光. 高性能高硅铝合金研究展望[J]. 金属功能材料，2009，16(4)：50-52.

[3] 张海坡，阮建明. 电子封装材料及其技术发展状况[J]. 粉末冶金材料科学与工程，2003，(3)：216-223.

[4] 刘江. 低膨胀金属的应用和发展[J]. 金属功能材料，2007，14(5)：33-37.

[5] 邓波，韩光炜，冯涤. 低膨胀高温合金的发展及在航空航天业的应用[J]. 航空材料学报，2003，23(增刊)：244-249.

[6] 喻学斌，张国定，吴人洁，等. 真空压渗铸造铝基电子封装复合材料研究[J]. 材料工程，1994，(3)：9-12.

[7] 杨会娟，王志法. 电子封装材料的研究现状及进展[J]. 材料导报，2004，18(6)：86-90.

[8] JACOBSON D M. Spray-formed silicon-aluminum[J]. Advanced Materials & Processes, 2000, (3): 36-39.

[9] 聂存珠，赵乃勤. 金属基电子封装复合材料的研究进展[J]. 金属热处理，2003，28(6)：1-5.

[10] 张迎九，王志法，吕维杰，等. 金属基低膨胀高导热复合材料[J]. 材料导报，1997，11(3)：52-56.

[11] GUPTA M, LAVERNIA E J. Effect of processing on the microstructure variation and heat-treatment response of a hypereutectic Al-Si alloy[J]. Journal of Materials Processing Technology, 1995, 54: 261-270.

[12] YU S, HING P, HU X. Dielectric properties of polystyrene-aluminum-nitride composites[J]. Journal of Applied Physics, 2000, 88(1): 398-404.

[13] 许峰, 张建安, 等. 用熔剂法改善铸造铝硅合金组织和性能[J]. 上海工程技术大学学报, 1996, 10(3): 37-40.

[14] RIMDUSIT S, ISHIDA H. Development of new class of electronic packaging materials based on ternary systems of benzox-azine, epoxy and phenolic resins[J]. Polymer, 2000, 41(22): 7941-7949.

[15] 甘卫平, 陈招科, 杨伏良, 等. 高硅铝合金轻质电子封装材料研究现状及进展[J]. 材料导报, 2004, 18(6): 79-82.

[16] 林峰, 冯曦, 李世晨, 等. 新型硅基铝金属高性能电子封装复合材料研究[J]. 材料导报, 2006, 20(3): 107-115.

[17] 陈招科. 低密度低膨胀高热导电子封装材料的研制[D]. 长沙: 中南大学, 2006.

[18] 杨伏良. 新型轻质低膨胀高导热电子封装材料的研究[D]. 长沙: 中南大学, 2007.

[19] LEMIEUX S, ELOMARI S, NEMES J A, et al. Thermal expansion of isotropic Duralcan metal-matrix composites[J]. Journal of Materials Science, 1998, 33: 4381-4387.

[20] YAMAUCHI I, OHNAKA I, KAWAMOTO S, et al. Hot extrusion of rapidly solidified Al-Si alloy power by the rotating-water-atomization process[J]. Transactions of the Japan Institute of Metals, 1986, 27(3): 195-203.

[21] PREMKUMAR M K, HUNT W H, SAWTELL R R. Aluminum composite material for multichip modules[J]. JOM, 1992, 44(7): 70-89.

[22] JACOBSON D M. Lightweight electronic packaging technology based on spray formed Si-Al[J]. Powder Metallurgy. 2000, 43(3): 200-202.

[23] ZWEBEN C, Metal-matrix composites for electronic packaging[J]. JOM, 1992, 44(7): 15-23.

[24] KANG C G, YOUN S W. Mechanical properties of particulate reinforced metal matrix composites by electromagnetic and mechanical stirring and reheating process for thixoforming[J]. Journal of Materials Processing Technology, 2004, 147(1): 10-22.

[25] 叶斌, 何新波, 任淑彬, 等. 无压浸渗法制备高体分比 SiCp/Al[J]. 北京科技大学学报, 2006, 28(3): 269-273.

[26] 解立川, 彭超群, 王日初, 等. 高硅铝合金电子封装材料研究进展[J]. 中国有色金属学报, 2012, 222(9): 2578-2587.

[27] 任淑彬, 沈晓宇, 何新波, 等. SiC 颗粒及粉末装载量对 SiC/Al 复合材料热循环行为及力学性能的影响[J]. 粉末冶金材料科学与工程, 2011, 16(2): 196-199.

[28] 张雄飞, 王达键, 陈书荣, 等. 液态铝与陶瓷的润湿性改变机理[J]. 北京: 粉末冶金技术, 2003, 23(1): 42-45.

[29] REN S B, HE X B, QU X H, et al. Effect of controlled interfacial reaction on the microstructure and properties of the SiCp/Al composites prepared by pressureless infiltration[J]. Journal of Alloys and Compounds, 2008, 455: 424-431.

[30] XIU Z Y, CHEN G Q, WANG X F, et al. Microstructure and performance of Al-Si alloy with high Si content by temperature diffusion treatment[J]. Transaction of Nonferrous Metals Society of China, 2010, 20(11): 2134-2138.

[31] 陈康华, 方玲, 李侠, 等. 颗粒失效对 SiCp/Al 复合材料强度的影响[J]. 中南大学学报(自然科学版), 2008, 39(3): 493-499.

[32] 房国丽, 李进, 杨智春. SiC/Al 复合材料界面反应的热力学分析[J]. 宁夏工程技术, 2007, 6(1): 76-79.

[33] 王文明, 潘复生. SiCp/Al 复合材料界面反应研究现状[J]. 重庆大学学报(自然科学版), 2004, 27(3): 108-113.

[34] 梁英教, 车荫昌. 无机物热力学数据手册[M]. 沈阳: 东北大学出版社, 1994.

[35] 王爱琴, 倪增磊, 谢敬佩. 颗粒尺寸及分布均匀性对 SiC/Al-30Si 复合材料组织性能的影响[J]. 粉末冶金技术, 2013, 31(1): 9-13.

[36] 熊光耀, 郑美珠, 赵龙志. 铸造法制备金属基复合材料的研究现状[J]. 铸造技术, 2011, 32(4): 563-565.

[37] 王行, 谢敬佩, 郝世明, 等. SiC 颗粒尺寸对铝基复合材料组织性能的影响[J]. 粉末冶金技术, 2013, 31(5): 344-348.

[38] 金兰, 盖国胜, 李建国, 等. 球磨法和搅拌铸造法制备 SiCp/Al 复合材料[J]. 稀有金属材料与工程, 2009, 38(1): 557-562.

[39] 崔岩, 耿林, 姚忠凯. SiCp/6061Al 复合材料的界面优化与控制[J]. 中国有色金属学报, 1997, 7(4): 162-165.

[40] 王磊, 樊建中, 石力开, 等. 机械合金化 B_4Cp/Al 复合材料的微观组织结构特征[J]. 稀有金属, 2001, 25(1): 23-27.

[41] 刘俊友, 刘英才, 刘国权, 等. SiC 颗粒氧化行为及 SiCp/铝基复合材料界面特征[J]. 中国有色金属学报, 2002, 12(5): 961-966.

[42] 郭建, 刘秀波. SiC 颗粒加热预处理工艺对 SiC/Al 复合材料制备的影响[J]. 材料热处理学报, 2006, 27(1): 20-22.

[43] 王日初, 毕豫, 黄伯云, 等. SiCp 表面处理对 6066 Al 基复合材料力学性能的影响[J]. 中南大学学报(自然科学版), 2005, 36(3): 369-374.

[44] 徐金城, 邓小燕, 张成良, 等. 碳化硅增强铝基复合材料界面改善对力学性能的影响[J]. 材料导报, 2009, 23(1): 25-27.

[45] 王明静, 杜双明, 朱明, 等. SiCp 表面处理对 SiCp/6066Al 复合材料组织性能的影响[J]. 铸造技术, 2013, 34(6): 664-667.

[46] HOGG S C, LAMBOURNE A, OGILVY A, et al. Microstructural characterisation of spray formed Si-30Al for thermal management applications[J]. Scripta Materialia, 2006, 55: 111-114.

[47] 张国定. 金属基复合材料的界面问题[J]. 材料研究学报, 1997, 11(6): 649-657.

[48] ZHANG Q, MA X Y, WU G H. Interface microstructure of SiCp/Al composites produced by the pressureless infiltration technique[J]. Ceramics International, 2013, 39(5): 4893-4897.

[49] SHI Z L, OCHIAI S, GU M Y, et al. Interfacial microstructure evolution in aluminium matrix composites reinforced with unoxidized and oxidized SiC particles[J]. Surface and Interface Analysis, 2001(31): 375-384.

[50] 原梅妮, 杨延清, 黄斌, 等. 金属基复合材料界面性能对残余应力的影响[J]. 材料热处理学报, 2012, 11(6): 174-178.

[51] LIU P, WANG A Q, XIE J P, et al. Characterization and evaluation of interface in SiCp/2024 Al composite[J]. Transactions of Nonferrous Metals Society of China, 2015, 25(5): 1410-1418.

[52] 祝要民, 谢敬佩, 李晓辉, 等. SiC/ZA27 复合材料界面微结构分析及高温蠕变性能[J]. 复合材料学报, 2002, 19(4): 42-45.

[53] SHEN P, WANG Y, REN L, et al. Influence of SiC surface polarity on the wettability and reactivity in an Al/SiC system[J]. Applied Surface Science, 2015, 355: 930-938.

[54] 陈建, 潘复生, 刘天模. Al/SiC 界面结合机制的研究现状[J]. 轻金属, 2000, (11): 56-58.

[55] 克莱因 T W, 威瑟斯 P J. 金属基复合材料导论[M]. 余永宁, 房志刚译. 北京: 冶金工业出版社, 1996: 45-48.

[56] JANOWSKI G M, PLETKA B J. The influence of interracial structure on the mechanical properties of liquid-phase-sintered aluminum-ceramic composites[J]. Materials Science & Engineering: A, 1990, 129(1): 65-76.

[57] 曹利, 耿林, 姚忠凯, 等. SiCw/Al 复合材料的界面[J]. 复合材料学报, 1989, 6(3): 28-31.

[58] 曹利, 姚中凯. SiCw/Al 复合材料的一种界面结构[J]. 复合材料学报, 1990, 7(4): 67-71.

[59] 郭宏, 李义春, 石力开, 等. 原始 SiC 颗粒表面及 SiCp/Al 复合材料界面化学状态的研究[J]. 复合材料学报, 1997, 14(4): 42-47.

[60] 马俊林, 钱陈豪, 李萍, 等. SiCp/Al 基复合材料在等径角挤扭变形中的界面原子扩散行为[J]. 复合材料学报, 2016, 33(2): 334-339.

[61] 施忠良, 顾明元, 刘俊友, 等. 氧化的碳化硅与铝镁合金之间的界面反应[J]. 科学通报, 2001, 46(14): 1161-1165.

[62] 樊建中, 姚忠凯, 郭宏, 等. 碳化硅增强铝基复合材料界面研究进展[J]. 稀有金属, 1997, (2): 134-138.

[63] 孔亚茹, 郭强, 张荻. 颗粒增强铝基复合材料界面性能的研究[J]. 材料导报, 2015, 29(5): 34-43.

[64] 张永俐, 罗素华. SiC-Al 界面 Al_4C_3 的生成及其控制[J]. 材料科学与工程, 1998, 16(1): 32-37.

[65] 兖利鹏, 王爱琴, 谢敬佩, 等. SiCp/Al-30Si 复合材料的界面反应机理[J]. 粉末冶金材料科学与工程, 2014, 19(2): 191-196.

[66] 宿辉, 曹茂盛. 微米、纳米 SiC 表面涂覆、改性的方法与研究现状[J]. 电镀与精饰, 2005, 27(6): 13-17.

[67] 郭建, 沈宁福. SiC 颗粒增强 Al 基复合材料中有害界面反应的控制[J]. 材料科学与工程, 2002, 20(4): 605-608.

[68] 刘凤国. SiC 颗粒增强铝基复合材料增强体颗粒预处理及工艺研究[D]. 沈阳: 沈阳理工大学, 2010: 7-12.

[69] 谢臻, 樊建中, 肖伯律, 等. 粉末冶金法制备 SiCp/Al-Cu-M 复合材料的固溶时效行为[J]. 北京: 稀有金属, 2008, 32(4): 433-436.

[70] DOEL T J A, BOWEN P. Tensile properties of particulate reinforced metal matrix composites[J]. Composites Part A, 1996, 27(8): 655-665.

[71] GEIGER A L, WALKER J A. Processing and properties of discontinuous reinforced aluminum composites[J]. JOM, 1991, 43(8): 8-15.

[72] SRIVATASAN T S, LBRAIM I A, MOHAMED F A, et al. Processing techniques for particulate- reinforced metal aluminium matrix composites[J]. Journal of Materials Science, 1991, 26: 5956-5978.

[73] 姚永康, Taro Tsujimura. 机车车辆铝合金复合材料制动盘的开发[J]. 国外机车车辆工艺, 1996, 4: 9-13.

[74] 齐海波, 丁占来, 樊云昌, 等. SiC 颗粒增强铝基复合材料制动盘的研究[J]. 复合材料学报, 2001, 18(1): 62-66.

[75] 陈跃, 沈百令, 张永振, 等. SiC 颗粒增强铝基复合材料/半金属材料干摩擦磨损特性[J]. 复合材料学报, 2002, 19(3): 56-60.

[76] CHEN Z H, TENG J, CHEN G, et al. Effect of the silicon content and thermomechanical treatment on the dry sliding wear behavior of spray-deposited Al-Si/SiCp composites[J]. Wear, 2007, 262(3-4): 362-368.

[77] 刘静安, 谢水生. 铝合金材料的应用与技术开发[M]. 北京: 冶金工业出版社, 2004.

[78] SRIVATSAN T S, VASUDEVAN V K. Cyclic plastic strain response and fracture behavior of 2080 aluminum alloy metal matrix composite[J]. International Journal of Fatigue, 1998, 20(3): 187-202.

[79] DING H Z, BIERMANN H, HARTMANN O. A low cycle fatigue model of a short-fibre reinforced 6061 aluminium alloy metal matrix composite[J]. Composites Science & Technology, 2002, 62(16): 2189-2199.

[80] HUANG Y D, HORT N, DIERINGA H, et al. Analysis of instantaneous thermal expansion coefficient curve during thermal cycling in short fiber reinforced AlSi12CuMgNi composites[J]. Composites Science and Technology, 2005, 65(1): 137-147.

[81] NEITE G, MIELKE S. Thermal expansion and dimensional stability of alumina fibre reinforced aluminium alloys[J]. Materials Science & Engineering: A, 1991, 148(1): 85-92.

[82] GONI J, MUNOZ A, VIVIENTE J L, et al. Fracture-analysis of the transition zone between unreinforced alloy and composite[J]. Composites, 1993, 24(7): 581-586.

[83] 龙乐. 电子封装技术发展现状及趋势[J]. 电子与封装, 2012, 12(1): 39-43.

[84] SANGHA S, JACOBSON D M, OGILVY A, et al. Novel aluminium-silicon alloys for electronics packaging[J]. Engineering Science & Education Journal, 2002, 6(5): 195-201.

[85] 徐高磊, 邓江文, 林木法. 喷射沉积技术在 Al-Si 电子封装材料中的应用[J]. 材料研究与应用, 2008, 2(1): 11-14.

[86] 王晓峰, 赵九洲, 田冲. 喷射沉积制备新型电子封装材料 70%Si-Al 的研究[J]. 金属学报, 2005, 41(12): 1277-1279.

[87] WANG X F, WU G H, WANG R C, et al. Fabrication and properties of Si/Al interpenetrating phase composites for electronic packaging[J]. Transactions of Nonferrous Metals Society of China, 2007, 17(2): 1039-1042.

[88] 张永安, 刘红伟, 朱宝宏, 等. 新型 60Si40Al 合金封装材料的喷射成形制备[J]. 中国有色金属学报, 2004, 14(1): 23-27.

[89] MOHN W R, VUKOBRATOVICH D. Recent applications of metal matrix composites in precision instruments and optical systems[J]. Journal of Materials Engineering, 1988, 10(3): 225-235.

[90] 武高辉, 姜龙涛, 陈国钦, 等. 仪表级复合材料在惯性仪表中的应用进展[J]. 导航定位与授时, 2014, 1(1): 63-68.

[91] 聂俊辉, 樊建中, 魏少华, 等. 航空用粉末冶金颗粒增强铝基复合材料研制及应用[J]. 航空制造技术, 2017(16): 26-36.

[92] 许小静, 张绪虎, 王亮, 等. 中低体积分数 SiCp/Al 在航空航天领域的应用与发展[J]. 宇航材料工艺, 2011, 41(3): 5-7.

[93] 齐光, 王书新, 李景林. 空间遥感器高体分 SiC/Al 复合材料反射镜组件设计[J]. 中国光学, 2015, 8(1): 99-106.

[94] 田富湘, 何欣. 基于高体分 SiCp/Al 材料的空间相机主支撑结构研制[J]. 红外, 2015, 36(11): 36-40.

[95] GEIGER A L, ULPH E, Sr. Production of metal matrix composite mirrors for tank fire control systems[J]. Proceedings of SPIE, 1992, 1690: 232-243.

[96] 李畅, 何欣, 刘强. 高体分 SiC/Al 复合材料空间相机框架的拓扑优化设计[J]. 红外与激光工程, 2014, 43(8): 2526-2531.

[97] 程志峰, 张葆, 崔岩, 等. 高体分 SiC/Al 复合材料在无人机载光电稳定平台中的应用[J]. 光学精密工程, 2009, 17(11): 2820-2827.

第2章 铝硅基复合材料粉末冶金制备技术

粉末冶金是以各种金属或者非金属粉末作为原材料，通过一定的方式进行混粉成坯，然后烧结成具有一定性能的试样的方法。粉末冶金法是一种固相法，因而在较低的温度下制备复合材料，制备的材料具备许多优点，如节能、省材、性能优良、尺寸精度高且稳定性好等，适合进行批量化生产。目前，粉末冶金技术已广泛应用于许多领域，成为新材料科学中最具发展活力的分支之一。

粉末合金法制备复合材料的主要步骤为合金粉制备、混粉、压制坯、烧结，二次加工等，实验工艺流程如图 2-1 所示。本章主要介绍粉末冶金制备铝硅基复合材料过程中的关键技术及相关问题。

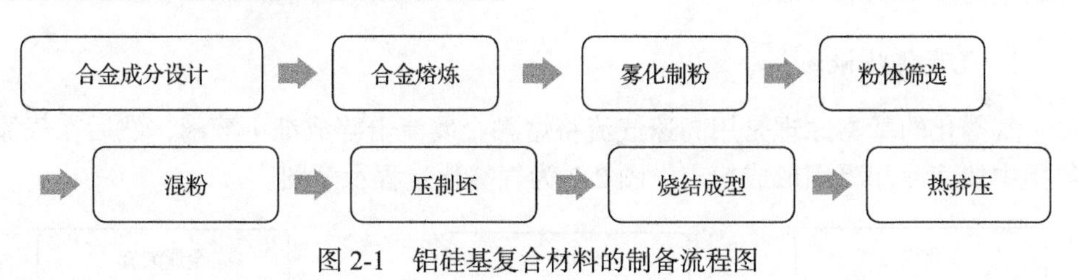

图 2-1 铝硅基复合材料的制备流程图

2.1 合金粉的制备

2.1.1 雾化制粉

粉末冶金材料和制品不断增多，其质量不断提高，要求提供的粉末的种类也越来越多。例如，从材质范围来看，不仅使用金属粉末，也要使用合金粉末、金属化合物粉末等；从粉末形貌来看，要求使用各种形状的粉末，如生产过滤器时，就要求球形粉末；从粉末粒度来看，使用粒度为 500～1000μm 的粗粉末到粒度小于 0.1μm 的超细粉末。

近几十年来，粉末制造技术得到了很大发展。作为粉末制备新技术，第一个引人注目的就是快速凝固雾化制粉技术。快速凝固雾化制粉技术是直接击碎液体金属或合金并快速冷凝而制得粉末的方法。快速凝固雾化制粉技术最大的优点是可以有效减少合金成分的偏析，获得成分均匀的合金粉末。此外，通过控制冷凝速率可以获得具有非晶、准晶、微晶或过饱和固溶体等非平衡组织的粉末。它的出现无论对粉末合金成分的设计还是对粉末合金的微观结构以及宏观特性都产生了深刻影响，它给高性能粉末冶金材料制备开辟了一条崭新道路，有力地推动了粉末冶金的发展。

雾化法最初生产的是锡、铅、锌、铝等低熔点金属粉末，进一步发展能生产熔点在 1600～1700℃及以下的铁粉和其他粉末，如纯铜、黄铜、青铜、合金钢、不锈钢等金属和合金粉末。近些年，随着人们对雾化制粉技术快速冷凝特性认识的深入，其应用领域不断拓宽，如高温合金、Al-Li 合金、耐热铝合金、非晶软磁合金、稀土永磁合金、Cu-Pb 和 Cu-Cr 假合金等。

借助高压液流（通常是水或油）或高压气流（空气、惰性气体）的冲击破碎金属液流来制备粉末的方法，称为气雾化或水（油）雾化法，统称二流雾化法；用离心力破碎金属液流称为离心雾化；利用超声波能量来实现液流的破碎称为超声雾化。雾化制粉的冷凝速率一般为 103～106℃/s。雾化制粉法是以快速运动的流体（雾化介质）冲击或以其他方式将金属或合金液体破碎为细小液滴，继之冷凝为固体粉末的粉末制取方法。

1. 气雾化法概述

气雾化的基本原理是用高速气流将熔融金属流击碎成细小液滴，然后在气流氛围中快速冷却凝固形成粉末。图 2-2 为气雾化过程示意图。

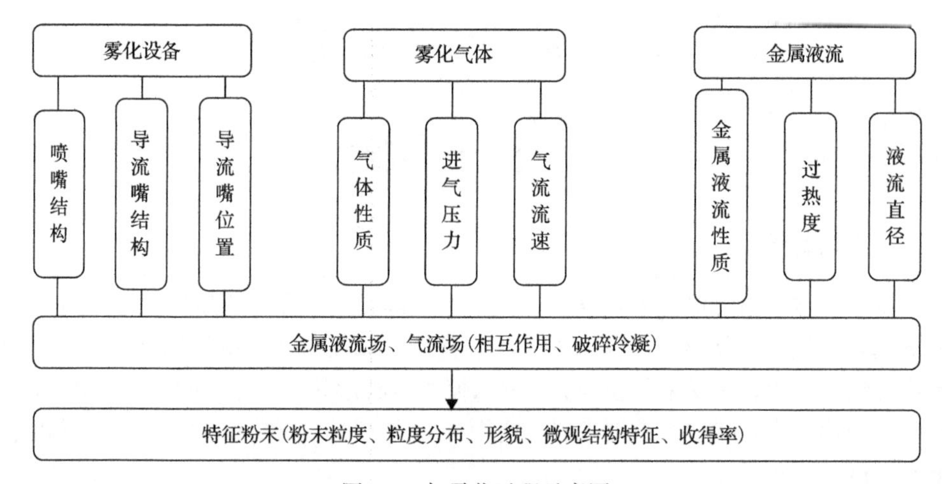

图 2-2 气雾化过程示意图

从图 2-2 可以看出，雾化设备、雾化气体和金属液流是气雾化过程的三个基本方面。在雾化设备中输入高速的雾化气体，并与输入的金属液流相互作用形成流场，在该流场中，金属液流遭受高速气体的撞击破碎成液滴，在气流场中快速冷凝，最终获得具有一定特征的粉末。雾化设备参数有喷嘴结构、导流管结构、导流管位置等。雾化气体及其过程参数有气体性质、进气压力、气流速度等，而金属液流及其过程参数有金属液流性质、过热度、液流直径等。气雾化法就是通过调节优化各参数及各参数的配合来达到调整粉末粒径、粒径分布及微观组织结构的目的。

20 世纪 30 年代就已经形成了至今仍普遍使用的两类喷嘴——自由落体式喷嘴和限制式喷嘴，如图 2-3 所示。自由落体式喷嘴设计简单、不易堵嘴、控制过程也比较简单，但雾化效率不高。限制式喷嘴结构紧凑，雾化效率较高，但设计复杂，工艺过程难以控制。

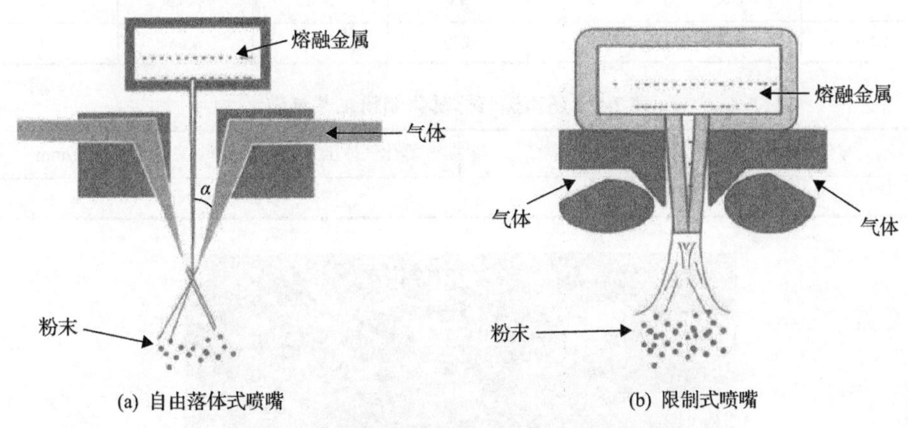

(a) 自由落体式喷嘴　(b) 限制式喷嘴

图 2-3　自由落体式喷嘴与限制式喷嘴示意图

20 世纪 90 年代初，基于高性能粉末的粉末冶金技术开始兴起和跨越式地发展，因此对气雾化粉末的性能和产量以及制造成本都提出了更高的要求。英国 PSI 公司通过对紧耦合环缝式喷嘴进行结构优化，使气流的出口速度超过声速，从而在较小的雾化压力下获得了高速气流，形成超声紧耦合雾化技术；德国 Nanoval 公司在对紧耦合喷嘴进行改进的过程中，提出了层流超声雾化的概念。我国从 20 世纪 80 年代开始对气雾化制粉技术进行了大量的研究和广泛的应用。中国科学院力学研究所从 1984 年就对气体雾化制粉工艺和机理进行研究并取得了显著的成果。中南大学粉末冶金研究院、哈尔滨工业大学、北京有色金属研究总院等单位对多级和不同介质气雾化、熔滴的热传输和凝固行为等进行研究，并提出了相应的数值模型。这些研究成果推动了我国气雾化制粉技术的快速发展。

雾化法是生产完全合金化粉末的最好方法，其产品称为预合金粉。这种粉的每个颗粒不仅具有与既定熔融合金完全相同的均匀化学成分，而且由于快速凝固作用而细化了结晶结构，消除了第二相的宏观偏析。铝硅合金雾化制粉的原料采用的是工业用纯铝和高纯硅。首先根据熔炼合金所需元素含量准备原料。将已配好的物料放入中频感应炉中加热融化，并且精炼和脱气，制备成分合格的铝硅合金金属熔液，铝硅合金液柱经过雾化设备的漏嘴流入喷雾装置后，被高速喷射的高压氮气所雾化，形成铝硅合金金属液滴，然后冷却了的金属液滴再落入高速的水流中。铝合金粉末冷却后经筛网过滤后去掉杂物，然后把粉体放入甩干机中进行脱水干燥处理。表 2-1 为设计的 Al-50Si 合金粉体的实际元素含量，雾化制粉的工艺参数见表 2-2。图 2-4 所示为经过快速凝固雾化制粉所得到的 Al-50Si 合金粉末的形貌。

表 2-1　Al-50Si 合金粉体的元素含量(质量分数)　　(单位：%)

Si	Cu	Fe	Mg	Mn	其他	Al
50.05	0.10	0.30	0.22	0.10	0.66	Bal.

表 2-2　超声速气体雾化制粉工艺参数

雾化气体	雾化温度/℃	雾化气体压力/MPa	导液管直径/mm
N_2	900	2	3.2

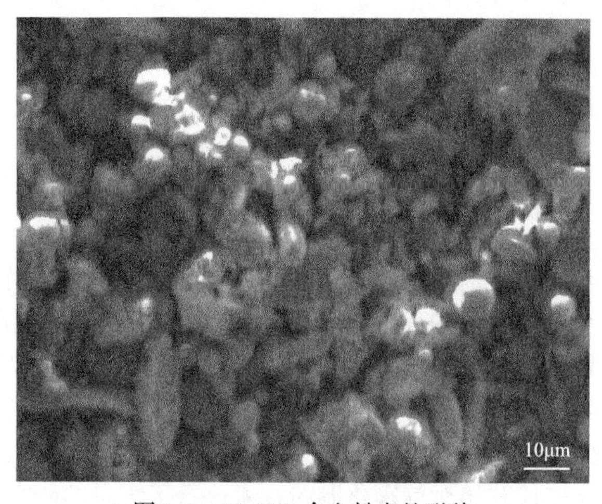

图 2-4　Al-50Si 合金粉末的形貌

2. 雾化机理及影响粉末粒度的因素

雾化介质与金属液流的相互作用既有物理-机械作用，又有物理-化学变化。高速气体射流或水射流，既是使金属液流击碎的动力源，又是一种冷却剂。也就是说，一方面，在雾化介质同金属液流之间既有能量交换(雾化介质的动能变为金属液滴的表面能)，又有热量交换(金属液滴将一部分热虽转给雾化介质)。无论是能量交换，还是热量交换，都是一种物理-机械过程；另一方面，液体金属的黏度和表面张力在雾化过程和冷却过程中不断发生变化，这种变化反过来又影响雾化过程。此外，在很多情况下，雾化过程中液体金属与雾化介质发生化学作用使金属液体改变成分(如氧化、脱碳等)。因此，雾化过程也就具有物理-化学过程的特点。在液体金属不断被击碎成细小液滴时，高速射流的动能变为金属液滴增大总表面积的表面能。这种能量交换过程的效率极低，据估计不超过 1%。目前，从定量方面研究二流雾化的机理还很不够。

雾化过程非常复杂。影响粉末性能(化学成分、粒度、颗粒形状和内部结构等)的因素很多，主要有喷嘴和聚粉装置的结构、雾化介质的种类和压力、金属液的表面张力、黏度、过热度和液流直径。显然，雾化介质流和金属液流的动力交互作用越显著，雾化过程越强烈。金属液流的破碎程度取决于介质流的动能，特别是介质流对金属液滴的相对速度以及金属液流的表面张力和运动黏度。一般来说，金属液流的表面张力、运动黏度是很小的，所以介质流对金属液滴的相对速度是最主要的。粉末的形状主要取决于液流的表面张力和冷凝的时间。金属液流的表面张力大，并且液滴在凝固前有充足的球化时间，将有利于获得球形粉末。

2.1.2　机械合金化制粉

20 世纪中叶，美国国际镍公司的本杰明(Benjamin)等研制成功了一种新的制粉技术：将金属或合金粉末在高能球磨机中通过粉末颗粒与磨球之间长时间激烈地冲击、碰撞，使粉末颗粒反复产生冷焊、断裂，导致粉末颗粒中原子扩散，从而获得合金化粉末。这种工艺最初称为“球磨混合”，但是国际镍公司的专利代理律师 MacQueen 在第一个专利申请中将这种工艺称为“机械合金化(mechanical alloying, MA)”。20 世纪 70 年代初期机械合金化技术首先用于制备弥散强化高温合金，80 年代国际镍公司和日本金属材料技术研究所等又推出第二代弥散强化高温合金，如 MA754 的改型材料 MA758。此后，该技术得到了发展，由黑色金属扩大到有色金属。机械合金化技术在铜基、铁基和铝基弥散强化合金上也获得了应用。一些用传统技术难以制备的新材料，也使用机械合金化技术来合成。对于熔点相差悬殊、液相和固相都不互溶的材料，很难使用传统熔炼技术来制造均匀的合金，而机械合金化可以实现两相或多相不相溶成分的均匀混合。纳米晶材料的制备是材料科学领域的研究热点之一，其具有显著的体积效应、表面效应和界面效应，因此引起材料在力学、电学、磁学、热学、光学和化学活性等特性上的变化。Thompson 等在 1987 年首先报道了通过机械合金化法合成出的纳米晶材料，1988 年日本京都大学的新宫教授等系统地报道了采用高能球磨法制备 Al-Fe 纳米晶材料的工作，为纳米晶材料的制备和应用找出了一条实用化的途径。这是机械合金化技术最引人注目的应用领域，也是制备非晶体、准晶体、过饱和回熔体及纳米晶材料的合适工艺。机械合金化已经成为材料制备技术中的重要方法之一。到目前为止已成功制备出弥散强化合金、磁性材料、储氢材料、过饱和固溶体、复合材料、超导材料、非晶、准晶和纳米晶等。

机械合金化是指金属或合金粉末在高能球磨机中通过粉末颗粒与磨球之间长时间激烈地冲击、碰撞，使粉末颗粒反复产生冷焊、断裂，导致粉末颗粒中原子扩散，从而获得合金化粉末的一种粉末制备技术。机械合金化粉末并非像金属或合金熔铸后形成的合金材料那样，各组元之间充分达到原子间结合，形成均匀的固溶体或化合物。在大多数情况下，在有限的球磨时间内仅仅使各组元在那些相接触的点、线和面上达到或趋近原子级距离，并且最终得到的只是各组元分布十分均匀的混合物或复合物。当球磨时间非常长时，在某些体系中也可通过固态扩散，使各组元达到原子间结合而形成合金或化合物。

1. 机械合金化原理

目前公认机械合金化的反应机制，主要有两种：

一是通过原子扩散逐渐实现合金化。在球磨过程中粉末颗粒在球磨罐中受到高能球的碰撞、挤压，颗粒发生严重的塑性变形、断裂和冷焊，粉末被不断细化，新鲜未反应的表面不断地暴露出来，晶体逐渐被细化形成层状结构，粉末通过新鲜表面结合在一起。这显著增加了原子反应的接触面积，缩短了原子的扩散距离，增大了扩散系数。多数合金体系的 MA 形成过程是受扩散控制的，因为 MA 使混合粉末在该过程中产生高密度的晶体缺陷和大量扩散偶，在自由能的驱动下，由晶体的自由表面、晶界和晶格上的原子扩散而逐渐形核长大，直至耗尽组元粉末，形成合金。如 Al-Zn、Al-Cu、Al-Nb 等体系的机械合金化过程就是按照这种方式进行的。

二是爆炸反应。粉末球磨一段时间后，接着在很短的时间内发生合金化反应放出大量的热形成合金，这种机制可称为爆炸反应[或称为高温自蔓延反应(self-propagating high-temperature synthesis, SHS)、燃烧合成反应或自驱动反应]。Ni50Al50 粉末的机械合金化、Mo-Si、Ti-C 和 NiAl/TiC 等合金系中都观察到同样的反应现象。粉末在球磨开始阶段发生变形、断裂和冷焊作用，粉末粒子被不断地细化。能量在粉末中的沉积和接触面的大量增加以及粉末的细化为爆炸反应提供了条件。这可以看成燃烧反应的孕育过程，在此期间无化合物生成，但为反应的发生创造了条件。一旦粉末在机械碰撞中产生局部高温，就可以“点燃”粉末，反应一旦被“点燃”，将会放出大量的生成热，这些热量又激活邻近临界状态的粉末发生反应，从而使反应得以继续进行，这种形式可以称为“链式反应”。

2. 影响机械合金化的因素

(1)装置。生产机械合金化粉末的研磨装置有行星磨、振动磨、搅拌磨等。图 2-5 为高能球磨机。它们的研磨能量、研磨效率、物料的污染程度以及研磨介质与研磨容器内壁力的作用各不相同，故对研磨结果起着至关重要的作用。研磨容器的材料及形状对研磨结果有重要影响。在研磨过程中，研磨介质对研磨容器内壁的撞击和摩擦作用会使研磨容器内壁的部分材料脱落而进入研磨物料中造成污染。此外，研磨容器的形状也很重要，特别是内壁的形状设计，例如，异形腔，就是在磨腔内安装固定滑板和凸块，使得磨腔断面由圆形变为异形，从而提高介质的滑动速度并产生向心加速度，增强了介质间的摩擦作用，有利于合金化进程。

图 2-5　高能球磨机

(2) 研磨速度。研磨机的转速越高，就会有越多的能量传递给研磨物料。但是，并不是转速越高越好。一方面，研磨机转速提高的同时，研磨介质的转速也会提高，当高到一定程度时研磨介质就紧贴于研磨容器内壁，而不能对研磨物料产生任何冲击作用，从而不利于塑性变形和合金化进程。另一方面，转速过高会使研磨系统温升过快，例如，较高的温度可能会导致在过程中需要形成的过饱和固溶体、非晶相或其他亚稳态相的分解。

(3) 研磨时间。研磨时间是影响结果的最重要因素之一。在一定条件下，随着研磨的进行，合金化程度会越来越高，颗粒尺寸会逐渐减小并最终形成一个稳定的平衡态，即颗粒的冷焊和破碎达到动态平衡，此时颗粒尺寸不再发生变化。但研磨时间越长造成的污染也就越严重。因此，最佳研磨时间要根据所需的结果，通过试验综合确定。

影响合金化的因素还有很多，如研磨介质、球料比、研磨介质、气体环境、研磨温度等。

3. 机械合金化技术的特点

(1) 可形成高度弥散的第二相粒子。

(2) 可以扩大合金的固溶度，得到过饱和固溶体。

(3) 可以细化晶粒，甚至达到纳米级，还可以改变粉末的形貌。

(4) 可以制取具有新的晶体结构、准晶或非晶结构的合金粉末。

(5) 可以使有序合金无序化。

(6) 可以促进低温下的化学反应和提高粉末的烧结活性。

机械合金化技术所用的原料粉末来源广泛，主要是一些目前已广泛应用的纯金属粉末，有时也使用母合金粉末、预合金粉末和难熔金属化合物粉末，其粒度一般为1～200μm。对机械合金化技术来说，原料粉末的粒度并不是很重要，因为粉末粒度随球磨时间呈指数下降，几分钟后便会变得很细，但一般说来原始粉末粒度要小于磨球的直径。一般商用金属粉末的氧含量为 0.05%～0.2%，因此在研究机械合金化过程中的相变化时要充分考虑原始粉末的纯度。

为了减少粉末间的冷焊，防止粉末发生团聚，在机械合金化过程中往往需要在粉末中加入 1%～4%的过程控制剂，特别是在有一定量的延性组元存在时。过程控制剂是一种表面活性剂，它可以覆盖在粉末的表面，降低新生表面的表面张力，从而可缩短球磨时间。过程控制剂的种类很多，但大多数为有机化合物，如硬脂酸、己烷、草酸、甲醇、乙醇、丙酮、异丙醇、庚烷、Nopcowax-22DSP、辛烷、甲苯、三氯氟乙烷、乙酸十二烷酯、硅氧烷脂石墨粉、氧化铝、氮化铝、氯化钠也曾用作过程控制剂。在球磨过程中，这些化合物的大部分都会分解，并与粉末反应后在其基体中形成均匀弥散分布的化合物新相。例如，碳氧化合物中包含碳和氢元素，碳水化合物包含碳、氧、氢元素。用这些化合物作为过程控制剂可以在粉末基体中形成弥散的碳化物和氧化物粒子，从而得到弥散强化材料，其中的氢元素可以在随后的加热或烧结过程中成为气体逸出或被晶格吸收。

有些金属，如铝、镍、铜会在球磨过程中与醇类介质反应，形成复杂的金属-有机化合物，如铝会与异丙醇反应。其他一些金属，如钛、锆会与氯化物流体(如四氯化碳)发生爆炸反应，因此氯化物流体不可以用作活性金属的过程控制剂。钛、锆等活性金属在有空气存在的情况下球磨时，会大量吸氧和吸氮，从而发生相变，包括形成新相。

2.2　复合粉体的混制

2.2.1　混粉的形式

碳化硅颗粒增强复合材料粉体常用的混料方法有干混和湿混，混粉的形式主要有高能球磨、简单机械混合。简单机械混合所能提供的能量有限，在混粉过程中不能够使基体合金与碳化硅增强体颗粒之间形成融合，而且不能使粉末颗粒钝化和大颗粒破碎。

高能球磨由于存在较高的能量，混粉过程中，粉末颗粒之间、粉末与球磨罐之间碰撞剧烈，使得颗粒钝化和破碎，增强颗粒与基体颗粒也可能发生塑性融合，碳化硅颗粒镶嵌进入铝硅基体粉末中，形成了新的界面。高能球磨机主要有搅拌式、振动式、行星式等几种。图 2-6 所示为 QM-BP 行星式球磨机。

图 2-6　QM-BP 行星式球磨机

高能球磨混粉的过程是复合材料粉末颗粒之间不断发生碰撞变形、冷焊合、破碎、再焊合的反复过程。在这个过程中，塑性良好的粉末颗粒发生塑性变形和加工硬化，进而破碎；硬质颗粒碳化硅发生钝化、镶嵌入基体材料构成复合体，破碎。

2.2.2　球磨法的影响因素

高能球磨法所需设备少，工艺简单，但影响最终产品组成和性能的因素很多。

1. 球料比

球料比是指球磨机内物料与研磨体质量之比，是影响球磨过程的重要参数，球的数量太少，撞击和研磨的次数都少，效率低；如果太多，影响了球与球之间的撞击，就不能充分发挥击碎作用。蒋太炜[1]用高能球磨法制备 CNTs/Cu 复合材料实验中，通过改变球料比，分别为 5∶1、10∶1、15∶1、20∶1 时(质量比)，发现球料比为 5∶1 时，制备得到的复合粉末的中位径 D_{50} 是最大的，球料比为 10∶1 所制得的复合粉末的 D_{50} 是最小的，与 15∶1 和 20∶1 所制得的复合粉末的中位径 D_{50} 相比较，发现 D_{50} 是依次增加的。这是因为当磨球的质量固定，球料比高，也就是加入的原料比较少时，易产生空磨，因而能量利用率低，影响球磨效果；球料比低，也就是加入的原料较多时，因为钢球相对较少，只有小部分的原料被球与球之间的界面捕捉到，所以在球磨过程中，有大量的粉被挤压逸出，进行研磨破碎，其他的由于剪切力和揉搓的作用延展开来，D_{50} 偏大。

球磨中球的大小直接影响球磨的效率，重量大的球下落时，具有较大的撞击力，能够击碎大的颗粒。但是，球大则个数少，接触面积小，对料粉的研磨效率低；球小则个数多，接触面积大，对粉料的研磨效率高。因此，在实验中可以综合这两个因素，加入大小不同的球，找到最佳的配比，达到较好的球磨效果。

2. 分散剂添加量

在快速球磨的过程中，粉体、小球和罐壁之间相互高速碰撞产生的静电摩擦作用使得一些粉体粘在管壁和小球上，进而形成大的颗粒；加入的分散剂可以吸附在粉体的表面，起到降低表面活性的作用，削弱粉体聚集成团的能力。在制备复合粉体的过程中加入无水乙醇作为分散剂，实验中在 50g 原料混合物中加入无水乙醇溶液并进行 60min 球磨处理。对比粉体的粒度发现，随着分散剂的增加，粉体颗粒平均粒度先降低，当分散剂用量为 10mL 时，实验获得的粉体粒度较为集中；当分散剂用量继续增大时，粉体粒度反而上升。说明在球磨过程中，存在一个最佳分散剂用量，当分散剂在这个范围时，可以有效地抑制粉体颗粒的集聚，达到较好的实验效果。

3. 搅拌轴转速

球磨机转速越高，就会有越多的能量传递给研磨物料。但是并不是转速越高越好。这是因为：一方面，球磨机转速提高的同时，球磨介质的转速一定会提高，当达到某一临界值或临界值以上时，磨球的离心力大于重力，球磨介质就紧贴于球磨容器内壁，磨球、粉料、磨筒处于相对静止的状态，此时球磨作用停止，球磨物料不产生任何冲击作用，不利于塑性变形和合金化进程；另一方面，转速过高会使球磨系统温度升高过快，有时是不利的，例如，较高温度可能会导致球磨过程中需要形成的过饱和固溶体、非晶相或其他亚稳态分解。

4. 研磨介质

高能球磨中一般采用不锈钢作为球磨介质，为了避免球磨介质对样品的污染，在球磨一些易磨性较好的物料时，也采用瓷球。球磨介质要有适当的密度和尺寸，以便对物料产生足够的冲击，这些对球磨后的最终产物都有直接影响。例如，研究 Ti-Al 混合粉末时，若采用直径为 15mm 的磨球，最终可得到 Ti-Al 固溶体，而若采用 20～25mm 的磨球，在同样条件下，即使研磨时间更长，也得不到 Ti-Al 固溶体。

5. 球磨时间

球磨时间的长短直接影响产物组分和纯度，球磨时间对粒度的影响也较明显。在开始阶段，随着时间的延长粒度下降较快，但到一定时间以后，即使继续延长球磨时间，产品的粒度值下降幅度很小。因此，在一定条件下，随着球磨的进行，合金化程度会越来越高，颗粒尺寸也会逐渐减小，最终到一个稳定的平衡状态，此时颗粒的尺寸不会再发生变化。另外，球磨时间越长造成的污染也就越严重，影响产物的纯度。

6. 球磨容器

球磨容器的材质及形状对球磨的结果有重要影响。在球磨过程中，球磨对球磨容器内壁的撞击和摩擦作用会使球磨容器内壁的部分材料脱落而进入球磨物料中造成污染。常用的球磨容器材料通常选用特殊的材料，例如，球磨物料中含有铜或钛时，为了减少污染而选用铜或钛球磨容器。此外，球磨容器的形状也很重要，特别是内壁的形状设计，例如，异形腔，就是在磨腔内安装滑板和凸块，使得磨腔断面由原形成为异形，从而提高介质的滑动速度并产生了向心加速度，增强介质件的摩擦作用，这有利于合金化进程。

7. 其他因素

影响高能球磨法的因素还有球磨温度、球磨气氛、过程控制剂等。一般认为，温度影响晶体扩散速度，最终影响纳米材料的性能；球磨过程一般在真空或惰性气体的保护下进行，目的是防止气体环境产生的污染；过程控制剂的作用是防止粉末团聚，加快球磨进程，提高出粉率。常用的过程添加剂有硬脂酸、固体石蜡、液体酒精和四氯化碳等。通过对所研究的高能球磨工艺对复合材料组织性能的影响情况分析，发现球料比不能太高也不能太低，过高的球料比使得粉末之间不能够良好接触，仅仅是对尖角状的碳化硅颗粒进行了钝化，不利于粉末之间发生镶嵌，混粉的均匀性也不理想；球料比过低，既不利于对尖角状颗粒的钝化效果，也不利于磨球对发生冷焊合的粉末颗粒的打散效果。干磨-高能球磨时间不能过长，球磨时间过长，虽然有利于粉末颗粒的破碎和细化，但是铝硅合金粉末发生大量的加工硬化现象，丧失了塑性变形的能力，在冷压压坯过程中不利于增强颗粒与基体材料的变形，不利于压坯的成形。

图 2-7 所示是利用行星式球磨机，在转速为 250r/min、球料比为 2∶1、球磨时间 2h 的条件下复合材料粉末扫描电子显微镜(scanning electron microscope, SEM)照片。从图 2-7 中可以看到，圆形或者椭圆形的铝硅基体粉末和多边形的碳化硅颗粒相间分布，混粉比较均匀。本试验中采用高能球磨干混工艺进行混粉，混粉是在 QM-BP 型行星式球磨机上进行的，混粉的工艺过程是：首先将 SiC 颗

粒和 Al-19Si 合金粉末按预先设计好的质量比配好，装入玛瑙球磨罐中，加入质量分数为 1%的硬脂酸钠作为分散剂，加入磨球，磨球材质为不锈钢，磨球的直径分别为 5mm 与 10mm。球磨工艺参数设置为：球料比为 2∶1，转速为 250r/min，球磨时间为 2h。

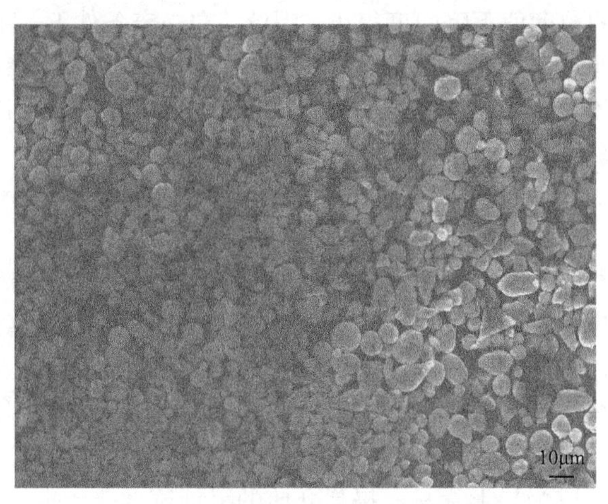

图 2-7　高能球磨混合的复合材料粉末

2.3　冷压成型工艺

制备冷压压坯是一个非常重要的步骤，冷压压坯的好坏直接影响随后烧结、挤压过程的进行以及材料的综合性能[2]，因而对于冷压压坯的制备过程要深入地进行研究分析。冷压成型工艺主要包括冷等静压和单向模压。冷等静压的成型性能好，工艺相对简单、成熟；而单向模压影响成型情况的因素较多，主要影响因素有保压压力、保压时间、静置(弛豫)时间等，冷压坯制备过程中容易出现成型缺陷，单向冷压工艺参数合理制定至关重要。

2.3.1　单向模压

混料后采用单向模压法制备复合材料的成型压坯，单向模压示意图如图 2-8(a)所示。其工艺过程为：预先在模具凸模和凹模表面涂抹适量石墨粉，主要起润滑作用；然后把复合粉体装入凹模中，轻微振荡使粉体填嵌均匀。将模具放入 500T 四柱液压机工作位置，设定压力，启动压力机并缓慢下落，先轻轻下压，最后加压至压紧为止。为排出模具腔体和粉体之间的气体，尽可能紧实粉体，保压一定时间；然后卸压，释放粉料和模具之间的结合力；然后脱模取出冷压压坯，铝硅基复合材料冷压坯如图 2-8(b)所示(工艺条件为压力 200MPa，保压 50min；卸压时间为 30min）。

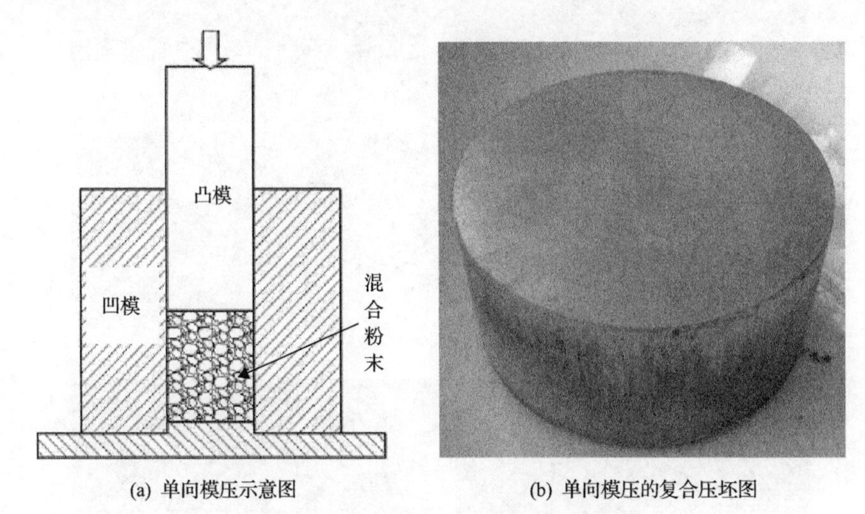

(a) 单向模压示意图　(b) 单向模压的复合压坯图

图 2-8　单向模压示意图及复合压坯图

2.3.2　单向模压工艺研究

1. 不同保压压力对复合材料冷压成形的影响

保压压力是单向模压制备复合材料中非常重要的一个工艺参数，因而选择一个合适的保压压力非常关键[3]。在压制过程中，液压机压头挤压凸模，压力经凸模传导至模腔的粉体上，粉体开始发生流动，随着外加压力的增加，粉体之间从松散接触到紧密接触。粉体颗粒之间的相互作用力使得保压压力得以传递，由于粉末在压缩过程中受到模腔的摩擦阻力以及颗粒之间的压力传递过程的损耗，因而在垂直方向上保压压力有明显的压力损失。有研究表明，垂直方向的压力损失随着垂直方向上的高度的增加而增大，压力损失可能达到 60%以上。实验过程中保压压力分别选择为 300MPa、400MPa、500MPa、800MPa，保压时间为 5min，卸压后直接脱模取出，所生成的冷压压坯的宏观形貌如图 2-9(a)所示。图 2-9(a)所示为保压压力为 300MPa 时复合材料冷压坯的宏观形貌，冷压压坯严重分层，用手就能够捏碎，这是因为保压压力不足，冷压压坯的结合强度不够，形成的冷压压坯在脱模过程中在内应力及外力的作用下发生破碎。保压压力为 800MPa 时，压力过大，使得压坯的上表面受到过大的作用力，压坯对模具也产生一个非常大的侧向压力(如果模具刚度不足，会使模具膨胀变形)，并且压制过程中压坯与模壁之间也产生摩擦力，从而在脱模的过程中造成了冷压压坯分层和上部开裂，如图 2-9(d)所示。因此，根据压坯在不同保压压力下成形情况的分析，选择保压压力为 500MPa 较为合适。

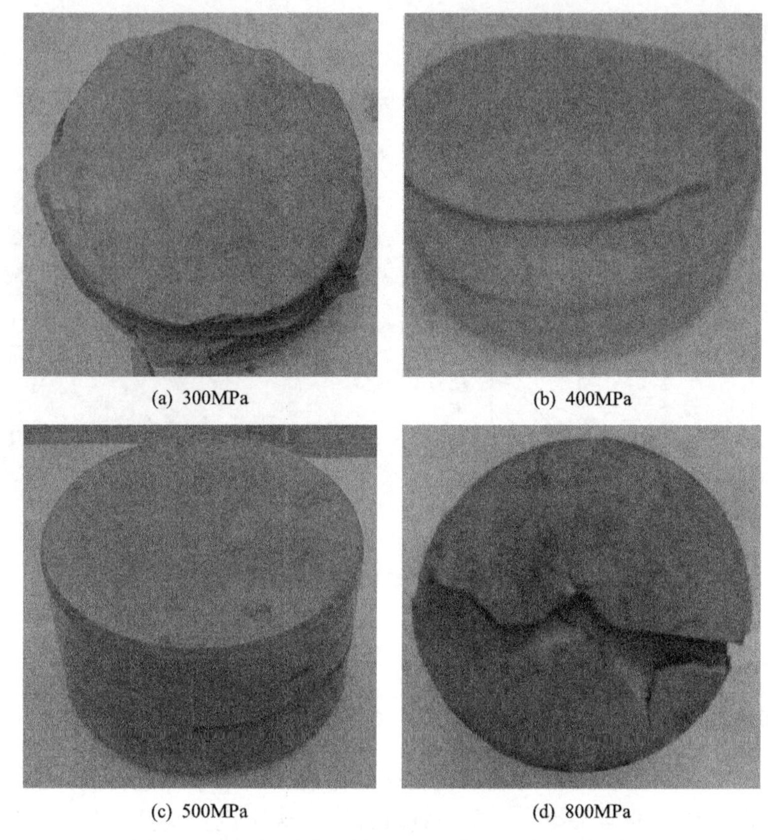

(a) 300MPa　(b) 400MPa

(c) 500MPa　(d) 800MPa

图 2-9　不同保压压力下复合材料冷压压坯成形情况

2. 不同保压时间对复合材料冷压成形影响

粉末经过压制后，在某一特定的压力下进行一定时间的保压，往往可得到非常好的效果，这对体积较大的制品来说尤其重要，该试验所压制的冷压压坯质量大约为 450g，直径为ϕ75mm、高度为 40～45mm，属于较大的制品。有资料[3]表明，在压制一个节圆直径ϕ25mm、内径为 12mm、齿数为 8 的油泵齿轮时，由于保压时间不同，压坯密度的差别就非常明显。

本节选择保压压力为 500MPa，保压时间分别为 15min、30min、50min，卸压后直接脱模取出，所生成的冷压压坯的宏观形貌如图 2-10 所示。从图中可以看到，随着保压时间的延长，冷压压坯的成形情况得到改善。与保压 5min 相比，冷压压坯都基本呈圆块状，没有出现成块分层和裂纹，只是在压坯下部出现局部掉块。这是因为随着保压时间的延长，保压压力有足够的时间进行传递，合金粉末有足够的时间进行机械咬合和压力传递，粉末空隙之间的空气也有时间排出，从而有利于压坯中各部分的密度分布，提高压坯结合强度。但当直接卸压脱模时，由于压坯内部有很大的内应力未得到释放，脱模过程中压坯结合强度欠佳的部位发生了掉块(主要是压坯下部)。如图 2-10(c)所示，即便保压时间达到 50min，还是不能得到外貌形状非常完整的冷压压坯。观察发现，分别保压 30min 和 50min 的冷压压坯的形貌变化不很明显，都存在一定程度的掉块情况，因而选择保压时间为 30min。

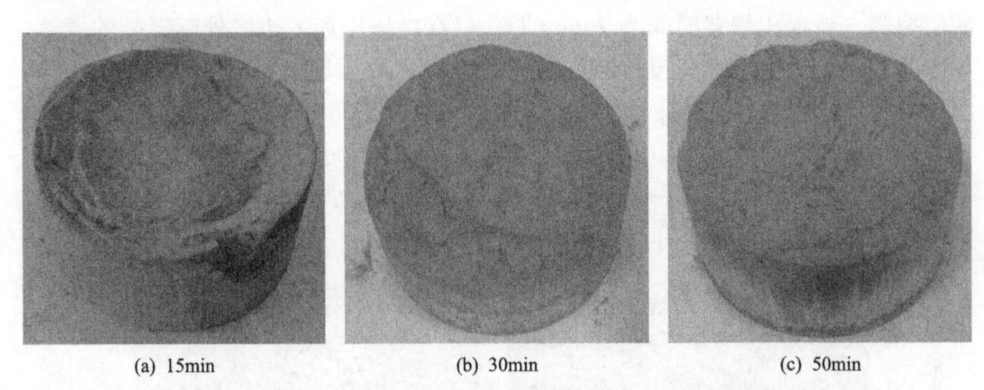

(a) 15min　(b) 30min　(c) 50min

图 2-10　不同保压时间下复合材料冷压压坯成形情况

3. 不同静置时间对复合材料冷压成形的影响

在一定的保压压力下，经过一定时间的保压后，撤去保压压力并把冷压压坯脱模取出，压坯在内应力的作用下发生弹性膨胀的现象称为弹性后效。弹性后效的表示方法如下：

$$\delta = \frac{\Delta l}{l_0} \times 100\% = \frac{l - l_0}{l_0} \times 100\% \tag{2-1}$$

式中，δ 为沿高度或直径的弹性后效；l_0 为卸压前的高度或直径；l 为卸压后的高度或直径。

压制过程中粉末颗粒在外在压力的作用下发生弹塑性变形，压坯的内部会形成很大的弹性内应力。卸载后，保压压力的消失使得粉末颗粒所受的弹性内应力向外作用，使得冷压压坯发生膨胀。顺着压力传递的方向所受的压力比垂直压制方向的压力大，所以冷压压坯在压制方向的弹性后效比较大。在压制方向的尺寸变化可达 5%～6%，而垂直于压制方向上的变化为 1%～3%。如果弹性内应力足够大，而冷压压坯结合得又不够结实，就会发生裂纹、分层等缺陷。

为了使冷压压坯能够免受弹性后效的影响，经过冷压的压坯在脱模之前进行一定时间的静置(弛豫)。在试验过程中，冷压工艺参数为：选择保压压力为 500MPa，保压时间为 30min，卸压静置时间分别为 10min、20min、30min、60min，冷压压坯成形情况如图 2-11 所示。冷压压坯在液压机上进行压制、保压、卸压过程，卸压后不要立即进行脱模过程，而是让冷压压坯在模具中静置一段时间。在静置的过程中由于保压压力消失，压坯有时间进行内应力的释放，压坯内部受力趋于均匀，能够有效地降低弹性后效对冷压压坯的影响。如图 2-11(a)、(b)所示，当卸压静置时间分别为 10min 和 20min 时，冷压的成形情况已经大为改善，冷压压坯基本成形，形貌比较完整。卸压静置 10min 的冷压压坯只是在底部有一薄层掉落。当卸压静置时间为 20min 时，仅在冷压压坯的边缘处有轻微的掉落，如图 2-11(b)所示。随着卸压静置时间的增加，冷压压坯的形貌更加完整，如图 2-11(c)、(d)所示，卸压静置时间分别为 30min 和 60min 时，冷压压坯的形貌都非常完整，表面光滑干净。这是因为随着卸压静置时间延长，冷压压坯的内应力能够充分释放，把弹性后效对压坯的影响降低到最小。试验过程中为了兼顾冷压压坯的制备效率，选择卸压静置时间为 30min。

(a) 10min (b) 20min

(c) 30min (d) 60min

图 2-11 不同弛豫时间下复合材料冷压的成形情况

通过对单向模压制备 SiCp/Al-Si 复合材料工艺参数的研究，发现影响单向模压成形的主要因素是保压压力、保压时间和弛豫时间。对冷压成形过程进行研究发现，在保压压力为 500MPa、保压时间为 30min，并进行 30min 静置(弛豫)后，冷压压坯的宏观形貌光洁完整。

4. 复合材料冷压成形过程缺陷分析

采用单向模压法制备 SiCp/Al-Si 复合材料冷压压坯，在制备的过程中，冷压压坯出现了多种缺陷，如分层、裂纹、掉块等[4-6]。产生这些缺陷的因素很多：客观方面的因素，如设备、模具、润滑剂等原因；也有制备工艺参数方法的因素，如保压压力、保压时间、静置时间等。

试验过程中，所采用的油压机在使用前进行了检查，各项性能都正常，所用模具的形位公差、形状公差以及垂直度、平行度都在合理的标准范围内，模具在压制时都涂抹了润滑剂，因此分析认为，设备、模具、润滑剂等因素不是造成缺陷的主要因素，冷压制备工艺参数的选择不当是主要原因。

图 2-12 是单向模压制备过程中出现的缺陷情况。图 2-12(a)、(b)所示发生了分层和破碎，而图 2-12(c)中不仅分层，在上表面还有一个大的裂纹，这些缺陷的产生主要是由于保压压力和保压时间选择不当。保压压力过小或者保压时间不足，就不能形成足够的结合强度；保压压力过大，冷压压坯的上表面受力过大从而造成压坯内部应力过大，使得冷压压坯不能顺利成形。从图 2-12(d)、(e)中可以看到，选择合适的保压压力和保压时间进行压制，冷压压坯基本成形，但外观形貌

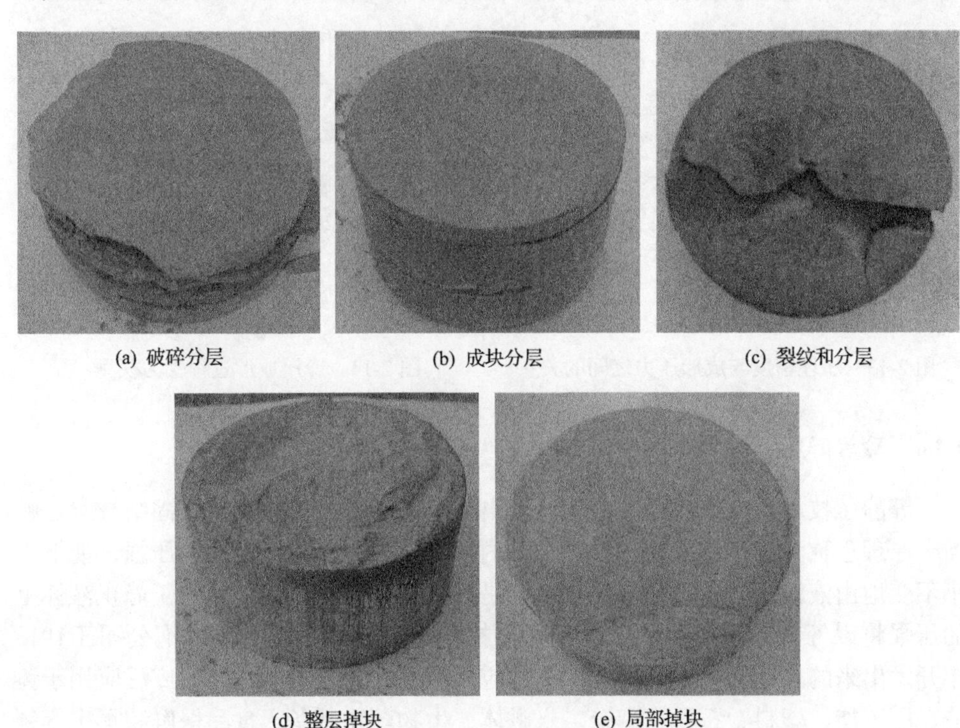

(a) 破碎分层　(b) 成块分层　(c) 裂纹和分层

(d) 整层掉块　(e) 局部掉块

图 2-12　冷压压坯缺陷

依然不够完整，这是由于在脱模过程中弹性后效的作用使得结合不够紧实的地方发生掉块。因此，需要增加一定的弛豫时间来减轻弹性后效对冷压压坯的影响。

2.3.3 单向模压成形过程受力模型

冷压在成形过程中，其所受的成形压力和压坯密度之间的关系与示意图如图 2-13 和图 2-14 所示。在开始压缩的第 I 阶段，由于粉体松散填装，粉体之间存在大量的空隙，因而第 I 阶段主要是粉体之间填充空隙、紧密接触的阶段，如图 2-14(a)所示；在第 Ⅱ 阶段，由于粉体经过第 I 阶段的紧实过程，粉体之间接触紧密，粉体间空隙已经很少，因而在成形压力的作用下密度变化不明显，如图 2-14(b)所示；随着压力继续增大达到设定的保压压力，粉体在保压压力的作用下开始发生滑移和塑性变形，SiC 是硬质颗粒，不发生塑性变形，主要是基体发生塑性变形，同时 SiC 颗粒可能挤入 Al 基体中，因而压坯的密度继续增加，如图 2-14(c)所示。在制备 SiCp/Al-Si 复合材料过程中，保压压力分别选择为 300MPa、400MPa、500MPa、800MPa，探讨分析保压压力对 SiCp/Al-Si 复合材料成形情况的影响，发现保压压力过高或过低都不利于冷压的成形，最终选取 500MPa 为相对较为合适的保压压力。

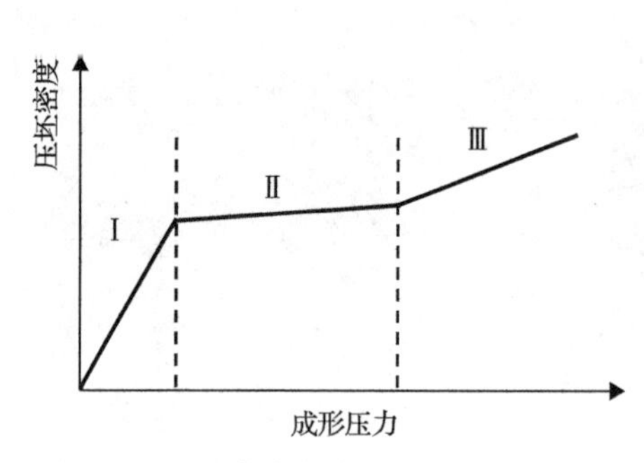

图 2-13 压坯密度与成形压力之间的关系

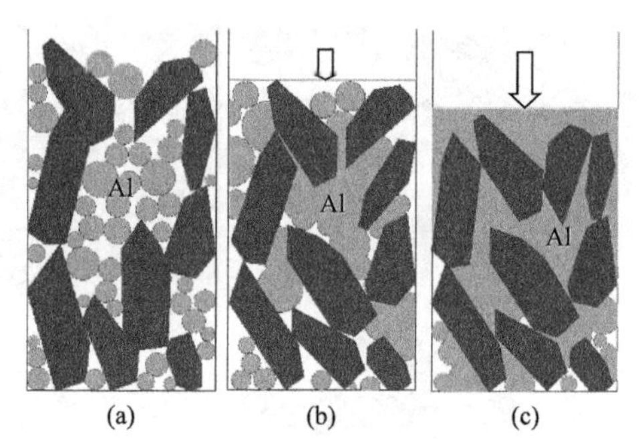

图 2-14 冷压成形过程受力模型

2.3.4 冷等静压

等静压技术是根据帕斯卡原理开发出来的一种新型粉体成型和固结技术。帕斯卡原理也称为静压传递原理，其主要内容是：加在密闭液体上的压强，能够大小不变地由液体向各个方向传递，也就是说，在密闭容器内，施加于静止液体上的压强将以等值同时传到各点。等静压技术首先是由美国西屋灯泡公司于1913年开发出来的。此后，等静压技术及其应用范围快速发展，目前已广泛应用于铸造、原子能、塑料、石墨、陶瓷、永磁体、生物药物制备、食品保鲜和军工等领域。冷等静压技术是指在室温环境下进行的等静压成型技术，通常用橡胶和塑料作包套模具材料，以液体为压力介质，压力为 100～630MPa，主要用于粉末成形。

其目的是为下一步烧结、锻造或热等静压等工序提供预制品。

图 2-15 为小型等静压机示意图。等静压机的工作过程是，首先将装有物料的密封弹性模具置于盛有传压介质的缸体中，然后闭合上端塞，框架沿导轨底座滑行至缸体正上方，将上端塞压住。接着，加压设备通过缸体底部的高压油路，对缸体内部传压介质施加超高压力，此时模具内的物料受压成型。经一段时间保压后，减压阀开启，缸体内压力逐渐回复至常压，框架后移，上端塞开启，最后取出成型样品。

图 2-15　小型等静压机示意图

弹性模具常用的制备材料有模用橡胶、浸渍乳胶、聚氯乙烯、硅有机树脂、聚氨基甲酸酯等。模具设计是等静压成型的关键，因为坯体尺寸的精度和致密均匀性与模具关系密切。将物料装入模具中时，其棱角处不易为物料所充填，可以采用振动装料，或者边振动边抽真空，效果更好。作为等静压系统的传压介质，应选择对人体无害、压缩性小、无腐蚀和与模具相容的液体，一般采用蓖麻油、乳化液、煤油以及煤油和变压器油的混合液。

作为一种新型的粉体成型与固结工艺，等静压技术具有以下特点：

(1) 压坯密度高。采用等静压制备的样品，其密度一般要比单向和双向模压成型的高 5%～15%。

(2) 压坯密度均匀一致。在模压成型中，无论是单向还是双向压制，由于粉料与钢模之间摩擦阻力的存在及成型压力在传递过程中的递减，会出现压坯密度分布不均的现象，这种密度的差异在压制复杂形状制品时，往往可达到 10%以上。而在等静压成型中，样品在各方向上受力相等，包套与粉料受力收缩大体一致，粉料与包套相对运动很小，压力只有轻微的下降，样品各部分密度差异小于 1%，可认为密度分布是均匀的。

(3) 可制备长径比大、形状复杂的样品。因为坯体各处受力一致，密度分布均匀，所以可制作长径比大、形状复杂的样品。

(4) 等静压成型工艺，一般不需要在粉料中添加润滑剂，这样既减少了对制品的污染，又简化了制造工序。

(5) 等静压成型的制品，性能优异，且比其他成型方法制得的样品烧结温度低。

(6) 等静压成型工艺的缺点是，工艺效率较低，设备昂贵。

冷等静压成型包括升压、保压和卸压等三个过程。升压速度对于大型坯体的成型有很大影响，直接影响成型时坯体中气体的排出和压力的传递。在成型期间，粉料内部气体的排出、粉料颗粒之间的位移和颗粒本身的变形均需要一定的时间，而且应力是从最外层逐渐向内部传递的，为保证应力传递进行充分、气体排出充分，必须进行一定时间的保压过程。保压可以增加颗粒的变形，从而可提高粉料压坯的密度，一般可提高 2%～3%。在冷等静压成型过程中，如果卸压速度控制不当，因压坯中的气体膨胀、压坯的弹性后效和塑性包套的弹性回复等可能导致坯体产生开裂。升压、保压和卸压过程直接影响冷等静压成型坯体的质量和性能。下面以硅粉为例说明成型压力、升压速度和保压时间对硅粉坯体强度和密度的影响[7]。

1. 成型压力对坯体强度和密度的影响

随着压力的增加，坯体强度逐渐增大，当压力大于 200MPa 时，随着压力的增大，坯体强度增加幅度逐渐减小。这是因为随着成型压力的增加，坯体内部缺陷不断减少；坯体致密度不断增加，颗粒之间的距离越近，引起颗粒间的范德瓦耳斯力、毛细管力、机械啮合力以及颗粒之间由于有机高分子而产生的氢键作用力不断增加，因此随着压力的增加，压坯强度逐渐增大。而在 275MPa 后坯体致密度趋于平缓，颗粒之间的距离基本稳定，颗粒间的范德瓦耳斯力、毛细管力、机械啮合力以及颗粒之间氢键作用力基本保持不变，因此压力增到 275MPa 后，强度趋于恒定值 2.0MPa。

当压力小于 200MPa 时，坯体致密化主要以孔隙填充为主，坯体致密度增加较快，引起颗粒间的范德瓦耳斯力、毛细管力、机械啮合力以及颗粒之间由于有机高分子而产生的氢键作用力增加幅度大，因此当压力小于 200MPa 时，随着压力的增大，坯体强度增加幅度逐渐增大，成型压力与坯体强度的关系曲线斜率逐渐增大。

当压力大于 200MPa 时，颗粒间孔隙较少而且较小，坯体致密化主要以颗粒碎裂、新颗粒进行再填充为主，坯体致密度增加较慢，引起颗粒间的范德瓦耳斯力、毛细管力、机械啮合力以及颗粒之间由于有机高分子而产生的氢键作用力增加幅度小，因此当压力大于 200MPa 时，随着压力增大，坯体强度增加幅度逐渐减小，成型压力与坯体强度的关系曲线斜率逐渐减小。

压力小于 200MPa 时，坯体有出现裂纹的概率。这是因为压力小于 200MPa 时坯体致密度小，强度低(小于 1.0MPa)，在卸压过程中，弹性橡胶模具与坯体分离时产生的张应力使坯体可能产生分层和裂纹。压力大于等于 200MPa 时，坯体强度达到足以承受弹性橡胶模具与坯体分离时产生的张应力，使得坯体不会产生分层和裂纹。

2. 保压时间对坯体强度和密度的影响

坯体截面尺寸较小时，粉料之间摩擦力以及粉料之间的孔隙仍然存在，而且粉料颗粒之间的位移和重排需要一定时间，导致压力的传递需要一定的时间。坯体内空气完全排出以及坯体内微孔隙完全填充需要一定的时间。对截面尺寸小的坯体来说，在很短的保压时间内，坯体中大部分空气已经排出，大部分孔隙得到填充，但随着保压时间的延长，坯体中空气会排得更彻底，孔隙填充得更彻底，坯体中缺陷更少。因此，虽然保压时间对截面尺寸小的坯体的密度和强度影响不大，但随着保压时间的延长，坯体的强度和密度离散度越小。但对于截面尺寸大的坯体的压制，保压时间对坯体性能的影响很大。由于粉料之间摩擦力及孔隙的存在，并且粉料颗粒之间的位移重排需要一定的时间，导致压力的传递需要一定的时间。当压力达到最大值时，坯体最外层首先致密化，坯体最外层致密化后，会阻碍压力迅速传到坯体心部，而且会阻碍坯体内部包裹的空气迅速排出。因此，当压力达到最大值时，坯体未能达到完全致密，只有通过保压一定时间，使压力通过粉料颗粒之间的摩擦力继续向心部传递，坯体内部的空气才能逐渐排出，粉料颗粒不断进行重排、碎裂、再重排、互相啮合，最终达到致密。

若保压时间太短，当压力还没有传递到坯体心部，坯体内部的空气未完全排出时，外力就已经卸掉，则难以使坯体完全致密。如果保压时间过长，则浪费时间，影响工作效率，而且会影响压机的使用寿命。因此在确保应力传递充分、粉料充分致密的基础上，保压时间越短越好。一般来说，成型截面尺寸大的压坯，保压时间一般要相对长些；对于截面尺寸小的坯体，保压时间相对短些。因此，在选择保压时间时，应根据坯体实际情况，按照坯体截面尺寸的大小来确定。

3. 升压速度对坯体强度和密度的影响

升压速度对截面尺寸小的坯体的密度和强度影响不大。其原因是：对于截面尺寸小的坯体，压力能快速传递到坯体的心部，并且包覆在粉料内部的空气在压制过程中会快速从颗粒间隙中排出，使压坯很快达到致密。

对于截面尺寸大的坯体，升压速度对坯体性能有很大的影响，这与压力的传递和气体的排出有很大关系。在致密化过程中，如果升压速度过快，坯体最外层首先致密化，坯体最外层致密化后，会阻碍压力充分传到坯体心部，而且会阻碍坯体内部包裹的空气充分排出，使得压坯不能完全致密。如果卸压时的速度过快，弹性模具外面介质的压力突然大幅度降低，坯体中被压缩的气体往往就会突然膨胀，导致坯体开裂。因此，一般对于截面尺寸大、形状较为复杂的产品，开始升压宜慢，使粉料内部包裹的空气充分排出，颗粒充分重排；当空气充分排出后，粉料颗粒得到一定重排，粉料颗粒之间的孔隙减少，颗粒之间充分接触后，压力传递更容易，为了提高工作效率，升压速度应快些；当颗粒之间孔隙基本消失、颗粒间的孔隙以微孔隙为主时，升压速度应慢些，有利于由于颗粒破碎产生的细颗粒进行重排和微孔隙填充，而且有利于内应力消散。因此，对于截面尺寸大的坯体，通过以适当的升压速度加压，并有一定的保压时间，有利于坯体致密，减小内应力，卸压时不会因为内应力的作用而导致坯体产生裂纹。而对于截面尺寸小的坯体，加压速度可以适当加快，以便提高生产效率。

2.4　冷压坯烧结

2.4.1　普通烧结

1. 烧结基本原理

烧结是粉末冶金生产过程中最基本的工序之一。烧结对最终产品的性能起着决定性作用，因为由烧结造成的废品是无法通过以后的工序挽救的；相反，烧结前工序中的某些缺陷，在一定的范围内可以通过烧结工艺的调整，如适当改变温度、调节升降温时间与速度等加以纠正。

烧结是粉末或粉末压坯，加热到低于其中基本成分的熔点温度，然后以一定的方法和速度冷却到室温的过程。烧结的结果是粉末颗粒之间发生黏结，烧结体的强度增加。在烧结过程中发生一系列物理和化学的变化，把粉末颗粒的聚集体变成晶粒的聚结体，从而获得具有所需物理性能、力学性能的制品或材料。烧结时，除了粉末颗粒联结外，还可能发生致密化、合金化、热处理等作用。人们一般还把金属粉末烧结过程分为：①单相粉末（纯金属、固溶体或金属化合物）烧结；②多相粉末（金属-金属或金属-非金属）固相烧结；③多相粉末液相烧结；④熔浸。

通常在烧结过程中粉末颗粒常发生有以下几个阶段的变化：①颗粒间开始联结；②颗粒间黏结颈长大；③孔隙通道封闭；④孔隙球化；⑤孔隙收缩；⑥孔隙粗化。

上述烧结过程中的种种变化都与物质的运动和迁移密切相关。理论上机理为：①蒸发凝聚；②体积扩散；③表面扩散；④晶间扩散；⑤黏性流动；⑥塑性流动。

2. 烧结工艺

1) 烧结的过程

粉末冶金的烧结过程大致可以分成四个温度阶段：

(1) 低温预烧阶段，主要发生金属的回复及吸附气体和水分的挥发、压坯内成形剂的分解和排除等。

(2) 中温升温烧结阶段，开始出现再结晶，首先在颗粒内，变形的晶粒得以恢复，改组为新晶粒，同时颗粒表面氧化物被完全还原，颗粒界面形成烧结颈。

(3) 高温保温完成烧结阶段，此阶段是烧结的主要过程，如扩散和流动充分地进行和接近完成，形成大量闭孔，并继续缩小，使得孔隙尺寸和孔隙总数均减少，烧结体密度明显增加。

(4) 冷却阶段，实际的烧结过程，都是连续烧结，所以从烧结温度缓慢冷却一段时间然后快冷，到出炉量达到室温的过程，也是奥氏体分解和最终组织逐步形成的阶段。

通常所说的温度，是指最高烧结温度，即保温的温度，一般是绝对熔点温度的 1/2～4/5，温度指数 a=0.67～0.80，其下限略高于再结晶温度，其上限主要从经济及技术上考虑，而且与烧结时间同时选择。

2) 影响烧结过程的因素

(1) 材料的性质，包括各种界面能与自由能、扩散系数、黏性系数、临界剪应力、蒸气压和蒸发速率、点阵类型与结晶形态、异晶转变新生态等。

(2) 粉末的性质，包括颗粒大小、颗粒的形状与形貌、颗粒的结构、颗粒的化学组成。

(3) 压坯的物理性能，包括压制密度、压制残余应力、颗粒表面氧化膜的变形或破坏以及压坯孔隙中的气体等。

(4) 烧结工艺参数：包括保温时间、加热及冷却速度、烧结气氛等。

3) 烧结时压坯的尺寸与密度的变化

在生产中对制品的尺寸与形状精度要求都非常高，因此在烧结过程中控制压坯的密度和尺寸的变化是一个极为重要的问题。影响烧结零件密度和尺寸变化的因素如下：

(1) 孔隙的收缩与清除：烧结会导致孔隙的收缩与清除，也就是使烧结体体积减小。

(2) 包裹的气体：压制成形时，可能在压坯中形成许多封闭的孤立孔隙，加热压坯时，这些孤立孔隙中的空气会发生膨胀。

(3)化学反应：压坯内和烧结气氛中某些化学元素与压坯原料中含有的一定量的氧发生反应，生成气体挥发或残留在压坯中，使得压坯收缩或胀大。

(4)合金化：两种或多种元素粉末间的合金化，一种元素溶解于另一种元素中形成固溶体时，基本点阵可能发生胀大或收缩。

(5)润滑剂：当金属粉末中混有一定量润滑剂和将其压制成压坯时，在一定的温度下，混入的润滑剂被烧除使压坯产生收缩，可是若分解产生的气体物质不能到达烧结体表面，则可能引起压坯胀大。

(6)压制方向：在烧结时，在垂直或平行于压制方向上，压坯的尺寸变化是不等的，一般的，垂直方向(径向)尺寸变化率较大，平行方向(轴向)尺寸变化率较小。

压坯烧结是粉末冶金的关键工序，单向模压成形的 SiCp/Al-Si 复合材料冷压压坯经过烧结，使得复合材料粉末之间能够形成冶金结合。冷压压坯经过烧结后，烧结压坯的强度明显提高，这是因为在烧结温度下复合材料粉末之间能够进行较强的扩散，从而使粉体之间达到冶金结合。

SiCp/Al-Si 复合材料粉体的具体烧结工艺也可通过差热分析的方法进行参考设计，通过对复合粉体进行热性能分析，研究复合粉体在不同温度下吸放热行为的变化，从而判断发生固态相变的区域，指导烧结温度的选择。图 2 16 为单向模压成形的 SiCp/A390Al 复合材料冷压压坯的烧结工艺制度曲线。试验采用 SG-GL1200 气氛保护管式炉如图 2-17 所示，烧结过程以氮气作为保护气。第一阶段以 2℃/min 的加热速度阶梯升温至 150℃，保温 30min；第二阶段以 3.5℃/min 的加热速度升温至 350℃，保温 30min，再以 2℃/min 的加热速度升温至 560℃，保温 3h，然后随炉冷却至室温。

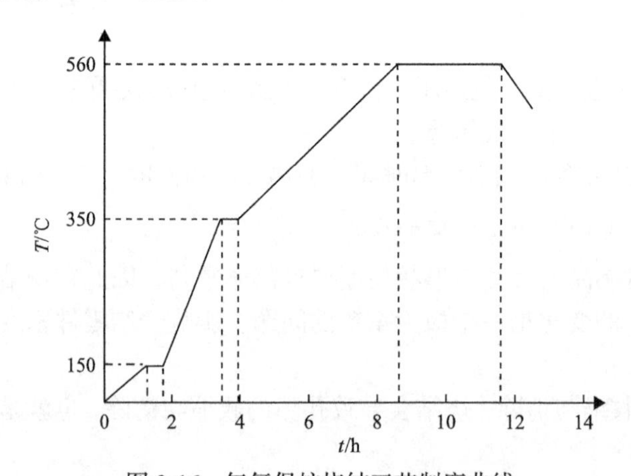

图 2-16　气氛保护烧结工艺制度曲线

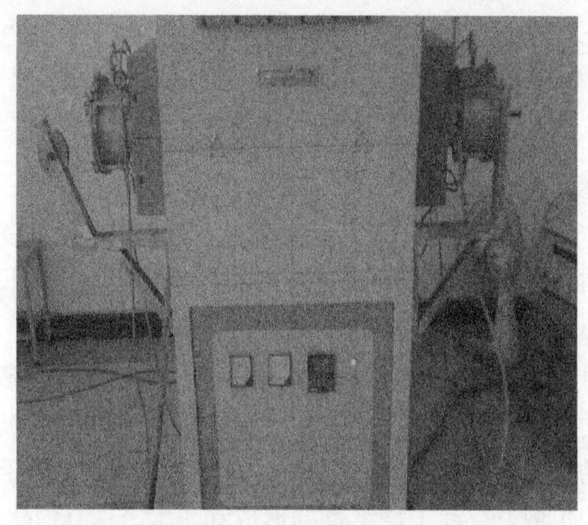

图 2-17　气氛保护管式炉

2.4.2　热压烧结

1. 热压烧结技术发展

自 19 世纪 70 年代中期以来，除北美外，烧结矿一直是国内外高炉的主要原料。但由于金融危机，钢铁产业不景气，烧结技术发展受到限制。所幸的是，随着人们对产品质量和能源节约的重视，烧结技术再一次焕发出新的生机。1826 年，索波列夫斯基首次利用常温压力烧结的方法得到了白金。1912 年，德国发表了用热压将钨粉和碳化钨粉混合制造成致密件的专利。从 1930 年以后，热压更快地发展起来，主要应用于大型硬质合金制品、难熔化合物和现代陶瓷等方面[8]。在发展日新月异的 21 世纪，有人大胆地将热压烧结技术与纳米材料、超导材料和复合材料等相联系结合，开创了热压烧结技术的新天地。

2. 热压烧结技术的原理

1) 热压定义与优缺点

热压的定义：热压是指在对置于限定形状的石墨模具中的松散粉末或对粉末压坯加热的同时对其施加单轴压力的烧结过程。

热压的优点：热压时粉料处于热塑性状态，形变阻力小，易于塑性流动和致密化，因此其所需的成型压力仅为冷压法的 1/10，可以成型大尺寸的 Al_2O_3、BeO、BN 和 TiB_2 等产品。由于同时加温、加压，有助于粉末颗粒的接触和扩散、流动等传质过程，降低烧结温度和缩短烧结时间，因而抑制了晶粒的长大。热压法容易获得接近理论密度、气孔率接近零的烧结体，容易得到细晶粒的组织，容易实现晶体的取向效应和控制有高蒸气压成分的纳米系统的组成变化，因而容易得到具有良好力学性能、电学性能的产品，而且能生产形状较复杂、尺寸较精确的产品。

热压的缺点：热压法生产工艺复杂、生产率低、成本高，不易普及生产工艺。

2) 热压烧结定义、过程与特点

热压烧结的定义：热压烧结就是一种压制成形和烧结同时进行的粉体材料成形工艺方法，是将粉末装在压模内，在专门的热压机中加压的同时把粉末加热到熔点以下，在高温下单向或双向施压成形的过程。

热压烧结的过程：在烧结过程中，高温高压的交互作用使粉体颗粒的黏性、塑性流动及原子的扩散得以加强；同时，颗粒与颗粒间的接触点因有较大的接触电阻，在烧结时的大电流下产生电弧放弧或局部大量发热，而且电磁场的作用进一步加速了原子的扩散，有利于烧结颈的形成和长大，具有催化和活化烧结功效，并有利于坯件的烧成，使烧结温度降低、时间缩短、性能提高。

热压烧结的特点：热压烧结的优点是烧结时间短、温度低、晶粒细、产品性能高等；热压烧结的缺点是过程及设备复杂，生产控制要求严，模具材料要求高，能源消耗大，生产效率较低，生产成本高。

3) 烧结过程驱动力

烧结过程驱动力主要由三个部分组成：能量差、压力差、空位差。能量差为

$$\Delta G = A(\gamma_{SV} - \gamma_{GB}) \tag{2-2}$$

粉状物料的表面能γ_{SV}大于多晶烧结体的晶界能γ_{GB}，这就是烧结的推动力，即粉状物料的表面能与多晶烧结体晶界能的能量差。任何系统降低能量是一种自发趋势。粉体经烧结后，晶界能取代了表面能，这是多晶材料稳定存在的原因[9]。

常用γ_{GB}和γ_{SV}的比值来衡量烧结的难易，γ_{GB}/γ_{SV}越小，则越容易烧结。为了促进烧结，必须使$\gamma_{SV} > \gamma_{GB}$。一般 Al_2O_3 粉的表面能约为 $1J/m^2$，而晶界能为 $0.4J/m^2$，两者之差较大，比较易烧结；而 Si_3N_4、SiC 和 AlN 等，γ_{GB}/γ_{SV}比值高，烧结推动力小，因而不易烧结。

粒度为 1μm 的材料烧结时所发生的自由焓降低约为 8.3J/g。而 α-石英转变为 β-石英时能量变化约为 1.7kJ/mol，通常情况下化学反应前后能量变化大于 200kJ/mol。因此，烧结推动力与相变和化学反应的能量相比还是极小的。烧结不能自发进行，必须对粉体加以高温，才能促使粉末体转变为烧结体。

粉末体紧密堆积以后，颗粒间仍有很多细小气孔通过，在这些弯曲的表面上

由于表面张力 γ 的作用而造成的压力差为

$$\Delta P = \frac{2\gamma}{r_1} \quad \text{（球面）} \tag{2-3}$$

$$\Delta P = \gamma\left(\frac{1}{r_1} + \frac{1}{r_2}\right) \quad \text{（非球面）} \tag{2-4}$$

式中，r_1 和 r_2 为颗粒曲率半径，粉体表面张力越大、颗粒越细即颗粒半径越小，则附加压力 ΔP 越大，自由焓差值 $\Delta G = -V\Delta P$ 越大，烧结推动力越大。

空位差的描述：颗粒表面上的空位浓度一般比内部空位浓度大，两者之差可以由式(2-5)描述：

$$\Delta C = \frac{\gamma\delta^3}{\rho RT} C_{\rm O} \tag{2-5}$$

式中，ΔC 为颗粒内部与表面的空位差；γ 为表面能；δ^3 为空位体积；ρ 为曲率半径；$C_{\rm O}$ 为平表面的空位浓度。

这一浓度差导致内部质点向表面扩散，推动质点迁移，可以加速烧结[10]。

3. 热压烧结技术生产工艺

1) 热压烧结技术的分类

热压烧结技术生产工艺十分丰富，分类目前无统一规范和标准。依据现状可以分为真空热压、气氛热压、震动热压、均衡热压、热等静压、反应热压和超高压烧结。

2) 热压烧结技术的设备

常用的热压机主要由加热炉、加压装置、模具和测温测压装置组成。加热炉以电作为热源，加热元件有 SiC、MoSi 或镍铬丝、白金丝、钼丝等。加压装置要求速度平缓、保压恒定、压力灵活调节，有杠杆式和液压式。根据材料性质的要求，压力气氛可以是空气也可以是还原气氛或惰性气氛。模具要求是高强度、耐高温、抗氧化且不与热压材料黏结，模具热膨胀系数应与热压材料一致或近似。根据产品烧结特征，模具可选用热合金钢、石墨、碳化硅、氧化铝、氧化锆、金属陶瓷等。最广泛使用的是石墨模具，见表 2-3。图 2-18 为热压示意图。

模具材料与试料的膨胀系数之差在冷却时会产生应力，这一点极为重要。

表 2-3　单轴加压的热压模具材料

<table>
<tr><th>模具材料</th><th>最高使用温度/℃</th><th>最高使用压力/(kg/cm²)</th><th>备注</th></tr>
<tr><td>石墨</td><td>2500</td><td>7000</td><td>中性氮气</td></tr>
<tr><td>氧化铝</td><td>1200</td><td>2100</td><td rowspan="3">机械加工困难，处理费事，抗热冲击性弱，易产生蠕变</td></tr>
<tr><td>氧化锆</td><td>1180</td><td></td></tr>
<tr><td>氧化铍</td><td>1000</td><td>1050</td></tr>
<tr><td>SiC</td><td>1500</td><td>2800</td><td rowspan="3">机械加工困难，有反应性，价高</td></tr>
<tr><td>TaC</td><td>1700</td><td>560</td></tr>
<tr><td>WC、TiC</td><td>1400</td><td>700</td></tr>
<tr><td>TiB_2</td><td>1200</td><td>1050</td><td rowspan="3">机械加工困难，价高，易氧化，易产生蠕变</td></tr>
<tr><td>W</td><td>1500</td><td>2450</td></tr>
<tr><td>Mo</td><td>1100</td><td>210</td></tr>
<tr><td>镍基高温合金</td><td rowspan="3">1100</td><td rowspan="3"></td><td rowspan="3">易产生蠕变</td></tr>
<tr><td>耐腐蚀高温镍</td></tr>
<tr><td>合金、不锈钢</td></tr>
</table>

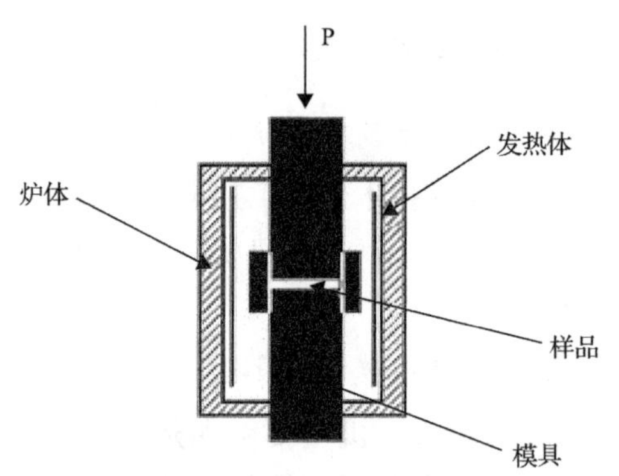

图 2-18　热压示意图

4. 烧结组织特征及演变

解立川等[11]对雾化法制备的快速凝固 Al-27Si 过饱和粉体加热到 300～550℃保温 1h 后的组织进行了研究，发现随着保温温度升高，块状的β-Si 相发生粗化，而共晶硅相由枝晶状断裂转变为颗粒状，如图 2-19 所示；加热到 500℃保温不同的时间后，粉体微观组织中 Si 相随保温时间延长的演变规律与温度的影响相似，如图 2-20 所示。

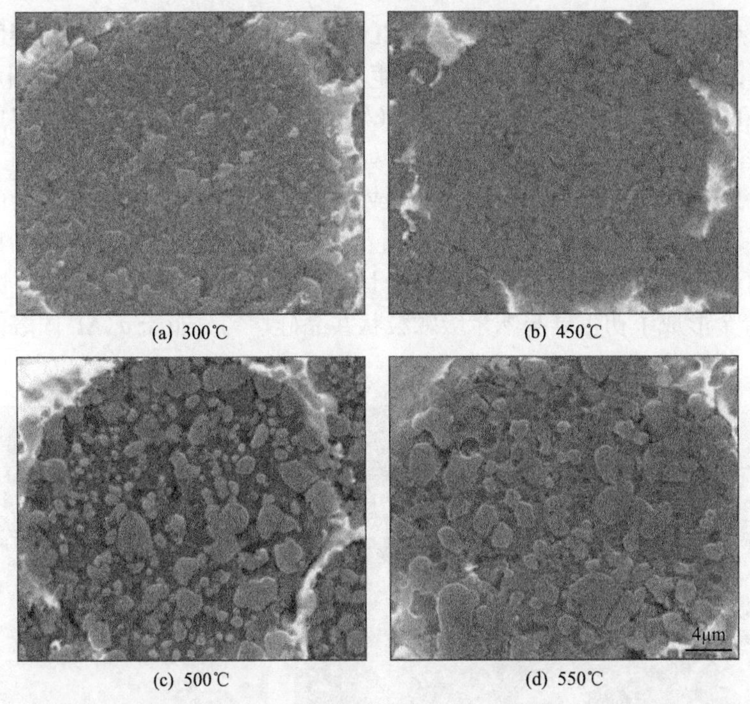

图 2-19　快速凝固 Al-27Si 合金粉末在不同温度保温 1h 后的显微组织

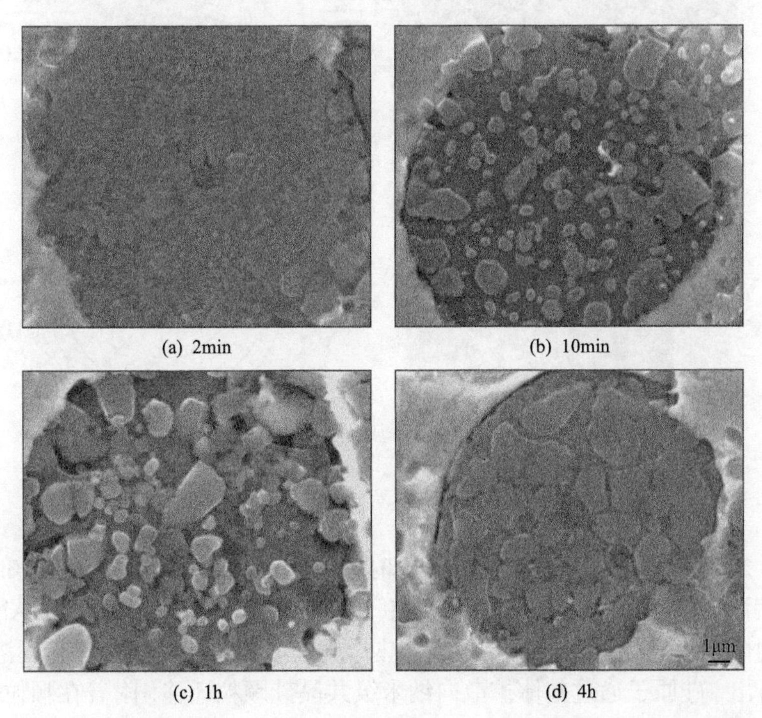

图 2-20　快速凝固 Al-27Si 合金粉末在 500℃保温不同时间后的显微组织

吴文杰等[12]研究了快速凝固 Al-30Si 合金的组织演变，发现快速凝固后合金组织细化，而且组织形态和相结构也发生了变化，如图 2-21 所示，由图可知，快速凝固 Al-30Si 合金的 SEM 组织由 α(Al)固溶体和颗粒状的初生硅组成，基体 α(Al)固溶体晶界轮廓清晰，晶粒微小，处于过饱和状态；初生硅分布在 α(Al)固溶体中，其形貌不规则，主要呈颗粒状或块状，并有明显的棱角和轻微的搭接或团聚现象，尺寸小于 5μm。透射电镜下，初生硅的衍射花样表现为孪晶特征，共晶硅呈纳米级颗粒状弥散分布于 α(Al)固溶体内，衍射花样呈环状。快速凝固 Al-30Si 合金形成了初生硅与纳米级颗粒状共晶硅均匀分布于 α(Al)固溶体的复合组织。

(a) SEM组织　(b) 初生硅的TEM形貌及衍射花样

(c) 共晶硅的TEM形貌及衍射花样　(d) 共晶硅衍射花样标定

图 2-21　Al-30Si 合金快速凝固微观组织

图 2-22 为快速凝固合金不同温度下时效 4h 后的组织形貌。由图可知，350℃时效 4h 后合金组织结构变化轻微，SEM 下初生硅形态几乎无变化，α(Al)基体中可观察到微小的硅颗粒析出，主要是受热作用的影响，基体中过饱和固溶的硅元素脱溶析出，硅原子通过基体扩散向纳米级共晶硅颗粒迁移，附着在颗粒的表面，形成微米颗粒。400℃时效 4h 后，初生硅棱角出现圆钝化，析出硅颗粒增多、增

大。450℃时效 4h 后，原子扩散能力提高，初生硅团聚现象逐渐消除，棱角进一步圆整化，颗粒尺寸减小；析出硅颗粒进一步增多、增大，形态圆整。时效温度达到 500℃时，初生硅发生缩颈和溶断，其端部、分叉处变圆、变钝，颗粒粒化，尺寸减小。这是由于初晶硅在热作用和曲率效应的综合作用下，力求降低其表面能使其形状规则化和粒状化[12]；依附于纳米共晶硅而析出的硅颗粒保持原有形貌进一步长大，同时，随着时效温度的升高，基体中过饱和的硅元素进一步脱溶，并以微小颗粒析出，硅相圆整度最高。550℃时效处理后，先期析出的硅颗粒长大，颗粒圆整度明显降低，出现颗粒与颗粒的搭接现象，形成形状不规则的纤维状硅颗粒，形态上析出硅与初生硅难以区分；但后期析出的硅颗粒仍然圆整、微小。整体来看，快速凝固 Al-30Si 合金在 550℃温度时效时，组织中硅相形态出现恶化趋势。

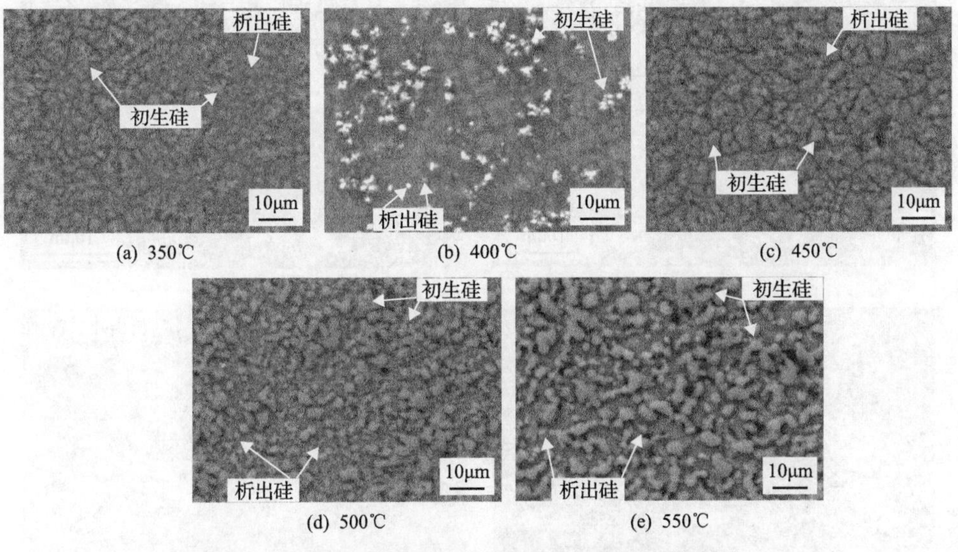

(a) 350℃　(b) 400℃　(c) 450℃

(d) 500℃　(e) 550℃

图 2-22　不同温度下试验材料时效 4h 后的组织形貌

图 2-23 为时效温度 550℃时硅相形态演变过程示意图。由图可知，时效初期，初生硅相发生缩颈、溶断[图 2-23(a)]，并伴随长大，直到 2h，初生硅相的溶断过程基本结束，进入粒化阶段[图 2-23(b)]；过饱和固溶于 α(Al) 基体中的硅原子脱溶，依附于纳米共晶硅颗粒上，以粒状析出。时效中期(2～3h)，初生硅相的形态、大小并没有发生明显的变化，这是由于硅相的溶解与扩散基本趋于平衡，硅颗粒的长大速度较为缓慢，但其圆整度进一步提高[图 2-23(c)]；脱溶析出的硅相粗化长大，由于过饱和硅析出时耗费了大部分的储存能，故粗化过程需要较高的时效温度和较长的时效时间，根据最小界面能原理，析出硅颗粒将自发向球状演变并聚集长大。时效后期，一方面，硅元素脱溶析出及颗粒粗化不断进行；另一

方面，随着时效时间的延长(3h 以后)，硅相的长大转变主要由扩散控制。硅原子通过基体向颗粒扩散迁移，按一定的位向排列附着在颗粒的表面，具有一定的选择性，使硅相颗粒呈现出棱角小面特征，出现块状硅。同时，还出现硅相颗粒相互搭接、连成一体的现象[图 2-23(d)]，硅颗粒圆整度降低。这是由于试验合金中硅含量较高且时效时间较长，颗粒粗化相互接触的晶面上的原子排序相近或相同，匹配较好，符合晶体生长的条件，颗粒搭接形成纤维状；同时，颗粒搭接与硅相的棱角小面特征有一定的联系，可推测硅相的粗化是沿特定位向进行的；但也很难排除是否是未来得及完全溶断的硅相在固溶中、后期开始粗化一直保留到最后。对此，有待进一步探讨。

图 2-23　快速凝固合金 550℃时效不同时间的微观组织形貌

利用 X 射线衍射(X-ray diffraction, XRD)对快速凝固合金条带及其时效处理后的组织进行分析，如图 2-24 所示。快速凝固合金组织中大量的硅元素过饱和固溶于 α(Al) 固溶体基体中，析出的初生硅较少，且颗粒微小，其硅相衍射峰低而宽，有明显的漫散射特征。300℃时效处理后，时效合金组织中硅相衍射峰的高度及峰宽与快速凝固合金相比变化不大，α(Al) 固溶体衍射峰的峰宽变窄，表明固溶于 α(Al) 固溶体中的硅元素已有部分以微颗粒形式析出，SEM 下难以观察和表征。

时效温度提高到 350℃后，时效合金的衍射峰变化较大。随着时效温度的升高，XRD 曲线上硅衍射峰增多，同时，硅相衍射峰逐渐升高且峰宽越变越窄，越来越多的硅元素从过饱和的 α(Al) 固溶体中脱溶析出并聚集长大，致使 α(Al) 的衍射峰的峰宽逐渐变窄。

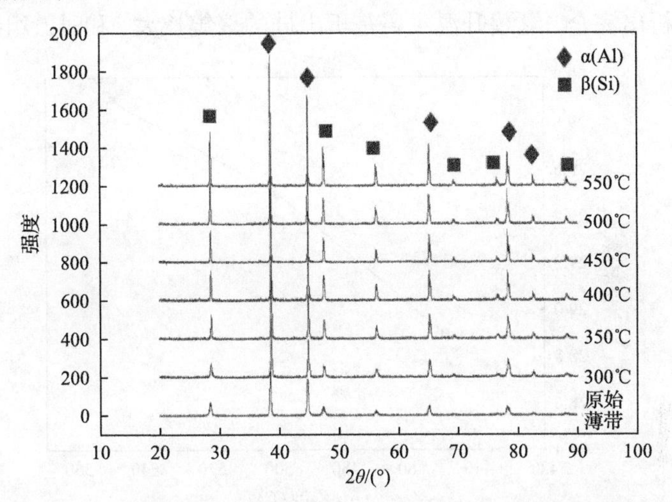

图 2-24　保温 4h，不同时效温度下快速凝固合金 XRD 曲线

从 XRD 结果可以看出，快速凝固 Al-30Si 薄带中主要有两个物相，采用 RIR 法计算不同时效处理薄带的物相体积分数如图 2-25 所示。从图中可以看出来，随着时效温度的升高，合金组织中的硅相体积分数逐渐增加，在 300℃升高到 400℃时，过饱和固溶硅析出较慢，可能由于时效温度低，不利于硅元素扩散，在温度从 400℃升高到 550℃时，固溶硅析出明显加快，硅相的体积分数增加迅速，计算结果与时效组织形态表征一致。

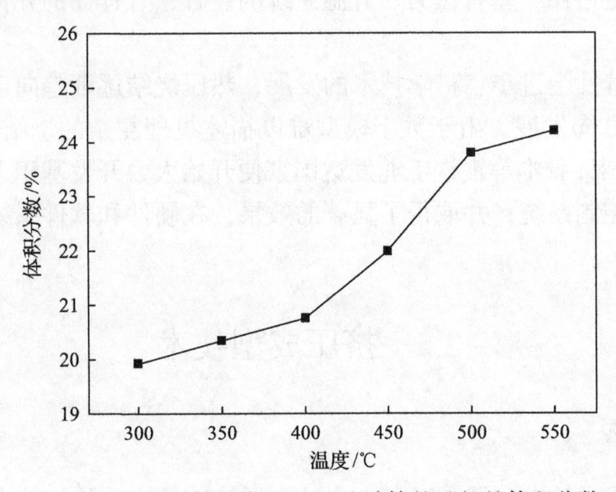

图 2-25　不同时效温度下 RIR 法计算的硅相的体积分数

对 450℃、500℃、550℃时效温度下的微观组织进行定量金相分析，计算结果如图 2-26 所示：450℃时，初晶硅和析出硅相所占体积分数为 28.82%，500℃、550℃时，初晶硅和析出硅相所占体积分数分别为 29.52%和 29.87%。时效温度 500℃和 550℃时相比，硅相所占体积分数只有很微量的增加，表明基体中过饱和固溶硅几乎析出完全，继续升温主要是析出硅的聚集长大，和时效组织形态一致。

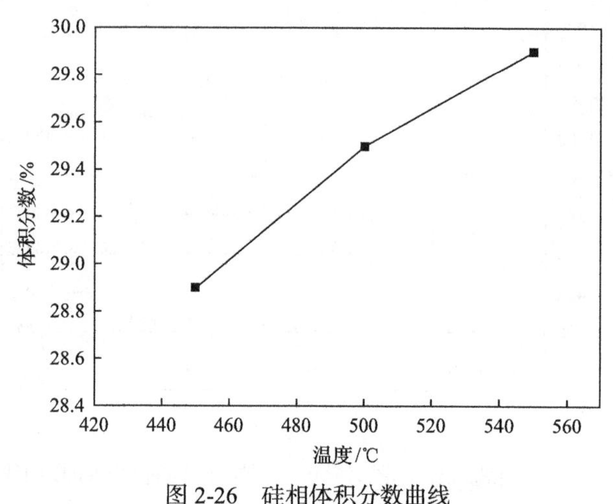

图 2-26　硅相体积分数曲线

5. 热压烧结技术发展趋势

热压烧结一直很受瞩目，但它在工业领域的进展却并不显著，只有少数特殊热压制品得以成功，如用于核工业的致密碳化硼，用于军工的氟化镁窗，以及特制的碳化钨、切割工具等。限制热压烧结应用的主要原因是耗资高，烧制一件样品通常需要固定占用一套有压力、升温系统的装置，且样品的几何形状又局限于圆柱状。

目前，随着社会进步、科学技术的发展，热压烧结逐渐趋向于向数字模型人工智能自动化方向发展。由于数字模型难以描述机理复杂的烧结过程，进入 20 世纪 80 年代以来，日本等钢铁工业发达国家便开始大力开发基于人工智能原理的烧结生产过程控制系统，并取得了显著的效果，在硬件和软件系统两方面均达到三级控制的水平。

2.5　挤压成型技术

2.5.1　挤压工艺

挤压，就是对放在容器（挤压筒）内的金属锭坯从一端施加外力，强迫其从特定的模孔中流出，获得所需要断面形状和尺寸的制品的一种塑性成型方法。其主要优点如下：

(1)具有最强烈的三向压应力状态。

(2)生产范围广，产品规格、品种多。

(3)生产灵活性大，适合小批量生产。

(4)产品尺寸精度高，表面质量好。

(5)设备投资少，厂房面积小。

(6)易实现自动化生产。

主要缺点如下：

(1)几何废料损失大。

(2)金属流动不均匀。

(3)挤压速度低，辅助时间长。

(4)工具损耗大，成本高。

挤压的方法可按照不同的特征进行分类，有几十种。最常见的有 6 种方法，如图 2-27 所示：正向挤压、反向挤压、侧向挤压、连续挤压、玻璃润滑挤压和静液挤压。

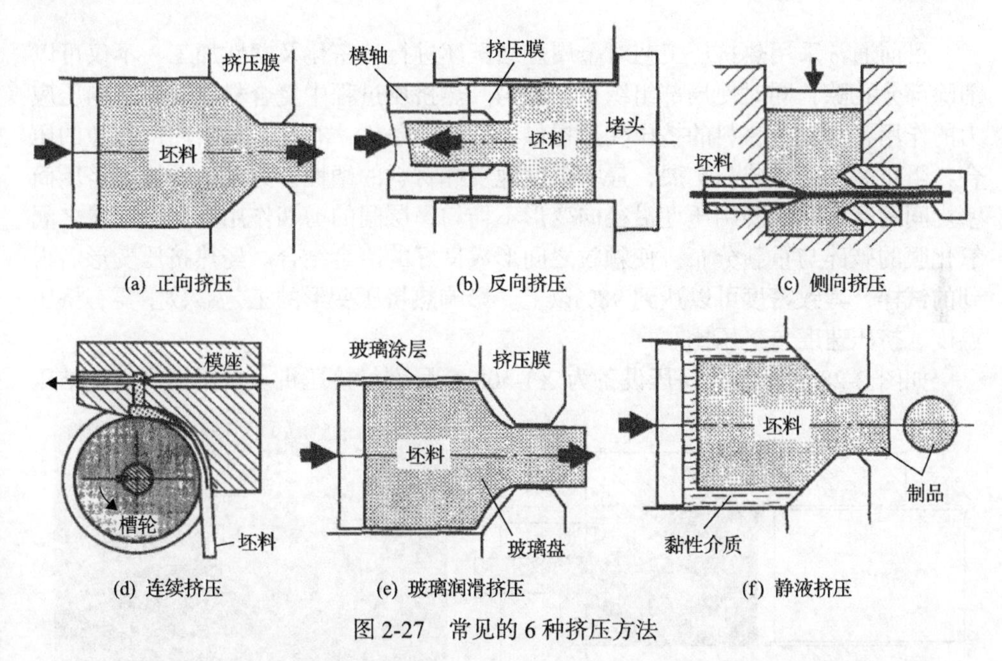

(a) 正向挤压　(b) 反向挤压　(c) 侧向挤压

(d) 连续挤压　(e) 玻璃润滑挤压　(f) 静液挤压

图 2-27　常见的 6 种挤压方法

其中最基本的方法仍然是正挤压(简称正挤压)和反向挤压(简称反挤压)。正向挤压是指金属的流动方向与挤压杆(挤压轴)的运动方向相同的挤压生产方法。其主要特征是：变形金属与挤压筒壁之间有相对运动，两者之间有很大的滑动摩擦；引起挤压力增大；使金属变形流动不均匀，导致组织性能不均匀；限制了挤压速度提高；加速工模具的磨损。反挤压是金属的流动方向与挤压杆(或模子轴)的相对运动方向相反的挤压生产方法。其主要特征是：变形金属与挤压筒壁之间无相对运动，两者之间无外摩擦。主要特点是：挤压力小，金属变形流动均匀，挤压速度快；但制品表面较正挤压差，外接圆尺寸较小，设备造价较高，辅助时间较长。

根据工作温度范围的不同，又分为冷挤压、温挤压、热挤压等。其温度范围和工艺特点见表 2-4。

表 2-4 冷挤压、温挤压、热挤压的温度范围和工艺特点

分类	温度范围	工艺特点
冷挤压	回复温度以下	零件表面光洁，精度较高。成为一种有效的少、无切削加工工艺
温挤压	冷挤压和热挤压之间	比冷挤压的变形抗力小，较容易变形。与热挤压相比，坯料氧化脱碳少，可提高挤压件的尺寸精度和表面质量
热挤压	金属再结晶温度以下	变形抗力小，塑性好，允许每次变形程度较大，但产品表面粗糙度较高，尺寸准确度较低

2.5.2 热挤压工艺

目前通常采用热挤压工艺对金属烧结压坯进行致密化及塑性加工，不仅可以消除部分孔隙，同时使局部组织更加均匀。热挤压过程中复合材料受到三向压应力的作用，为复合材料的挤压变形提供了良好的条件，有利于材料内部孔隙的压合，阻止裂纹的生成与扩展，最大限度地发挥材料的塑性。另外，压坯与挤压筒壁之间的摩擦造成烧结压坯沿径向变形不均匀，层间的剪切作用有利于颗粒之间氧化膜的破碎与重新分布，使颗粒之间形成良好的冶金结合。经热挤压变形后得到的试样，其致密度可以达到 98%以上。影响热挤压变形的工艺参数主要有挤压温度、挤压速度与挤压比。

如图 2-28 所示，热挤压设备为 XT-500 金属型材挤压机。挤压模具和烧结压

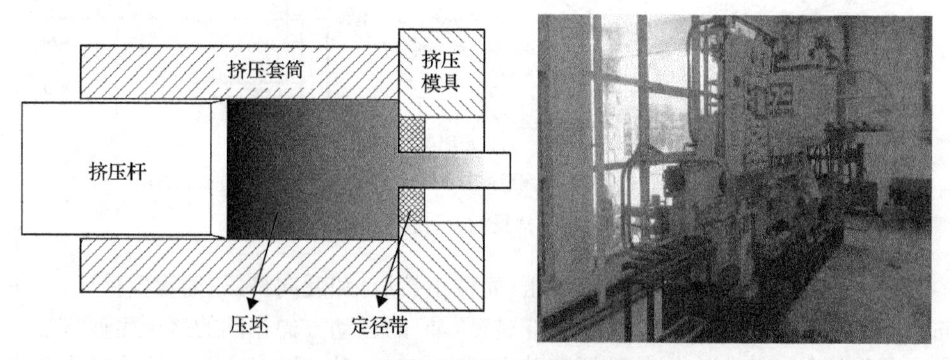

图 2-28 热挤压示意图和热挤压设备

坯表面都涂刷水基石墨润滑剂，将挤压筒加热到 450℃并保温，将烧结压坯加热到挤压温度，保温 60min，将挤压模具和垫块加热至挤压温度，保温 60min，以 15∶1 挤压比将 ϕ75mm 的烧结压坯正向挤压成 ϕ19mm 的棒材。

2.5.3　热挤压工艺研究

混粉均匀的复合材料粉末通过单向模压法压制成形，形成了具有一定强度的圆形冷压压坯，然后在保护气氛下或者真空中进行烧结。烧结后的压坯组织不够致密，存在较多的孔洞，材料性能有限，因而需要对其进行后续的加工处理。常用的加工方法有很多，如热挤压、压缩变形、轧制等[13]。其中，热挤压加工使用得最为普遍，这是因为热挤压成形设备比较成熟，工艺方法多样化，能够制备多种形状、多种用途的试样，如棒状、板状、块状、管状等形状，经过热挤压的复合材料，能够大大改善组织的致密性和增强相的分布。但是热挤压制备工艺过程比较复杂，涉及的工艺参数比较多，并且这些参数多数不易精确控制。热挤压过程中的工艺参数主要有挤压温度、挤压速度、挤压比、润滑剂、挤压方式、挤压模具等，这些参数对挤压成形材料的表面形貌及性能有重要的影响。

在许多文献资料中发现，颗粒增强铝基复合材料的热挤压温度有一个比较大的选择区间，为 420～550℃[14-16]。本书所制备的是碳化硅增强铝硅基复合材料，不仅加入了大量的硬质颗粒碳化硅，还含有较多的硅颗粒，这些硬质相颗粒几乎都没有塑性变形能力，而基体合金具有良好的塑性变形能力，增强相的加入增加了复合材料抵抗塑变的能力，不利于热挤压进行，因此，热挤压变形温度选择不宜过低，所以试验过程中初步选择热挤压温度为 500℃。参考相关文献[17]～[21]，发现碳化硅增强铝基复合材料的挤压速度大部分都在 15mm/s 以下，主要集中在 6～12mm/s，因此，试验过程中初步选择挤压速度为 8mm/s。

以下是对热挤压工艺参数进行的探讨研究，研究在不同挤压温度、不同挤压速度、不同挤压比条件下材料热挤压成形情况，并进行观察分析，同时对不同挤压过程中所形成的缺陷进行研究分析。热挤压工艺参数选择见表 2-5。

表 2-5　热挤压工艺参数

<table>
<tr><th colspan="4">挤压温度/℃</th><th colspan="3">挤压速度/(mm/s)</th><th colspan="3">挤压比</th></tr>
<tr><td colspan="4">500</td><td colspan="3">8</td><td>3∶1</td><td>6∶1</td><td>15∶1</td></tr>
<tr><td colspan="4">500</td><td>8</td><td>5</td><td>1</td><td colspan="3">15∶1</td></tr>
<tr><td>460</td><td>470</td><td>480</td><td>490</td><td colspan="3">1</td><td colspan="3">15∶1</td></tr>
</table>

根据相关资料，结合试验的具体情况，选择水基石墨作为润滑剂，在试验过程中，首先在挤压压坯、挤压模具的表面涂刷润滑剂；挤压模具、挤压压坯、挤压垫块分别在保温炉中加热到挤压温度并保温 60min，将挤压筒加热到 450℃并

一直保温。热挤压过程是在 500T 金属型材挤压机上进行的，采用正挤压的方式。

1. 不同挤压比对复合材料热挤压成形影响

除挤压温度和挤压速度外，不同挤压比对热挤压成形影响较大。挤压比的大小直接决定复合材料的变形程度。当挤压温度为 500℃，挤压速度为 8mm/s 时，首先选择挤压比为 3∶1，试样在挤压过程中直接断裂成几块，不能够成形，原因可能是由于挤压比过小，在挤压过程中，试样的变形程度不够。研究表明，当挤压变形程度超过 80%时[22]，挤压过程才能够顺利进行，挤压金属试样内外的流动才会趋于均匀，其力学性能也趋于均匀。

调整挤压比为 6∶1、15∶1，热挤压棒料成形形貌如图 2-29 所示。从图中可以看到，不同挤压比的棒料中出现了层断、撕皮、周期裂纹等缺陷。如图 2-29(a)所示，挤压比为 6∶1 的棒料出现了比较严重的周期性层断，棒料几乎断掉，棒料成形情况非常差，能够清晰地看到表层和内部材料的分层。分析认为，挤压比过小，使得挤压变形程度不够，内外层的受力情况相差较大，挤压剪切力不能够深入组织内部，不能使变形组织紧密结合。如图 2-29(b)所示，选择挤压比为 15∶1 时，挤压棒材表面依然有较多的撕皮和周期裂纹，但试样的成形形貌有了很大的改善，周期裂纹变小，有的部位已经能够连成一体。挤压比为 15∶1 的条件下复合材料棒材的变形程度已经达到 90%多，已经有足够大变形程度，复合材料挤压依然存在周期性的裂纹，分析认为可能是挤压温度或者挤压速度的影响，因而进一步研究在挤压比为 15∶1 的条件下，不同挤压温度和挤压速度对热挤压成形的影响。

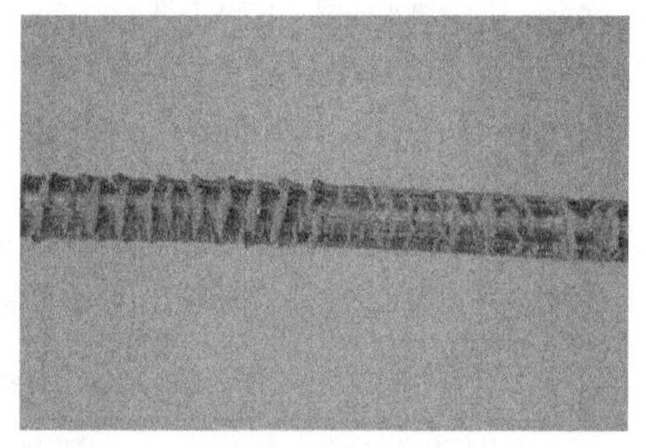

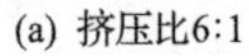

(a) 挤压比6:1　　(b) 挤压比15:1

图 2-29　不同挤压比下棒料的形貌

2. 不同挤压温度对复合材料热挤压成形影响

挤压温度是热挤压工艺参数中非常重要的因素，挤压温度的高低直接影响挤压过程能否顺利进行。在图 2-29 中挤压温度为 500℃，挤压比为 15∶1 时，棒料不能顺利地挤压成形，因而需要选择不同的挤压温度进行探讨分析。一般情况下，挤压温度高，挤压试样的屈服强度就低，挤压变形就容易进行，这是因为在温度较高的条件下存在较多的固液两相区，复合材料中位错的迁移就能够比较容易地进行，增强相对基体的阻碍作用也减小。热挤压过程中，挤压比较大，SiCp/Al-Si 复合材料有非常大的塑性变形，变形程度达到了 90%以上，因而在挤压过程中会产生大量的变形热，同时挤压过程中挤压棒料还会与模具发生摩擦产生摩擦热，造成挤压过程温度的升高，因而选择一个合适的温度就很重要，从而使得选择的挤压温度与复合材料的塑性变形区的温度相适应。温度过低，复合材料塑性变形差，挤压困难，从而使得挤压棒料产生裂纹、撕皮缺陷；温度过高，材料的晶粒长大粗化，使得材料塑韧性能降低，挤压过程中材料极易出现热裂纹[22]。

图 2-30 所示为热挤压成形棒材的宏观形貌，热挤压工艺参数为挤压比 15∶1，挤压速度 8mm/s，挤压温度分别选择为 460℃、470℃、480℃、490℃、520℃。从图中可以看到，挤压温度低于 500℃的棒料成形情况较好。虽然挤压棒材端部还是存在较多的裂纹缺陷，但是挤压棒料的中部区域表面形貌良好；当挤压温度高于 500℃时，挤压棒料表面有大量的周期性裂纹产生，几乎没有良好表面。

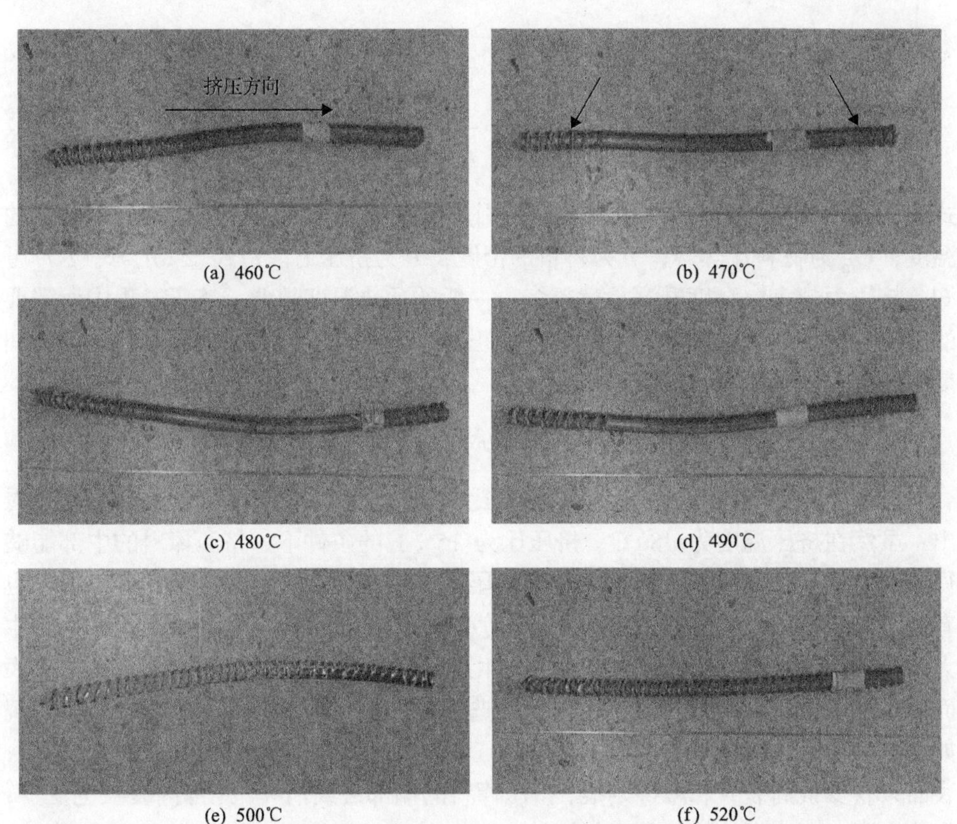

图 2-30　不同挤压温度下棒料的形貌

挤压温度在 460℃、470℃的棒料端部和尾部都有较多的裂纹，原因可能是温度偏低，材料的塑性变形抗力较大，挤压困难，挤压过程中挤压棒料的表面和中心处受力不一样，从而造成内外不同的流速，心部的材料阻力小、流速快，表面材料阻力大、流速慢，使得挤压棒料的外部受到拉应力作用，当这个拉应力超过此时温度下材料的断裂强度时，就把棒料拉开形成了裂纹。如图 2-30(b)中箭头所示，挤压棒料端部的裂纹是由于先从模具中挤压出来的部分传热和散热，造成温度降低，塑性变形抗力增大，从而产生裂纹，裂纹浅，没有深入到挤压棒料中心。而尾部是由于挤压过程中温度上升，造成材料晶粒粗大，塑性降低从而产生热裂纹，裂纹较深。图 2-30(c)、(d)中，挤压温度分别为 480℃、490℃，其中部成形良好的区域较长，说明挤压温度与塑性变形区温度区间匹配较好。如图 2-30(f)所示，挤压温度继续提高到 520℃时，挤压棒料从端部到尾部全部是周期性的裂纹，在心部处发现了渗铝的现象，说明在这个温度下进行挤压，挤压过程中温度过高，局部温度升高到足以使复合材料出现液相。对于热挤压过程中温度变化的计算，根据 Morsi 等[23]提出的计算公式(不考虑摩擦热和模具传导的热量)：

$$T_c = T_b + \Delta T \tag{2-6}$$

$$\Delta T = \frac{P}{\rho C_m} \tag{2-7}$$

式中，T_b 为预热温度；ΔT 为挤压变形引起的温度变化；T_c 为挤压模具出口处的温度；C_m 为材料比热容；ρ 为材料的密度；P 为挤压力。由式(2-6)、式(2-7)可知，挤压力越大，温度升高得就越多。一般的预热温度越低，挤压过程中所需要的挤压力就越大，温度升高得越多，这正好可以解释 460℃下挤压棒料的尾部周期裂纹比较多的原因。

3. 不同挤压速度对复合材料热挤压成形影响

在挤压速度为 8mm/s 时，不同挤压比和挤压温度下热挤压成形的情况可以看出，虽然在挤压温度为 480℃、挤压比为 15∶1 的条件下，挤压棒料的中部能够得到表面形貌较好的试样，但其端部和尾部依然有很多裂纹，并且在棒料中部也有微小的摩擦划痕。这是因为挤压速度较大时，挤压棒料由于塑变以及摩擦产生大量热量，导致温度上升，材料发生软化，所以在较高的挤压速度下，棒材外表面容易产生裂纹。降低挤压速度，分别选择为 5mm/s、1mm/s，热挤压成形形貌如图 2-31 所示。由图 2-31(a)可知，挤压速度为 5mm/s 的试样表面已经明显改善，表面只有少量的裂纹和摩擦划痕，挤压棒料的端部裂纹消失，尾部的裂纹也变少，裂纹变浅；图 2-31(b)为挤压速度为 1mm/s 的热挤压棒料，棒料表面从端部到尾部都比较光滑，仅仅在尾部有稍许的小裂纹。这是因为随着挤压速度的降低，挤压过程中所产生的变形热量、摩擦热量能够有一定时间的传递，减少了热量的积累，使得挤压过程中的温度变化和 SiCp/Al-Si 复合材料的塑性变形区的温度区间相适应[24]。

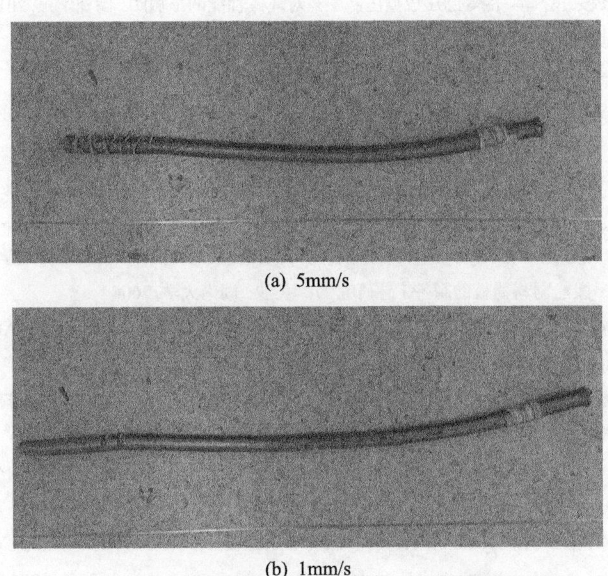

(a) 5mm/s

(b) 1mm/s

图 2-31　不同挤压速度下棒料的形貌

对烧结后的复合材料压坯进行正向热挤压，挤压过程中出现了较多缺陷，特别是裂纹，通过对挤压工艺的研究，分析认为挤压过程中温度条件是缺陷产生的主要原因，需要合理地组织热挤压工艺过程，使得挤压温度、摩擦温度和变形温度之间能够形成一个合理的区间，使之与材料的塑变区间相匹配。通过对热挤压工艺过程的研究，得到了一个最佳的热挤压工艺：挤压温度为 480℃、挤压比为15∶1、挤压速度为 1mm/s，在该条件下，热挤压的棒料表面形貌最好。

通过对热挤压工艺参数如挤压比、挤压速度、挤压温度的研究，发现只有挤压比大于一定值，复合材料才有足够的变形程度，挤压过程才能进行；合适的挤压温度和挤压速度的选择，能够使得挤压过程中的塑性变形区有合适的变形温度。对 SiCp/Al-Si 复合材料进行热挤压加工，挤压棒材出现了裂纹、层断、撕皮等缺陷，这些缺陷的产生与挤压工艺参数的选择有关，特别是与热挤压温度有直接的关系。

参 考 文 献

[1] 蒋太炜. 高能球磨法制备 CNTs/Cu 复合材料[D]. 昆明: 昆明理工大学, 2012.

[2] 黄培云. 粉末冶金原理[M]. 北京: 冶金工业出版社, 1997: 150-250.

[3] 姬成岗, 雷霆, 方树铭, 等. 粉末冶金压坯裂纹成因与防治[J]. 矿冶, 2012, 21(2): 53-58.

[4] 韩凤麟. 粉末冶金零件压制成形中裂纹的成因与对策[J]. 粉末冶金技术, 1999, 17(3): 209-215.

[5] 韩凤麟. 粉末冶金零件压制成形中裂纹的成因与对策(续)[J]. 粉末冶金技术, 1999, 17(4): 277-285.

[6] 董林峰, 李从心. 粉末冶金零件成形脱模过程中形成的裂纹[J]. 汽车工艺与材料, 2000, (12): 38-40.

[7] 邓娟利, 范尚武, 成来飞, 等. 冷等静压成型压制工艺对坯体性能的影响[J]. 陶瓷学报, 2012, 33(2): 138-143.

[8] 唐先觉, 李希超. 烧结[M]. 北京: 冶金工业出版社, 1984: 1-2.

[9] 傅菊英, 姜涛. 烧结球体[M]. 长沙: 中南工业大学出版社, 1966: 1-2.

[10] BERNACHE-ASSOLLANT D, 张颖. 热压烧结-理解烧结机理的新途径[J]. 上海: 无机材料学报, 1988, 4(3): 289-290.

[11] 解立川, 彭超群, 王日初, 等. 快速凝固过共晶铝硅合金粉末的形貌与显微组织[J]. 中国有色金属学报, 2014, 24(1): 130-136.

[12] 吴文杰, 王爱琴, 谢敬佩, 等. 时效 Al-30Si 微晶合金的组织演变及性能[J]. 材料热处理学报, 2015, (4): 56-61.

[13] 徐海燕. 7075/SiCp 复合材料薄板的制备工艺研究[D]. 长沙: 湖南大学, 2004.

[14] ZHANG Q, WU G H, JIANG L T, et al. Thermal expansion and dimensional stability of Al-Si matrix composite reinforced with high content SiC[J]. Materials Chemistry and Physics, 2003, 82: 780-785.

[15] 雷敏, 张辉, 李落星. 喷射沉积 7075/SiCp 铝基复合材料挤压变形的数值模拟[J]. 中国有色金属学报, 2007, 17(12): 2054-2058.

[16] 程南璞, 曾苏民, 于文斌, 等. 12%SiCp/Al 复合材料制备工艺及力学性能研究[J]. 粉末冶金技术, 2006, 24(6): 417-420.

[17] WANG Z W, SONG M, SUN C, et al. Effects of extrusion and particle volume fraction on the mechanical properties of SiC reinforced Al-Cu alloy composites[J]. Materials Science & Engineering: A, 2010, 527: 6537-6542.

[18] 贾玉玺. 挤压加工对 SiCp/Al 复合材料组织和性能的影响[J]. 塑性工程学报, 2000, 7(4): 5-8.

[19] 阮建明. 粉末冶金原理[M]. 北京: 机械工业出版社, 2012: 66-68.

[20] 李建辉, 李春峰, 雷廷权. 金属基复合材料成形加工研究进展[J]. 材料科学与工艺, 2002, 10(2): 207-212.

[21] 陈振华. 现代粉末冶金技术[M]. 北京: 化学工业出版社, 2007: 77-83.

[22] 肖林, 丁伟民, 张国定. SiCp/Al 复合材料挤压棒材缺陷分析[J]. 中国有色金属学报, 1994, 4(1): 72-77.

[23] MORSI K, MCSHANE H B, MCLEAN M. Processing defects in hot extrusion reaction synthesis[J]. Materials Science & Engineering: A, 2000, 290: 39-45.

[24] 季向明. SiCp/Al 复合材料的制备工艺及性能研究[D]. 南京: 南京理工大学, 2012.

第3章　SiCp/Al-30Si 复合材料微观组织及性能

3.1　复合材料微观组织

采用真空热压法制备 SiCp/Al-30Si 复合材料，基体 Al-30Si 合金粉末的平均粒度为 8μm，形态为近似球形，其中含有少量的不规则硅颗粒，如图 3-1 所示；增强体选用平均粒度为 4μm、13μm、25μm、30μm 的 α-SiC 粉末，SiCp 形貌为不规则的多面体，平均粒径为 30μm 的 SiCp 高温氧化处理前后的形态如图 3-2 所示。采用 QM-BP 型行星球磨机进行混粉，硬质耐磨合金钢球的直径为 12mm，其中分散剂的加入量为 1%，球料比为 1∶2，转速为 280r/min，混料时间为 3h。将混合粉体装入耐热钢模具内，其中模具内壁涂抹 40%无水乙醇+60%刚玉粉（质量分数），刚玉粉平均粒度为 5μm；在 VDBF-250 型真空扩散焊试验机上进行真空热压烧结，真空度为 2.3×10^{-3}Pa，以 8℃/min 的速度加热到 600℃，在 600℃，施加 60MPa 压力，保压保温时间为 2h，然后在真空保护状态下炉冷，降至室温后撤去压力，开炉脱模，取出坯样。复合材料组分配比见表 3-1。

SiCp/Al-30Si 复合材料的组织及相组成对材料的力学性能及功能特性具有决定性影响，通过对复合材料组织及相组成的认识有助于分析复合材料力学性能及功能特性的变化规律。SiCp/Al-30Si 复合材料的相组成较为复杂，除了基体 α-Al 和外加的增强体 SiCp 外，还存在基体粉体中过饱和固溶硅元素在烧结过程中的析出所形成的硅颗粒。SiCp/Al-30Si 复合材料的性能也会受到增强体颗粒的体积分数及尺寸的显著影响。SiCp 的团聚、团聚区和大尺寸 SiCp 周围的孔洞将对复合材料性能产生不利的影响。

(a) 原始态

(b) 酒精洗态

图 3-1　Al-30Si 合金粉末形态

(a) 原始态 (b) 1000℃×1h

(c) 1000℃×2h (d) 1000℃×3h

图 3-2 SiCp 高温氧化处理前后粉末颗粒形貌

表 3-1 SiCp/Al-30Si 复合材料组分配比

材料编号	SiCp 体积分数/%	SiCp 粒径/μm	基体合金	制备
1#	20	25	Al-30Si	真空热压烧结
2#	25	25	Al-30Si	真空热压烧结
3#	30	25	Al-30Si	真空热压烧结
4#	25	4	Al-30Si	真空热压烧结
5#	25	13	Al-30Si	真空热压烧结
6#	25	30	Al-30Si	真空热压烧结

3.1.1 不同体积分数 SiCp/Al-30Si 复合材料的微观组织

图 3-3 为 SiCp 粒径为 25μm 时不同 SiCp 体积分数(20%、25%、30%)的 SiCp/Al-30Si 复合材料微观组织的 SEM 照片。由图可以看出，图 3-3(a)增强体分布均匀，延性相连续，图 3-3(c)延性相被增强体割裂，分布不连续；随着 SiCp 体积分数的增加，SiCp 在基体中的分布越来越不均匀，团聚现象越来越明显[图 3-3(c)]，这是因为在高能球磨混料过程中，SiCp 体积分数大时，SiCp 与 Al-30Si 不能完全

均匀地混合在一起；在热压过程中，由于 Al-30Si 颗粒比多角状 SiC 颗粒相对圆整，易于滑动，导致颗粒重排，SiC 体积分数越大，其聚集在一起的概率增大，从而造成碳化硅颗粒在一定程度上的团聚；同时，增强体 SiC 的分布状况还与增强体和基体颗粒尺寸及挤压比有关系。

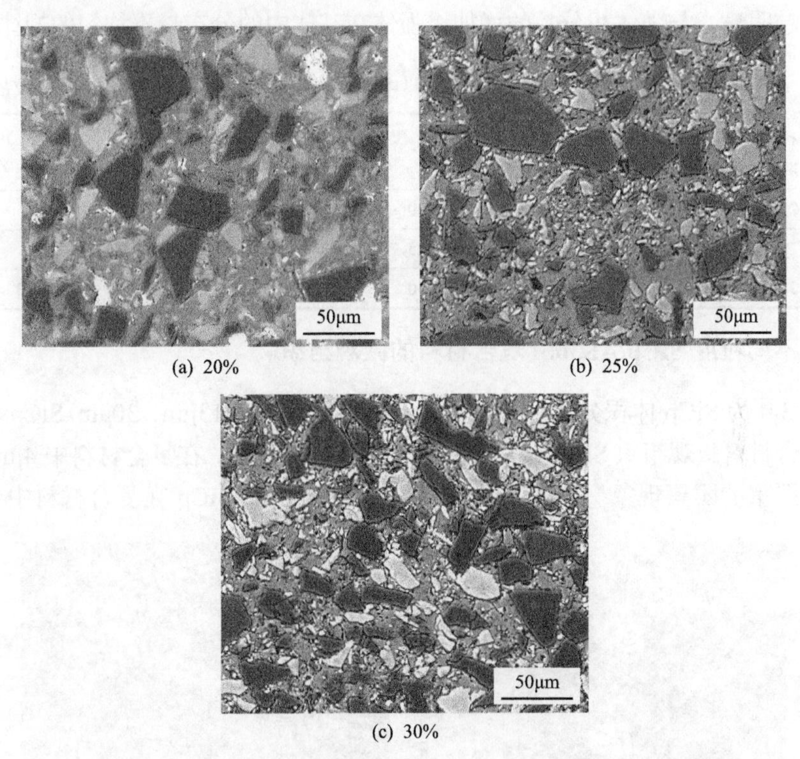

(a) 20%　(b) 25%　(c) 30%

图 3-3　不同 SiCp 体积分数的 SiCp/Al-30Si 复合材料 SEM 照片

在复合材料微观组织中，如果增强体颗粒尺寸远远小于基体颗粒尺寸，增强体在基体中非常容易团聚，从而导致增强体分布得不均匀，大的基体颗粒被小的增强体颗粒包围。对于采用粉末冶金法制备的复合材料，增强体的体积分数有一个理论极限值，当低于这个极限值时，增强体能够分布均匀，复合材料中实际体积分数大于理论体积分数值越大，增强体分布越不均匀，越容易团聚。Slipenyuk 等提出来一个保证增强体在复合材料中能够均匀分布的同时，其体积分数达到最大值的方法[1,2]。公式如下：

$$W_{\text{crit}} = \alpha \frac{V_{\text{SiC}}}{V_{\text{Al}} + V_{\text{SiC}}} = \alpha \left\{ 1 - \left[1 + \left(\frac{d}{D} \right)^3 + \left(\frac{2}{\sqrt{\lambda}} + \lambda \right) \left(\frac{d}{D} \right)^2 + \left(\frac{1}{\lambda} + 2\sqrt{\lambda} \right) \frac{d}{D} \right]^{-1} \right\} \tag{3-1}$$

式中，W_{crit} 为增强体在基体中均匀分布时增强体的临界体积分数；α 为常量，其值为 0.18；V_{SiC} 和 V_{Al} 分别为 SiC 与 Al 在复合材料中的体积分数；d/D 为增强体与基体颗粒尺寸的比值；λ 为挤压比。该试验没有对试样进行挤压，因此其挤压比 λ 值为 1。表 3-2 所列为采用式(3-1)计算出的复合材料的临界体积分数与实际体积分数的差值。由表 3-2 结合图 3-3 可以看出，差值越大，颗粒分布越不均匀，团聚现象越明显，与随体积分数的增加增强体在基体中的分布越不均匀的规律一致。

表 3-2 不同体积分数 SiCp/Al-30Si 复合材料中 SiCp 实际体积分数与临界体积分数的差值

SiC 颗粒尺寸 d /μm	Al-30Si 颗粒尺寸 D /μm	SiC 实际体积分数 W /%	SiC 临界体积分数 W_{crit}/%	SiC 实际值与临界值的差值 $W-W_{crit}$/%
25	8	20	17.7	2.3
25	8	25	17.7	7.3
25	8	30	17.7	12.3

3.1.2 不同粒度 SiCp/Al-30Si 复合材料的微观组织

图 3-4 为 SiCp 体积分数为 25%时，不同粒径(4μm、13μm、30μm) SiCp 增强铝硅基复合材料微观组织 SEM 照片。由图 3-4(a)可以看出，在复合材料中 4μm-SiCp 出现了严重的团聚现象。由图 3-4(b)可以看出，13μm-SiCp 在复合材料中分布较

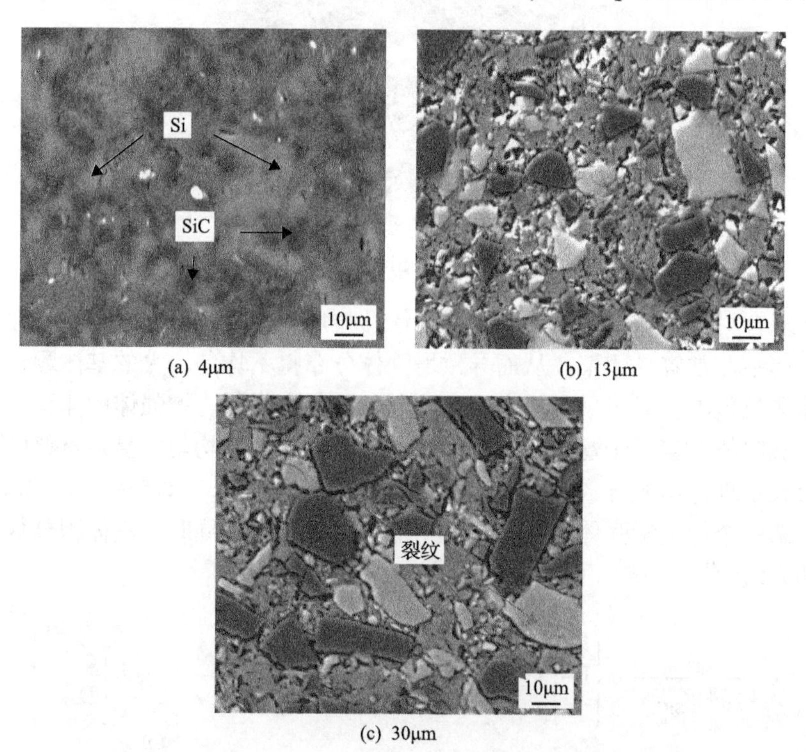

(a) 4μm　(b) 13μm　(c) 30μm

图 3-4 SiCp 体积分数为 25%时不同粒径 SiCp/Al-30Si 复合材料 SEM 照片

均匀，从图 3-4(c)可以看出，30μm-SiCp 分布更加均匀，但是部分 SiC 颗粒出现了裂纹，在尖角处出现了 SiCp 断裂现象。一般来说，尺寸比较大的颗粒在热压变形过程中比小颗粒容易断裂。在热压烧结过程中，大的陶瓷颗粒周围容易产生应力集中，一旦应力值大于硬而脆的陶瓷颗粒的断裂强度极限，陶瓷颗粒就会出现裂纹；大颗粒与基体结合面积大，因此大颗粒承受了更大的力；SiCp 的断裂强度受其内部缺陷的影响，在相同缺陷形成概率的情况下，大颗粒比小颗粒包含更多的缺陷。随着 SiCp 平均粒径的增大和增强体尺寸与基体尺寸比值的增大，SiCp 在基体中分布越来越均匀；在相同体积分数 SiCp 颗粒增强铝基复合材料时，随着 SiCp 平均粒径的增大，SiCp 数量减少，对抑制过饱和 Al-30Si 合金粉末中硅的析出、生长作用降低，硅颗粒的析出尺寸逐渐增大，由图 3-4(c)可以看出，Si 颗粒析出的尺寸最大，Si 颗粒出现了开裂现象。

表 3-3 为采用式(3-1)计算出复合材料的增强体临界体积分数与实际体积分数的差值。结合图 3-4、表 3-3 可以看出，差值越小，SiCp 分布越均匀，团聚现象越不明显，与随着 SiCp 尺寸的增加其在基体中的分布越均匀的规律一致。

表 3-3　不同粒径 SiCp/Al-30Si 复合材料中 SiCp 的实际体积分数与临界体积分数的差值

SiCp 粒径 d/μm	Al-30Si 粉体粒度 D/μm	SiCp 实际体积分数 W/%	SiCp 临界体积分数 W_{crit}/%	SiCp 实际值与临界值的差值 $W-W_{crit}$/%
4	10	25	11.4	13.6
13	10	25	16.5	8.5
30	10	25	17.7	7.3

3.2　复合材料性能

SiCp/Al-30Si 复合材料的强化机制主要有载荷传递强化、位错强化、奥罗万强化、细晶强化等，这些强化机制引起的复合材料强度增量决定了复合材料最终力学性能[3,4]。由不同强化机制的理论计算公式可知，各种强化机制对复合材料强度增量的贡献值与增强体体积分数及尺寸有很大关系，因此在分析 SiCp/Al-30Si 复合材料的力学性能时，需要结合 SiCp 的体积分数及尺寸进行分析。此外，在一些特定的工作条件下，如用作电子封装材料，不仅要求复合材料具有优异的力学性能，还要求复合材料具有良好的功能特性[5-7]。因此，有必要结合 SiC 颗粒的体积分数及尺寸对 SiCp/Al-30Si 复合材料的功能特性进行分析。

3.2.1　不同体积分数 SiCp/Al-30Si 复合材料的密度

复合材料中 SiCp 体积分数不同，SiCp 在基体中的分布状况也随之变化，进而影响复合材料的密度及致密度。当 SiCp 体积分数很高时，其在热压烧结过程中

SiCp 不容易滑动，易造成塞积，致使材料不能被压实，材料中孔洞增多，致密度下降。

不同 SiCp 体积分数的复合材料实测密度、理论密度及致密度见表 3-4。可以看出，在 SiCp 体积分数为 20%时，密度测定值与理论计算值最接近，在 SiC 颗粒体积分数为 30%时，测定值与理论计算值相差最大；随着 SiCp 体积分数的增加，材料的致密度降低，这是因为随着 SiCp 体积分数的增加，SiCp 在热压烧结过程中滑移性能降低，增强体出现团聚现象，团聚颗粒之间存在大量的空隙，增强体与基体的结合状况逐渐变差，孔洞增多，SiC 团聚颗粒不能被压实，也不能实现烧结，其与基体的结合面减少，导致增强体与基体界面疏松，造成组织中大量孔洞的存在。

表 3-4　不同 SiCp 体积分数的复合材料的实测密度、理论密度和致密度

体积分数/%	SiC 颗粒粒径/μm	实测值/(g/cm^3)	理论密度/(g/cm^3)	致密度/%
20	25	2.680	2.72	98.53
25	25	2.661	2.75	96.76
30	25	2.665	2.78	95.86

3.2.2　不同粒径 SiCp/Al-30Si 复合材料致密度

不同粒径 SiCp/Al-30Si 复合材料的实测密度、理论密度和致密度见表 3-5。可以看出，当 SiCp 粒径为 13μm 时，复合材料的密度最大，致密度最大。在体积分数相同、SiCp 粒径为 4μm 时，其颗粒数量会明显增多，在球磨混料过程中易造成混料不均，导致热压过程中出现团聚现象。当 SiCp 尺寸为 30μm 时，由于颗粒粒径很大，在真空热压烧结过程中不易滑动，容易造成大的 SiCp 塞积到一块，因此密度降低，致密度减小。

表 3-5　不同粒径 SiCp/Al-30Si 复合材料的实测密度、理论密度和致密度

SiCp 粒径/μm	体积分数/%	实测值/(g/cm^3)	理论密度/(g/cm^3)	致密度/%
4	25	2.680	2.75	97.45
13	25	2.716	2.75	98.76
30	25	2.645	2.75	96.18

3.2.3　不同体积分数 SiCp/Al-30Si 复合材料抗拉强度

图 3-5 所示为 SiCp 粒径为 25μm 时，材料的抗拉强度随 SiCp 含量的变化规律。随着 SiCp 体积分数的增加，其在基体中的分布越来越不均匀，团聚现象明显增加，抗拉强度逐渐降低。SiCp 在基体中的空间分布状况影响复合材料的力学性能。外加载荷一般由贫 SiCp 区向 SiCp 团聚区传递，由于 SiCp 团聚区在较小的外

力作用下，容易引起较高的应力集中，因此断裂区域一般是在 SiCp 团聚区域。SiCp 团聚区域很容易失去载荷的传递及承载能力，因此复合材料中存在 SiCp 团聚比没有存在 SiCp 团聚的抗拉强度低。另外，颗粒团聚区域是复合材料的裂纹源，特别是局部的颗粒团聚最容易形成裂纹源。对材料抗拉强度的影响是有害的。

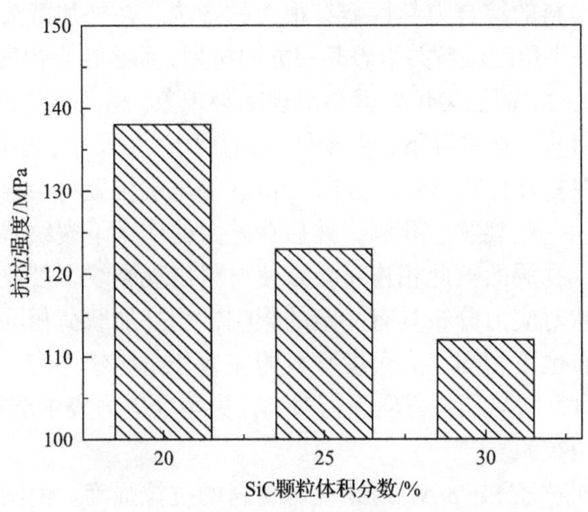

图 3-5　SiCp 含量不同时材料的抗拉强度

由图 3-5 及表 3-4 可以看出，SiCp 体积分数为 20%时，SiCp 在基体中分散较好，与基体结合良好，材料致密，材料的抗拉强度最大，SiCp 体积分数为 30%时，抗拉强度最小。随着 SiCp 体积分数的增加，材料的抗拉强度呈下降趋势，组织中出现 SiCp 团聚现象，团聚体内存在大量孔隙；同时，颗粒团聚会导致大部分基体未得到强化。当材料受外加载荷时，外力会通过结合状况良好的界面由基体传递给这些大的颗粒团聚体，其结果会因颗粒团聚体内部结构疏松而在外部应力较低时率先开裂，致使其他颗粒未团聚区受应力骤然增大，一旦大于其最大断裂强度，便容易引起材料的过早开裂，导致材料的抗拉强度降低。由此可见，团聚体对 SiCp/Al-30Si 复合材料抗拉强度的影响，类似于具有临界裂纹尺寸大颗粒的行为。较大的颗粒团聚体，可因热配错松弛产生位错，对基体强度有一定的贡献，但这种强化作用会因团聚体的疏松而被抵消。基体是否连续对材料的抗拉强度也有一定的影响，由于 SiCp 体积分数的增大，割裂了基体，基体分布不连续，导致抗拉强度降低。

3.2.4　不同粒径 SiCp/ Al-30Si 复合材料抗拉强度

SiCp 的分布状况及尺寸对复合材料的力学性能有相当程度的影响。在 SiCp 团聚区和大尺寸 SiCp 周围存在孔洞，孔洞被认为是原有的裂纹或裂纹源。这些颗粒不能由软的基体向坚硬的增强体传递载荷，因此会降低复合材料的力学性能。

对于一定的 SiCp 体积分数，其颗粒尺寸与变形方式有密切的关系。一般来说，颗粒尺寸在位错增强机理方面影响显著，而在载荷传递强化机理方面没有影响。在热压和拉伸过程中，大尺寸颗粒更加容易断裂，可以认为这些断裂的颗粒存在原有的裂纹，其不能够由基体向增强体传递载荷。

颗粒形状对材料的综合力学性能有很大的影响。在外加载荷作用下，如果复合材料中大部分是小角度颗粒并沿着某一方向排列，那么在小角度颗粒尖角处容易造成应力集中，此时，颗粒尖角处就会出现断裂现象。SiCp 的硬脆性要比 Al-30Si 合金粉末基体大得多。在室温下，由于外力的作用，大尺寸、小角度 SiCp 将会出现裂开的现象。在复合材料形变的方向，SiCp 的末端位置将会存在很大的集中应力，在此处会产生一些裂纹、孔洞，然后在外力的作用下裂纹、孔洞将传播蔓延至基体中，裂纹、孔洞的彼此相连将会致使材料出现裂纹，裂纹将会彼此连通直至断裂。颗粒形状对应力分布具有一定的影响，当外加载荷相同时，颗粒形状不同，颗粒应力分布也不相同，大角度颗粒的应力分布比较均匀，小角度颗粒的长径比较大，当外力方向与颗粒方向平行时，在尖角处应力集中严重，易造成裂纹，成为复合材料的裂纹源。

图 3-6 为不同粒径 SiCp/Al-30Si 复合材料的抗拉强度。由图可以看出，随着 SiCp 粒径的增大，材料的抗拉强度出现了先增大后减小的趋势，当 SiCp 粒径为 4μm 时，SiCp 粒径与 Al-30Si 颗粒粒径之比为 0.3，小于理论计算值，SiCp 容易团聚在一起，材料的抗拉强度为 105MPa；SiCp 在基体中的空间分布均匀性直接影响复合材料的力学性能。在复合材料中，外加载荷由贫颗粒增强区向颗粒团聚区传递、蔓延，颗粒团聚区域在外加载荷很小时，就会产生很大的应力集中，而且随着外加载荷持续的作用，集中应力值迅速增大，因此颗粒团聚区容易首先出现裂纹。由此可知，这些区域失去了载荷的传载能力，复合材料中颗粒团聚区的抗拉强度低于颗粒分布均匀区的抗拉强度；此外，颗粒团聚区也是裂纹源聚集区，局部颗粒团聚区最有利于裂纹的形成。Clyne 和 Withers 认为，在复合材料中颗粒的团聚促进了裂纹的扩展，作用方式有两种：①颗粒团聚整体类似于单个大块坚硬的颗粒，在变形过程中整体变形，因此颗粒团聚体内部变形量比复合材料整体的变形量小；②颗粒团聚区作为一个大的整体在外加载荷变形过程中，其整体的变形量大于试样中其他位置的变形量。在外加载荷的作用下，颗粒团聚区首先出现裂纹，并且颗粒团聚促进了裂纹的形成和扩展，裂纹逐渐长大直至材料断裂。因此，颗粒团聚区对材料抗拉强度的影响是有害的。在复合材料中一旦有裂纹产生，颗粒团聚区将促进裂纹形成与扩展，降低材料的抗拉强度。当 SiCp 粒径为 13μm 时，SiCp 粒径与 Al-30Si 颗粒粒径之比为 1.3，与理论值相当，SiCp 分布均匀，材料的抗拉强度为 190MPa，同时测得材料的热膨胀系数为 $1.08\times10^{-5}K^{-1}$，与其他材料相比具有优良的综合性能。SiCp 在基体中分布均匀，在热压和拉伸过

程中颗粒没出现裂纹，因其与基体的界面结合牢固，在界面处不易产生孔洞，与基体结合良好，从而减少了裂纹源的产生。当 SiCp 粒径为 30μm 时，在热压及拉伸过程中大粒径 SiCp 及析出硅颗粒容易断裂，材料的抗拉强度为 133MPa。材料的微塑性变形容易在增强体周围和材料孔洞周围产生高的应力集中。复合材料在承受载荷时，由于增强体断裂强度小，增强体在达到材料抗拉强度之前已经出现裂纹，甚至断裂。大粒径 SiCp 在热压过程中不易滑动，容易形成较大的骨架，不利于基体合金的填充，组织中孔洞增多，随之裂纹源及 SiCp 断裂数量增多。由图 3-4(c)可以看出，大粒径 SiCp 出现了裂纹。在相同体积分数(25%) SiCp Al-30Si 复合材料中，随着 SiCp 平均粒径的增大，SiCp 数量减少，对抑制过饱和 Al-30Si 合金粉末中硅的析出、生长作用降低，硅颗粒的析出尺寸逐渐增大，由图 3-4(c)可以看出，硅颗粒析出的尺寸最大，硅颗粒出现了断裂现象。在载荷传递过程中，应力沿着断裂表面释放，因此断裂颗粒不能传递载荷，而且断裂的颗粒也是裂纹源，会导致材料抗拉强度降低。

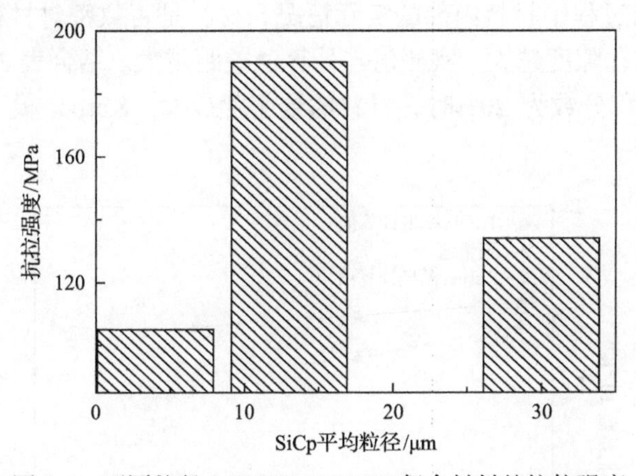

图 3-6　不同粒径 25%SiCp/Al-30Si 复合材料的抗拉强度

3.2.5　SiCp/Al-30Si 复合材料热膨胀系数

材料的热膨胀系数本质上为原子热振动时振动中心偏离平衡位置，是表征材料在受热时长度或者体积变化程度的参量。在一定温度下，原子的振动中心能够保持在一定的位置，因为它受到临近原子的吸引力和排斥力。在该位置上两种力的作用达到平衡。固体材料的热膨胀系数是由晶体振动的非谐效应引起的。铝合金有热导率很高及密度小的优点，但其热膨胀系数很大。在与其他低膨胀系数材料装配使用时，由于热膨胀系数严重不匹配，会出现装配失去精度，或者装配件变形而导致失效。SiCp 具有较低的热膨胀系数，常温下约为 $4.1\times10^{-6}K^{-1}$。将 SiCp 加入 Al-30Si 合金基体中，不仅能够起到强化基体的作用，还能够约束铝基体的热膨胀行为，所以研究 SiCp 粒径、形貌及含量对复合材料的热膨胀行为影响的机理至关重要。

1. 不同体积分数 SiCp/ Al-30Si 复合材料热膨胀系数

图 3-7 为用 Turner 和 Kerner 模型计算的材料的热膨胀系数与材料在 100℃的实测值随 SiCp 含量的变化规律。由图可知，材料的热膨胀系数随着 SiCp 体积分数的增加而降低；从图中可以看出两种模型的计算值及实测值的变化趋势一致，Turner 模型计算值与实测值相差较大，低于实测值，Kerner 模型计算值略大于实测值，与实测值接近，说明 Kerner 模型适用于真空热压烧结制备 SiCp/Al-Si 复合材料热膨胀系数的估算。从两个理论模型中可知，影响材料热膨胀系数的主要因素在于基体的膨胀系数和基体与增强体的体积比，Turner 模型仅考虑加热过程中每个均匀区域之间的均匀应力，认为复合材料组成相中只存在均匀净应力，而 Kerner 模型考虑了复合材料内部晶界与相界之间的切变效应，更能准确地反映材料真空热压烧结过程中材料内部的实际情况；材料是否致密对材料热膨胀性能有较大影响，材料孔隙度越大，实测值与计算值差距越大。结合表 3-1，由图 3-7 可知，当 SiCp 体积分数为 20%时，材料的致密度最大，Kerner 模型的理论计算值与实测值更接近。

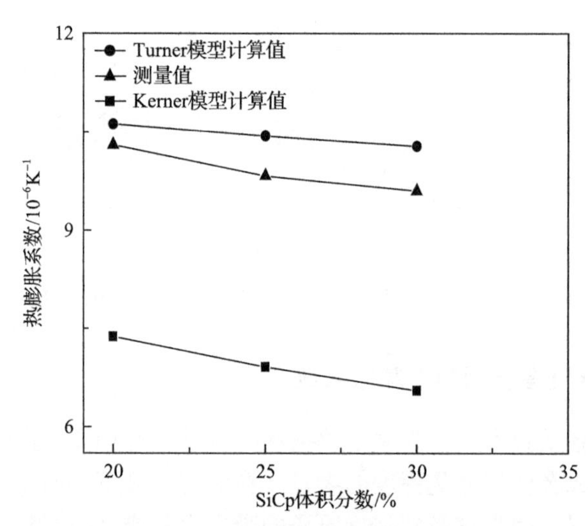

图 3-7　复合材料热膨胀系数随 SiCp 含量变化规律

Turner 和 Kerner 模型[8-11]计算公式分别为式(3-2)、式(3-3)：

$$a_c = \frac{a_m v_m k_m + a_p v_p k_p}{v_m k_m + v_p k_p} \tag{3-2}$$

$$a_c = a_m v_m + a_p v_p - (a_m - a_p)\frac{1/k_m - 1/k_p}{v_m/k_m + v_m/k_m + 3G_m/4} \tag{3-3}$$

式中，a 为线膨胀系数；v 为体积分数；k 为体弹性模量；G 为剪切模量；脚标 c、m 和 p 分别表示材料、基体相和增强相。

混合颗粒增强铝基复合材料中，材料的热膨胀性能主要受到基体、SiCp 及硅颗粒膨胀行为的影响，当烧结工艺恒定时，析出硅颗粒保持恒定，其对膨胀性的影响依赖于基体 Al-30Si 合金。当增强体的体积分数增大时，其对基体的制约能力增强，另外，SiCp 的热膨胀系数远低于基体的热膨胀系数，温度变化时，对其膨胀系数影响不大；SiCp 的体积分数在很大程度上决定了材料的热膨胀系数，结合表 3-1，SiCp 体积分数越大，越不致密，组织相对疏松，存在空位及孔洞，当原子受热振动时有更多的空间，孔洞在受热时没有膨胀，可以看成膨胀为零的刚性第三相，从而使得 SiCp 体积分数高的材料膨胀系数更低；延性相是否连续对材料热膨胀系数造成很大的影响，随着对试样外加温度的增大，延性相、脆性相都会发生相应的膨胀变形。一般情况下，延性相的热膨胀系数都比较大，其更容易导致发生相应的塑性变形。但延性相为不连续分布时，其形变量就会受到周围的热膨胀系数较小的脆性相颗粒的约束作用；当延性相属于连续分布相时，其约束力就很小；SiCp 含量越高，延性相逐渐由连续分布变成不连续分布，增强体体积分数的增加对延性相的制约能力增强。因此，随着 SiCp 体积分数的增加，材料的热膨胀系数降低。

2. 不同粒径 SiCp/Al-30Si 复合材料热膨胀系数

图 3-8 为 SiCp 体积分数为 25%时不同粒径 SiCp/Al-30Si 复合材料的热膨胀系数。可以看出，随着 SiCp 尺寸的增大，材料的热膨胀系数呈逐渐减小的趋势。SiCp 越细小，复合材料的热膨胀系数越大，说明在真空热压烧结过程中，颗粒大小对复合材料热膨胀系数影响很大。SiCp 粒径为 4μm 时，SiCp 团聚，组织中孔隙较多。由于基体合金热膨胀系数远大于 SiCp，而 SiCp 粒径较小，主要起到对基体的填充、促使复合材料致密化的作用，对基体受热膨胀的抑制作用较弱。另外，在 SiCp 体积分数相同时，如果颗粒较细，则颗粒间距较小，同时由于 SiCp 形貌呈不规则多边形，尖角较多，严重影响了位错的回复，从而使基体仍然残留了较高密度的位错，其相应的残余内应力很大，致使材料中原子的能量较高，在等温度下原子的活动能力也相应更高，因此 SiCp 越小，其膨胀系数越大。SiCp 粒径较大时，在组织中分布较为均匀，同时硅的析出颗粒粒径较大且数量增加，起到了与 SiCp 相同的限制基体合金受热膨胀的作用，硅颗粒与大尺寸 SiCp 协同作用，对基体热膨胀抑制作用增强。在颗粒增强复合材料中，一般认为粒子之间的距离

较近，某一粒子附近基体中的应力状态是其周围最近邻粒子共同作用的结果，粒子尺寸较大时，基体和增强颗粒间膨胀量差值增大，造成基体内的压应力增大，被众多粒子包围的这一区域的基体受到约束，这将限制基体伸出，使复合材料的热膨胀系数降低。随着粒径的增大，复合材料的热膨胀系数逐渐减小。

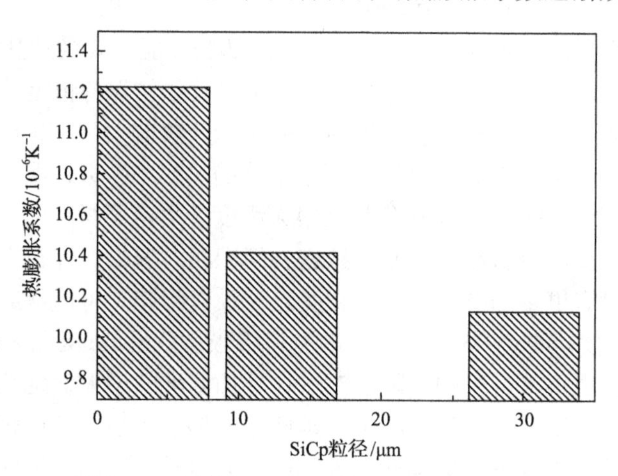

图 3-8　不同粒径 SiCp 的复合材料热膨胀系数

3.2.6　不同体积分数 SiCp/Al-30Si 复合材料断口形貌

一般认为颗粒增强铝基复合材料的抗拉强度随着增强体颗粒体积分数的变化而变化。金属铝为面心立方结构，具有 3 个滑移面和 12 个滑移系，所以金属铝材料具有非常好的塑性，其延展率可达到 25%，然而其抗拉强度较低。金属材料的塑性变形主要是通过晶面之间的滑移进行的，然而滑移是由位错的相互移动而发生进行的。制备铝基复合材料时，由于 SiCp 的加入，其将阻止金属铝材料中位错的相对滑移，位错只要绕过 SiCp 就能继续进行滑移，这就增加了位错滑移时的门槛能量值，从而对复合材料产生强化作用，而粒子增强的强化作用与粒子的间距成反比，所以随着 SiCp 含量的增加，试样的抗拉强度就会增大，但是塑性降低。当增强体体积分数达到一定值时，就会出现下降趋势。材料的断裂机制为颗粒增强体与基体之间界面的脱黏以及 SiCp 团聚而引起的脆性断裂。

图 3-9 为 SiCp 粒径为 25μm 时不同体积分数(20%、25%、30%)混合颗粒增强铝基复合材料的断口形貌。由图 3-9(a)可以看出，当 SiCp 体积分数为 20%时，基体合金的韧窝较规则，撕裂棱上的韧窝较小。SiCp 在基体中的体积分数较小，在混料过程中不容易出现团聚现象，起到对基体的强化作用。由图 3-9(b)可以看出，当 SiCp 体积分数为 25%时，韧窝大，并且断口表面有 SiCp 被拉断的痕迹。由图 3-9(c)可知，随着 SiCp 体积分数的增加，由拉伸断裂后的表面形貌可以看出

为脆性断裂，有较多裸露的SiCp，并且有团聚现象，这对材料的力学性能十分不利。这是因为SiCp在基体中分布不均匀，在外加载荷的作用下，相邻SiCp的间距太小，受到力的作用时基体发生严重的塑性变形，微孔的萌生出现及SiCp的断裂导致复合材料中界面脱黏现象严重。颗粒团聚体开裂的结果是形成较大的脆性断口，并且其边缘上有若干个小韧窝。

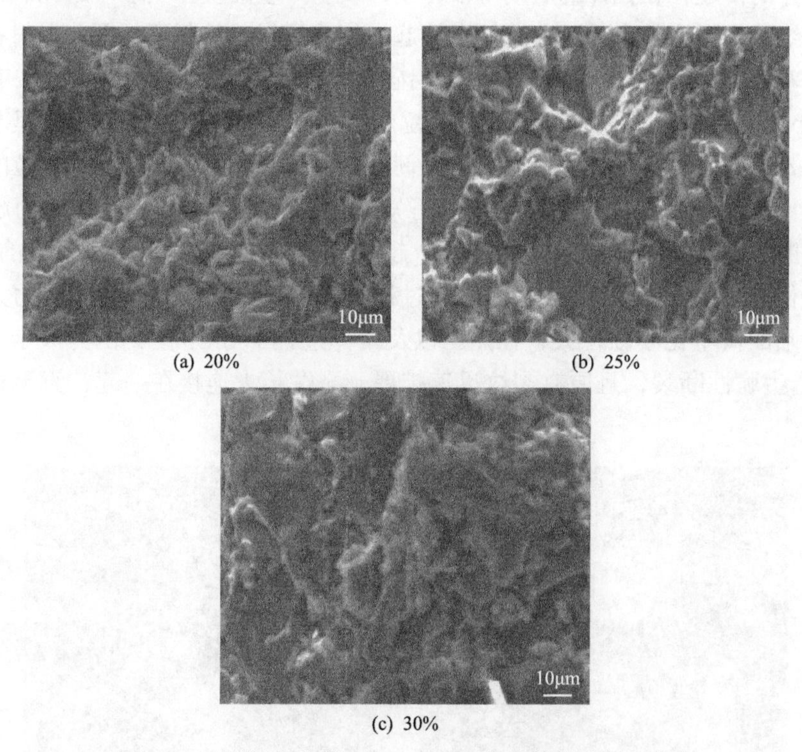

(a) 20%　(b) 25%　(c) 30%

图3-9　不同体积分数SiCp/Al-30Si复合材料的断口形貌

3.2.7　不同粒径SiCp/Al-30Si复合材料断口形貌

图3-10为SiCp体积分数为25%时不同粒径(4μm、13μm、30μm) SiCp/Al-30Si复合材料断口形貌，由图3-10(a)可以看出，断面出现大量裸露聚集的SiCp及圆的铝硅合金颗粒，由于SiCp为4μm时，其在组织中团聚，裂纹容易在颗粒团聚区产生，相邻颗粒的距离太近，与基体结合界面不好，同时在SiCp周围应力大，受到拉伸时，严重的应力集中使基体发生塑性形变，在拉伸过程中，微孔的萌生及SiCp的破碎导致试样提前失效。因此，SiCp从基体中被拔出来。

由图3-10(b)可以看出，断口表面没有裸露的SiCp，在SiCp表面包覆一层铝硅合金。颗粒强度、增强体与基体界面结合强度之间的关系对材料的断裂形式起着关键的作用，当界面结合强度大于颗粒断裂强度时，材料沿着颗粒断裂；当界面结合强度小于颗粒断裂强度时，材料沿着结合界面断裂。SiCp 粒径为 13μm 时，其在组织中分布均匀，与基体结合良好，SiCp 与基体的结合强度大于材料的抗拉强度，材料在受载荷过程中，基体和增强体之间的界面应很好地完成载荷由基体向增强体的传递，在拉伸的后期阶段，基体发生严重的塑性变形形成孔洞，孔洞成为裂纹源，孔洞长大并迅速连接在一起，加速了材料的断裂，因此材料在断裂时沿着基体断裂，SiCp 表面包覆一层铝硅合金；由图 3-10(c)可以看出，有断裂的 SiCp 裸露出来，部分 SiCp 及硅颗粒出现裂纹及断裂现象。根据格里菲斯裂纹理论 $\sigma_c^p = k_c^p / \sqrt{d}$ ，k_c^p 为颗粒的断裂韧度，σ_c^p 为颗粒粒径为 d 时颗粒的断裂应力[12,13]。由公式格里菲斯裂纹理论可知，颗粒尺寸越大，其断裂应力越小，越容易断裂；反之，其断裂应力越大，越不容易断裂。图 3-10(c)所示的 SiCp 平均粒径为 30μm，大的 SiCp 在热压过程中不容易滑动，周围集中应力大，其存在缺陷的概率比小颗粒大，在热压以及拉伸过程中 SiCp 受到的力大于 σ_c^p 时，SiCp 产生脆性断裂，且原有裂纹迅速扩展，裂纹长大连接在一起，直至材料最终断裂。

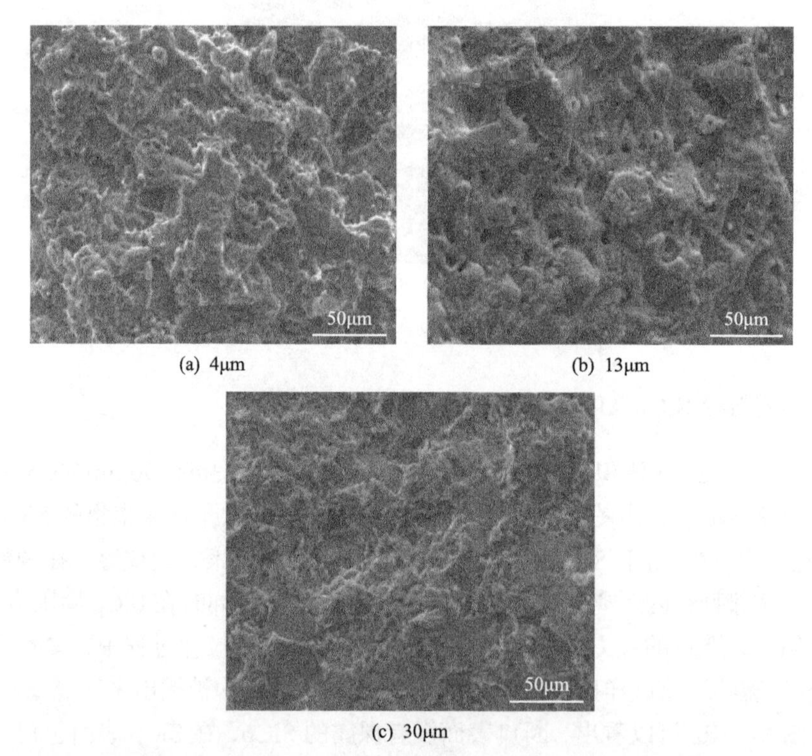

(a) 4μm　(b) 13μm　(c) 30μm

图 3-10　SiCp 体积分数为 25%时不同粒径 SiCp/Al-30Si 复合材料断口形貌

3.2.8　氧化态 SiCp/Al-30Si 复合材料性能

采用 1100℃高温焙烧不同时间+水洗处理的方法对 SiCp 进行预处理，氧化处理后复合材料的性能见表 3-6。

表 3-6　SiCp 氧化处理后复合材料的性能

SiCp 处理状态	SiCp 体积分数/%	抗拉强度/MPa	热膨胀系数/$10^{-6}K^{-1}$	致密度/%
1000℃×1h	23	125	10.50	97.68
1000℃×2h	23	196	10.44	98.82
1000℃×3h	23	132	10.56	96.48

可以看出，SiCp 经 1000℃×2h 焙烧+水洗制备的复合材料性能最好。从图 3-2 中可以看出，焙烧 1h 的 SiCp 中粒径差别比较大，有大量的小粒径粉末，这对材料的力学性能是不利的，因为细小颗粒弥散分布在基体中，而且很容易附着在大颗粒上，不利于界面的结合，极容易形成孔隙，对材料的力学性能危害极大。焙烧 2h 的 SiCp，经过高温处理+水洗之后，颗粒的形貌得到改善，尖角得到钝化，微小颗粒经过钝化后更细小，然后通过水洗处理被清除掉。焙烧 3h 的 SiCp，随着保温时间的延长，颗粒被过度解离，粉末粒径明显地减小，颗粒粒径差别减小，颗粒的表面积增大，有利于复合材料孔隙的形成，对材料的力学性能危害很大。SiCp 粉体经过高温焙烧(2h)+水洗处理之后，其表面状况得到了改善，颗粒粒径差别缩小，颗粒的形状得到了改善，尖角得到了很好的钝化，SiCp 粒径、形状、大小的改善有利于复合材料中增强体的界面结合。因此，经过高温氧化表面处理 SiCp 制备的复合材料的孔隙率大大降低，材料的致密度得到了提高，SiCp 经 1000℃×2h 预处理后复合材料致密度最高。材料在低温状态下(50℃)，其膨胀系数有所降低，但是降低得非常少，在高温阶段，复合材料的孔隙率降低，复合材料的残存气体减少，这样在固体“软化”时，气体的膨胀减小，进而复合材料的热膨胀系数降低，SiCp 经 1000℃×2h 预处理后复合材料的热膨胀系数最低。

SiCp 经 1000℃×2h+水洗预处理后，SiCp 表面干净，无杂质附着，颗粒大小均匀，粒度分布均匀，表面比较圆滑，无明显尖锐的边角和棱角，复合材料性能最优。

3.3　界　　面

界面结构是影响复合材料性能的关键因素之一。大量研究表明，复合材料中的增强相与基体间的界面强烈地影响复合材料的力学性能和物理性能，基体与增强颗粒间良好的界面匹配与变形协调性是保证复合材料具有较高韧性的必要前提，对界面结构的深入研究对于分析复合材料失效机制、指导复合材料制备工艺、界面设计具有重要指导意义，因此有必要对 SiCp/Al-30Si 复合材料的界面进行研究。

大量研究表明，采用熔体浸渗、液态及半固态搅拌铸造等低成本工艺制备 SiCp/Al 复合材料中，SiCp 和 Al 液之间容易发生界面化学反应，反应产物为 Al_4C_3 和 Si，Al_4C_3 为六方形薄片状或针状，在界面处以团聚态分布，因此这样的界面产物对复合材料力学性能产生不利的影响。Al_4C_3 在水、甲醇及盐酸溶液等条件下性能不稳定，容易分解或反应，因此复合材料容易腐蚀；减少了 SiCp 在基体中的体积分数，使复合材料的热膨胀系数增大；由于界面反应生成 Si 相，复合材料中容易形成共晶铝硅合金，在后续热处理过程中材料的力学性能及物理性能难以控制。SiCp/Al-Si 复合材料具有高的比强度和良好的力学性能，其在外力作用下，载荷通过增强体与基体的结合界面实现传递，因此增强体与基体之间的结合界面对材料的性能至关重要[14,15]。

为了控制上述有害界面的化学反应，国内外在 SiCp 表面处理及工艺选择与工艺参数方面进行了大量研究。原始 SiCp 与 Al 溶液润湿性差，通过对 SiCp 表面处理，使其表面形成非晶态 SiO_2，数量较少，因此作用不大，且当 SiC 在 900℃以上温度加热时，SiO_2 氧化膜显著增厚，对 SiC/Al 界面化学反应及润湿性等都会产生不利的影响；对大量的微米级 SiC 颗粒进行氧化处理时，颗粒表面氧化均匀性等难题尚未解决。对 SiCp 表面涂覆 K_2ZrF_6，或采用电镀、化学镀等在颗粒表面涂覆 Ni、Cu、Ag、Cr，这些表面处理工艺虽能改善 SiCp 与 Al 溶液之间的润湿性，但有时会在界面上产生 $NiAl_3$、$CuAl_2$ 脆性相；在 SiCp 表面包覆 Al_2O_3、TiO_2、SnO、Sb_2O_3 和 SnO_2，阻止 SiCp 与 Al 溶液接触，且界面在温度变化时性能不稳定。表面涂覆工艺复杂、成本高，因此限制了表面涂覆技术的广泛应用。通过基体合金化，提高铝基体中 Si 的含量，增强 Si 的活度，抑制 SiCp 与 Al 之间的化学反应，同时降低基体的熔点、减小表面张力，改善润湿性，从而改善 SiCp 与基体之间的结合界面。关于 SiCp/Al 复合材料基体与增强体界面方面的报道很多，但是很少有从热力学、界面化学反应及界面润湿原理做出详细的解释，本节以此为研究基础，对其进行系统的计算与分析，揭示混合颗粒增强铝基复合材料界面结合机理。

3.3.1 复合材料微观组织及 XRD 物相分析

图 3-11 为热压法制备的 SiCp/Al-30Si 复合材料的微观组织及 XRD 图谱。由图 3-11(a)可以看出，组织致密，SiCp 及析出 Sip 与基体润湿性很好，SiCp 及 Sip 边界干净，与基体之间界面清晰，表明没有发生界面化学反应或者反应很弱。通

过图 3-11(b) XRD 物相分析可以看出，采用热压法制备的 SiCp/Al-30Si 复合材料，其物相产物为 Al、Si 和 SiC 相，没有 Al_4C_3 的衍射峰，这可能是因为热压烧结温度低，SiC 与 Al-Si 界面反应较弱，或者没有发生界面反应，即使发生界面反应，产物的量也很少，而含量在 3%以下的物质不能通过测试明显反映出来，因此需要进一步的理论计算及 TEM 分析 SiCp/Al-Si 的界面是否发生反应。

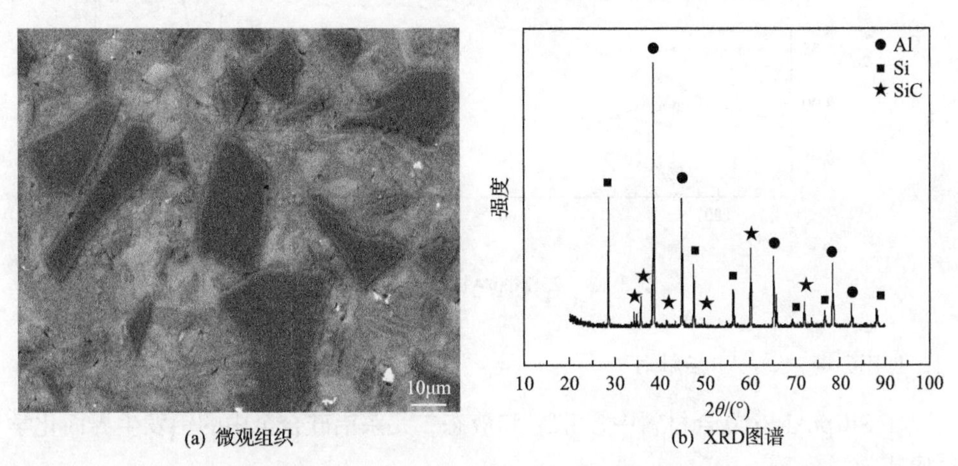

(a) 微观组织 (b) XRD图谱

图 3-11 热压法制备的 SiCp/Al-30Si 复合材料的微观组织及 XRD 图谱

3.3.2 热力学模型及计算

在 SiC 增强铝基复合材料中，采用热力学理论计算界面是否发生化学反应时，其化学反应式应为 $4Al_{Al\text{-}Si\text{-}C} + 3SiC = 3Si_{Al\text{-}Si\text{-}C} + Al_4C_3$，计算时需要 Al-Si-C 系三元合金中 Al 和 Si 的活度，但是三元系 Al-Si-C 合金中 Al 和 Si 的活度未知，因此采用上述化学反应是不可行的。当 SiC 表面与熔融态的铝接触时，SiC 将会发生分解 $SiC_{(s)} \longrightarrow Si^{4+} + C^{4-}$，碳离子和硅离子通过扩散进入液态铝基体中，由于碳在铝基体中的溶解度极小(1300K 时溶解度仅为 0.14%)，当碳在铝中过饱和时，就会发生反应 $4Al^{3+} + 3C^{4-} \rightleftharpoons Al_4C_{3(s)}$。由于碳在铝中的溶解度极低，假设从 SiC 分解出来的 C^{4-} 对 Al 和 Si 的活度没有影响，计算时采用 Al-Si 二元系合金中 Al 和 Si 的活度，这种假设应该是合理的。因此，界面化学反应式应为 $4Al_{Al\text{-}Si} + 3SiC = 3Si_{Al\text{-}Si} + Al_4C_3$。

为确定 Al-Si-C 三元系合金固液转变点，进行了差示扫描量热(differential scanning calorimetry, DSC)分析，升温速度为 10℃/min，分析如图 3-12，从图 3-12 中可得，试样的固相线温度为 582.1℃，液相线温度为 630.0℃。本试验温度为 600℃，此时部分铝硅合金粉末熔化，部分粉末未熔化，其在组织中以 α(Al) 固溶体存在。Si 与 Al 不发生化学反应。SiC 颗粒可能与 α(Al) 固溶体及液态 Al-Si 中的 Al 发生界面化学反应，这取决于 ΔG 的值。

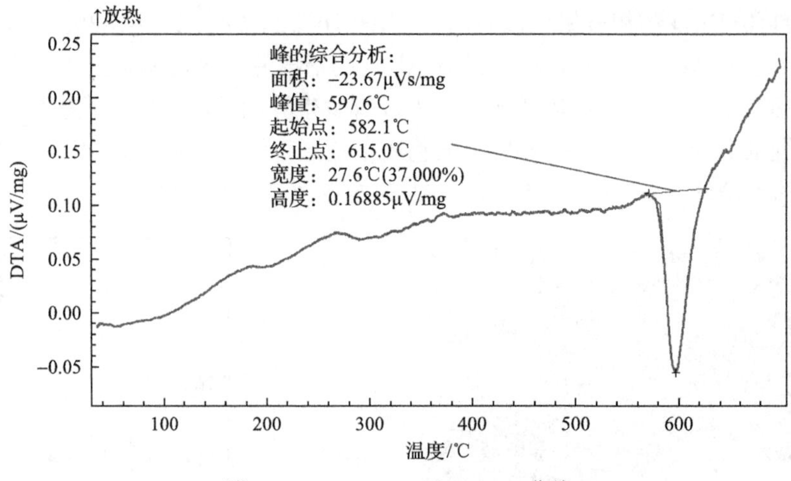

图 3-12　25SiCp/Al-30Si DSC 曲线

1. SiC 与液态 Al 接触时

在 SiCp/Al-Si 复合材料中，SiCp 和液态二元系铝硅合金中的铝发生界面化学反应式为

$$4(\mathrm{Al})_{\mathrm{Al\text{-}Si}} + 3\langle \mathrm{SiC} \rangle = 3(\mathrm{Si})_{\mathrm{Al\text{-}Si}} + \langle \mathrm{Al_4C_3} \rangle \tag{3-4}$$

式中，( )和〈 〉分别表示液态及固态。界面化学反应(3-4)的吉布斯自由能变化为

$$\begin{aligned} \Delta G_{(1)} &= 3\overline{G}_{\mathrm{Si}}^{\mathrm{L}} - 4\overline{G}_{\mathrm{Al}}^{\mathrm{L}} + \Delta G_{\mathrm{Al_4C_3}}^{\mathrm{O}} - 3\Delta G_{\mathrm{SiC}}^{\mathrm{O}} \\ &= 3RT\ln\alpha_{\mathrm{Si}} - 4RT\ln\alpha_{\mathrm{Al}} + \Delta G_{\mathrm{Al_4C_3}}^{\mathrm{O}} - 3\Delta G_{\mathrm{SiC}}^{\mathrm{O}} \end{aligned} \tag{3-5}$$

式中，$\overline{G}_{\mathrm{Si}}^{\mathrm{L}}$、$\overline{G}_{\mathrm{Al}}^{\mathrm{L}}$ 分别为在液态铝硅合金中 Si 和 Al 的吉布斯自由能；$\Delta G_{\mathrm{Al_4C_3}}^{\mathrm{O}}$ 为铝为液态时 Al_4C_3 的形成吉布斯自由能；$\Delta G_{\mathrm{SiC}}^{\mathrm{O}}$ 为界面反应产物 Si 为液态时 SiC 的形成吉布斯自由能；α_{Al}、α_{Si} 分别为在液态铝硅合金中 Al 和 Si 的活度。晶格稳定性参数及物性参数见表 3-7。

二元系铝硅合金为液态时总的吉布斯自由能为

$$G^{\mathrm{L}} = RT\left[x\ln x + (1-x)\ln(1-x)\right] + x(1-x)\left[A^{\mathrm{L}} + B^{\mathrm{L}}(1-2x) + C^{\mathrm{L}}(1-6x-6x^2)\right] \tag{3-6}$$

式中，x 为二元铝硅系合金中 Si 的摩尔分数；A^{L}、B^{L}、C^{L} 为二元交互作用参数。

在液态二元系铝硅合金中，任意点 X 处有 $\mathrm{L} \rightleftharpoons \mathrm{A_{(s)}}$，即 X 点液相中组元 M 与同温度固态纯 M 呈平衡状态。所以，液相中 A 的化学势与同温度纯 M 的化学势相等，而有 $\mu_{\mathrm{A(l)}} = \mu_{\mathrm{A(s)}}^{*}$，当 M 的活度取同温度液态纯 M 为标准态时，有

$$\mu_{A(l)} = \mu_{A(l)}^{*} + RT\ln\alpha_{A(l)} \tag{3-7}$$

式中，$\alpha_{A(l)}$ 为 X 点液相中组元 M 的活度；$\mu_{A(l)}$ 为纯液态 M 的化学势，所以

$$\overline{G}_{A}^{L} = \mu_{A(s)}^{*} - \mu_{A(l)}^{*} = RT\ln\alpha_{A(l)} \tag{3-8}$$

$\overline{G}_{A}^{L}$ 是相应于 X 点纯 M 的自由能，即在液态二元系铝硅合金中组元 M 的吉布斯自由能。因此，结合式(3-8)可得液态二元系铝硅合金中 Al、Si 自由能分别为

$$\overline{G}_{Al}^{L} = RT\ln\alpha_{Al(l)} = RT\ln(1-x) + x^2(a+bx+cx^2) \tag{3-9}$$

$$\overline{G}_{Si}^{L} = RT\ln\alpha_{Si(l)} = RT\ln x + (1-x)^2(d+ex+cx^2) \tag{3-10}$$

式中，$a = A^{L} + 3B^{L} + 7C^{L}$；$b = -4(B^{L} + 6C^{L})$；$c = 18C^{L}$；$d = A^{L} + B^{L} + C^{L}$；$e = -4(B^{L} + 3C^{L})$。

ΔG_{SiC}^{O} 值的表达式如下：

$$\Delta G_{SiC}^{O} = \Delta G_{SiC}^{O,Si(d)} - \Delta G_{Si}^{l\to d} \tag{3-11}$$

表 3-7　晶格稳定性、二元交互作用参数及吉布斯自由能值

纯物质的晶格稳定性参数	二元交互作用参数	吉布斯自由能值
$\Delta G_{Si}^{l\to fcc} = 12.2T$	$A^{L} = -10695.4 - 1.823T$	$\Delta G_{SiC}^{O,Si(d)} = -258780 + 95.464T$
$\Delta G_{Al}^{l\to fcc} = -10792 + 11.56T$	$B^{L} = -4274.5 + 3.044T$	$\Delta G_{Al_4C_3}^{O} = -72790 + 7.5348T$
$\Delta G_{Si}^{l\to d} = -50600 + 30T$	$C^{L} = 670.7 - 0.460T$	
	$A^{fcc} = -200 - 7.594T$	

$$\begin{aligned}\Delta G_{(l)} = {} & \Delta G_{Al_4C_3}^{O} - 3\Delta G_{SiC}^{O,Si(d)} + 3\Delta G_{Si}^{l\to d} + 3RT\ln x - 4RT\ln(1-x) \\ & - 4x^2(a+bx+cx^2) + 3(1-x)^2(d+ex+cx^2)\end{aligned} \tag{3-12}$$

式中，$\Delta G_{(l)}$ 为温度和 Si 含量的函数。本章的试验温度为 600℃，铝硅合金中 Si 的质量分数为 30%，结合式(3-5)、式(3-9)～式(3-11)，将其代入式(3-12)得

$$\Delta G_{(l)} = 8.467$$

界面发生化学反应的条件是 $\Delta G_{(l)} < 0$，而计算结果 $\Delta G_{(l)} > 0$，因此在这种条件下 SiC 不会与液态 Al-Si 中的 Al 发生界面化学反应。

2. SiC 与 α(Al) 固溶态中的 Al 接触时

SiC 与铝硅合金中的 α(Al) 固溶体发生界面化学反应式为

$$4\langle \mathrm{Al}\rangle_{\text{Al-Si}} + 3\langle \mathrm{SiC}\rangle = 3\langle \mathrm{Si}\rangle_{\text{Al-Si}} + \langle \mathrm{Al_4C_3}\rangle \tag{3-13}$$

界面化学反应式(3-13)中吉布斯自由能变化为

$$\begin{aligned}\Delta G_{(2)} &= 3\bar{G}_{\mathrm{Si}}^{\alpha} - 4\bar{G}_{\mathrm{Al}}^{\alpha} + \Delta G_{\mathrm{Al_4C_3}}^{\mathrm{O}} - 3\Delta G_{\mathrm{SiC}}^{\mathrm{O}} \\ &= 3\Delta G_{\mathrm{Si}}^{\mathrm{l\to fcc}} - 4\Delta G_{\mathrm{Al}}^{\mathrm{l\to fcc}} + \Delta G_{\mathrm{Al_4C_3}}^{\mathrm{O}} - 3\Delta G_{\mathrm{SiC}}^{\mathrm{O}} + 3RT\ln\alpha_{\mathrm{Si}} - 4RT\ln\alpha_{\mathrm{Al}}\end{aligned} \tag{3-14}$$

式(3-14)中 $\bar{G}_{\mathrm{Al}}^{\alpha}$、$\bar{G}_{\mathrm{Si}}^{\alpha}$ 分别为 α(Al) 固溶体中 Al 和 Si 的吉布斯自由能，$\Delta G_{\mathrm{Al}}^{\mathrm{l\to fcc}}$、$\Delta G_{\mathrm{Si}}^{\mathrm{l\to fcc}}$ 分别为其液态时的晶格稳定性参数。

α(Al) 中总的吉布斯自由能为

$$G^{\alpha} = x\Delta G_{\mathrm{Si}}^{\mathrm{l\to fcc}} + (1-x)\Delta G_{\mathrm{Al}}^{\mathrm{l\to fcc}} + RT[x\ln x + (1-x)\ln(1-x)] + x(1-x)A^{\mathrm{fcc}} \tag{3-15}$$

式中，A^{fcc} 为 α(Al) 固溶体中的交互作用参数。

$$\bar{G}_{\mathrm{Al}}^{\alpha} = \Delta G_{\mathrm{Al}}^{\mathrm{l\to fcc}} + RT\ln\alpha_{\mathrm{Al}} = \Delta G_{\mathrm{Al}}^{\mathrm{l\to fcc}} + RT\ln(1-x) + x^2 A^{\mathrm{fcc}} \tag{3-16}$$

$$\bar{G}_{\mathrm{Si}}^{\alpha} = \Delta G_{\mathrm{Si}}^{\mathrm{l\to fcc}} + RT\ln\alpha_{\mathrm{Si}} = \Delta G_{\mathrm{Si}}^{\mathrm{l\to fcc}} + RT\ln x + (1-x)^2 A^{\mathrm{fcc}} \tag{3-17}$$

结合式(3-16)、式(3-17)得吉布斯自由能变化值为

$$\begin{aligned}\Delta G_{(2)} &= \Delta G_{\mathrm{Al_4C_3}}^{\mathrm{O}} - 3\Delta G_{\mathrm{SiC}}^{\mathrm{O}} + 3\Delta G_{\mathrm{Si}}^{\mathrm{l\to fcc}} - 4\Delta G_{\mathrm{Al}}^{\mathrm{l\to fcc}} + 3RT\ln x - 4RT\ln(1-x) \\ &\quad - 4x^2 A^{\mathrm{fcc}} + 3(1-x)^2 A^{\mathrm{fcc}}\end{aligned} \tag{3-18}$$

本章的试验温度为 600℃，铝硅合金中 Si 的质量分数为 30%，将其代入式(3-18)中，得

$$\Delta G_{(2)} = 10.658$$

$\Delta G_{(2)} > 0$，因此，未发生界面化学反应。

综上所述，烧结温度下 SiCp 与 α(Al) 固溶体及 Al-Si 粉体中的 Al 均未发生界面化学反应，因此界面处不会有 $\mathrm{Al_4C_3}$ 化合物出现。

3.3.3 复合材料界面 TEM 分析

热压烧结的本质就是烧结过程中形成少量的液相，它们与粉末之间有很好的润湿性，能够完全铺展在粉末周围，把粉末很快地黏结在一起。润湿性从本质上

取决于界面能之间的平衡，固体表面张力越大、液体表面张力及液固表面张力越小，则润湿性越好。当铝液表面有 Al_2O_3 薄膜时，在相界处容易产生脆性相薄膜，容易引起复合材料的脆性断裂。该试验是在真空下进行热压烧结的，炉腔中氧含量极少甚至没有，铝液滴表面基本上不会形成氧化膜，使新鲜的铝液裸露于表面，从而降低了 SiC 与铝液之间的表面张力。通过基体合金化，提高铝基体中 Si 的含量，降低基体的熔点，减小铝液的表面张力，降低熔体的表面能，提高 SiCp 与熔体铝液之间的润湿性，从而提高 SiCp 与基体之间的结合界面强度。

SiCp/Al-30Si 复合材料中界面有两种，即 SiCp/Al 和 Sip/Al 界面。图 3-13(a)为试验材料界面的微观结构。从图 3-13(a)可以看出，SiCp/Al 界面清晰、平滑，无界面反应物和颗粒溶解现象，也无孔洞缺陷；图 3-13(b)为 SiC 与基体的衍射图及指数标定。β-SiC 是具有立方结构的多晶体，密排面为{111}面，密排方向为⟨110⟩方向，点阵常数 a=0.43581nm，Al 是面心立方结构，点阵常数 a=0.40496nm，错配度 δ=0.07079，位错间距为 5.72nm。由衍射图及指数标定可得 SiC 与 Al 具有如下的匹配关系：$[011]_{SiC}//[011]_{Al}$(差 1°～2°)，$(\bar{1}1\bar{1})_{SiC}//(\bar{1}1\bar{1})_{Al}$，$(02\bar{2})_{SiC}//(02\bar{2})_{Al}$。晶面间距 $d_{(02\bar{2})SiC}=0.15408\text{nm}$，晶面间距 $d_{(02\bar{2})Al}=0.14317\text{nm}$，两晶面边缘间隔距离为

$$D=\frac{d_{(02\bar{2})Al}d_{(02\bar{2})SiC}}{|d_{(02\bar{2})SiC}-d_{(02\bar{2})Al}|}=5.72\text{nm} \tag{3-19}$$

由于相邻两晶体在晶界处的界面间距较大，则在相界上不可能做到完全一一对应，试验材料采用高于铝硅合金固相线温度(582.1℃)真空热压烧结成型，使得铝硅合金粉末表面局部熔化，当铝液凝固结晶时，其晶体取向在很大程度上取决于 SiC 的立方结构，以便获得低界面能、强结合的带状界面，于是在界面上产生一些位错，以降低界面的弹性应变能，此时两晶面边缘间隔距离等于位错间距，这时界面上两相原子部分保持匹配，在界面处原子通过点阵畸变达到相互配合，Al 与 SiC 在{111}、$(02\bar{2})$ 晶面上形成半共格界面。原材料 Al-30Si 合金粉末，快速凝固抑制了硅相的形核与长大，仅有少量 Si 相析出，大量的 Si 元素过饱和固溶于 α(Al)固溶体中，α(Al)相领先于共晶形核生长，形成亚稳态组织，真空热压时组织能量增加，亚稳态组织开始向稳定组织转变，也给予了 Si 元素脱溶的形核能，从而脱溶析出。图 3-13(c)为 Sip/Al 界面的高分辨图，可以观察到 Si 颗粒呈长方颗粒状，其界面清晰、平直，无界面产物和缺陷生成，表明该界面结合良好。

同时，图中还可以观察到基体与颗粒界面处有较多的位错，而且位错多产生于界面处，一端与界面相连，另一端为自由端。这主要是由于在制备过程中，基体和增强体热膨胀系数的差异使基体内产生热残余应力，热残余应力释放导致基体中产生位错。

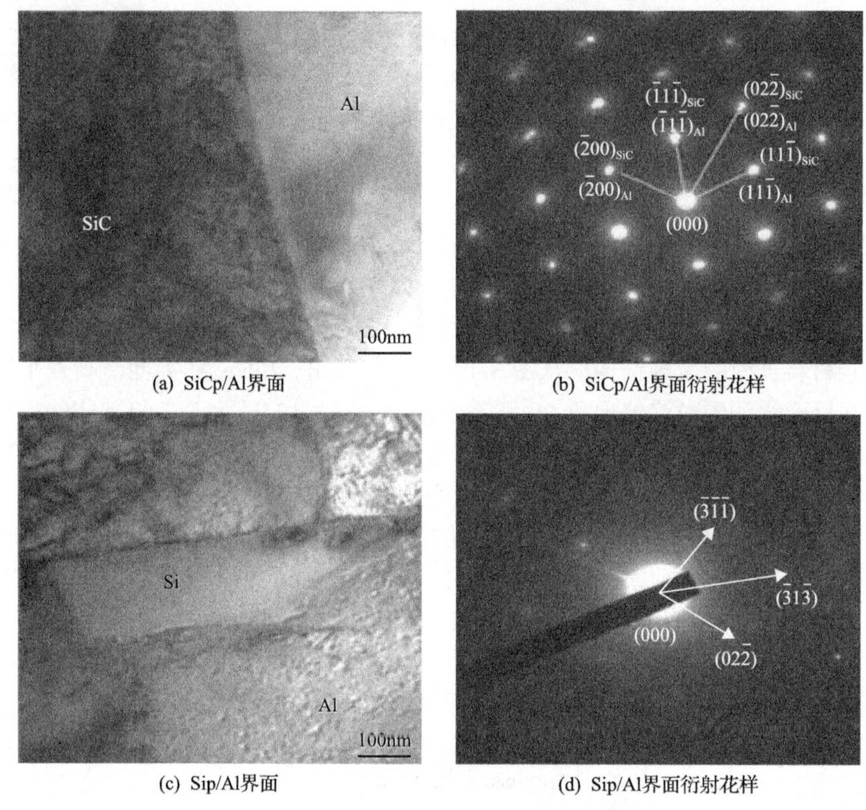

(a) SiCp/Al界面　(b) SiCp/Al界面衍射花样

(c) Sip/Al界面　(d) Sip/Al界面衍射花样

图 3-13　试验材料界面的结构及衍射花样

综上所述，SiCp 与基体不发生界面反应，界面结合良好。SiC 与 Al 具有如下匹配关系：$[011]_{SiC}//[011]_{Al}$(差 1°～2°)，$(\bar{1}1\bar{1})_{SiC}//(\bar{1}1\bar{1})_{Al}$，$(02\bar{2})_{SiC}//(02\bar{2})_{Al}$，Al 与 SiC 在{111}、$(02\bar{2})$晶面上形成半共格相界。

参 考 文 献

[1] JAVDANI A, DAEI-SORKHABI A H. Microstructural and mechanical behavior of blended powder semisolid formed Al7075/B_4C composites under different experimental conditions[J]. Transactions of Nonferrous Metals Society of China, 2018, 28(7): 1298-1310.

[2] 赵彬, 朱德智, 温冬宝, 等. 增强体形貌对高熵合金增强铸铝合金组织及性能的影响[J]. 稀有金属材料与工程, 2019, (12): 4004-4009.

[3] GAO H T, LIU X H, QI J L, et al. Strengthening mechanism of surface-modified SiCp/Al composites processed by the powder-in-tube method[J]. Ceramics International, 2019, 45(17): 22402-22408.

[4] XIN L, YANG W, ZHAO Q, et al. Strengthening behavior in SiC nanowires reinforced pure Al composite[J]. Journal of Alloys and Compounds, 2017, 695: 2406-2412.

[5] WEI Z, MA P, WANG H, et al. The thermal expansion behaviour of SiCp/Al-20Si composites solidified under high pressures[J]. Materials & Design, 2015, 65: 387-394.

[6] 曾婧, 彭超群, 王日初, 等. 电子封装用金属基复合材料的研究进展[J]. 中国有色金属学报, 2015, 25(12): 3255-3270.

[7] 席小鹏, 王快社, 王文, 等. 搅拌摩擦加工制备颗粒增强铝基复合材料的研究现状及展望[J]. 材料导报, 2018, 32(21): 3814-3822.

[8] LIU J, ZHENG Z, WANG J, et al. Pressureless infiltration of liquid aluminum alloy into SiC preforms to form near-net-shape SiC/Al composites[J]. Journal of Alloys & Compounds, 2008, 465(1-2): 239-243.

[9] 刘奋成, 钱涛, 邢丽, 等. 搅拌摩擦加工 CNTs/7075 铝基复合材料热膨胀性能[J]. 中国有色金属学报, 2017, 27(2): 251-257.

[10] TAYEBI M, JOZDANI M, MIRHADI M. Thermal expansion behavior of Al-B_4C composites by powder metallurgy[J]. Journal of Alloys and Compounds, 2019, 809: 151-753.

[11] CHU K, WANG X, LI Y, et al. Thermal properties of graphene/metal composites with aligned graphene[J]. Materials & Design, 2018, 140: 85-94.

[12] BORBELY A, BIERMANN H, HARTMANN O. FE investigation of the effect of particle distribution on the uniaxial stress–strain behaviour of particulate reinforced metal-matrix composites[J]. Materials Science & Engineering: A, 2001, 313(1-2): 34-45.

[13] 魏少华, 聂俊辉, 刘彦强, 等. 颗粒尺寸对 15%SiCp/2009Al 复合材料断裂韧性的影响[J]. 稀有金属, 2020, 44(02): 147-152.

[14] 孔亚茹, 郭强, 张荻. 颗粒增强铝基复合材料界面性能的研究[J]. 材料导报, 2015, 29(09): 34-43, 49.

[15] LI B, LUO B, HE K, et al. Effect of aging on interface characteristics of Al-Mg-Si/SiC composites[J]. Journal of Alloys and Compounds, 2015, 649: 495-499.

第 4 章　SiCp/Al-19Si 复合材料的微观组织及性能

SiCp/Al-19Si 复合材料具有较低的密度、较高的硬度、良好的耐磨性、较低热膨胀系数、各向同性等优异的性能，使其成为理想的、具有较好发展前途的轻质铝基复合材料。SiCp/Al-19Si 复合材料在热挤压后基体中存在一些粗大的金属间化合物相，如 Al_4Cu_9、$Al_5Cu_6Mg_2$、$Al_{23}CuFe_4$ 相。固溶处理后，粗大的金属间化合物相逐渐溶解，固溶温度越高，金属间化合物相溶解得越充分；当固溶处理的温度为 515℃时，金属间化合物相基本上全部回溶到基体中，仅极少量的一些难熔金属间化合物相残留在基体中。本章分析粉末冶金法+热挤压制备的 SiCp/Al-19Si 复合材料在热处理过程中的微观组织演变，界面微观结构及晶体学位相关系；测量不同热处理制度下的复合材料的力学性能及物理性能；优化出 SiCp/Al-19Si 复合材料最佳的热处理工艺制度。

SiCp/Al-19Si 复合材料的硬度随着时效时间的延长出现明显的“双峰”现象；随着时效温度的升高，SiCp/Al-19Si 复合材料的硬度呈现出硬化速度加快而硬化能力降低；SiCp/Al-19Si 复合材料的力学性能在 180℃时效 6h 时达到最优，抗拉强度和延伸率分别达到最大值 274.6MPa 和 2.26%。SiC 颗粒的加入提高了材料抗拉强度(Al-19Si 复合材料的抗拉强度最大值 228.1MPa)，并且显著降低了 SiCp/Al-19Si 复合材料的热膨胀系数；另外，通过研究不同热处理状态对复合材料的热膨胀系数的影响发现，SiCp/Al-19Si 复合材料的热膨胀系数随着复合材料所处环境温度的升高而增大；SiCp/Al-19Si 复合材料的热膨胀系数退火态大于挤压态；而复合材料经过固溶和时效处理后的热膨胀系数与热挤压态相比又有所下降。

SiCp/Al-19Si 复合材料中 SiC/Al 界面大多数为干净界面，极微量为非晶层界面；SiC/Si 和 Si/Al 界面为干净界面，无孔洞缺陷，界面结合紧密；SiC/Al、SiC/Si、Si/Al 界面的原子匹配关系为半共格界面。

4.1　快速凝固 Al-19Si 复合材料的微观组织及性能

粉末冶金法制备复合材料时，原材料过饱和固溶的 Si、Mg、Cu 等合金元素在烧结及热挤压过程中受到热应力耦合作用将从基体中析出形成尺寸较大的硅相及金属间化合物相，固溶处理时金属间化合物相溶入铝基体中，经时效处理后以颗粒状析出，这些析出相的尺寸和种类受到制备工艺参数的影响而发生演变，影响复合材料的力学性能。因此，研究 SiCp/Al-19Si 复合材料制备及热处理过程中微观组织结构的演变，对提高复合材料综合性能、进一步扩大复合材料的应用范围具有重要指导意义[1-5]。

对 SiCp/Al-19Si 复合材料的组织演变观察分析时发现，由于复合材料中存在大量的碳化硅颗粒和硅颗粒，并且两相颗粒的原子质数较为相近，不易观察 SiCp/Al-19Si 复合材料的硅相的演变规律。为了清楚地观察到 SiCp/Al-19Si 复合材料的硅相演变过程，首先采用粉末冶金法将 Al-19Si 合金粉体制备成 Si/Al 复合材料。研究不同烧结温度、热处理工艺参数条件下 Al-19Si 合金中硅相的演变规律，为探讨 SiCp/Al-19Si 复合材料的硅相演变提供理论支持。

4.1.1　烧结过程中硅相析出

采用雾化法制备的 Al-19Si 合金粉末的平均粒径为 10μm，其合金成分为 19.3%Si、1.5%Cu、0.8%Mg、Mn＜0.1%、Fe＜0.5%，其余为 Al，其形貌多为球状或椭球状，如图 4-1(a)所示。将粉末在 500MPa 的压力下单向冷压，经过烧结制备出 Sip/Al 复合材料，并通过热挤压挤压成直径为 20mm 的棒材，挤压比为 15∶1，如图 4-1(b)所示。挤压前将冷压后的试样经不同的烧结温度烧结，其烧结温度分别为 520℃、540℃、560℃、580℃。将 540℃烧结后的试样进行热挤压，热挤压后的材料经过不同温度固溶处理 4h，室温水淬后 180℃时效 6h。利用 Keller 试剂对抛光后的烧结态、挤压态及热处理态合金试样进行腐蚀，并在金相显微镜下观察该合金的显微组织，采用 MH-3 型显微硬度计测量不同温度固溶处理后试验材料的显微硬度。采用 AG-1250KN 万能拉伸试验机测量了其拉伸性能，采用 PCY-Ⅲ型热膨胀系数测试仪测定热膨胀系数。

(a) Al-19Si合金粉的形貌

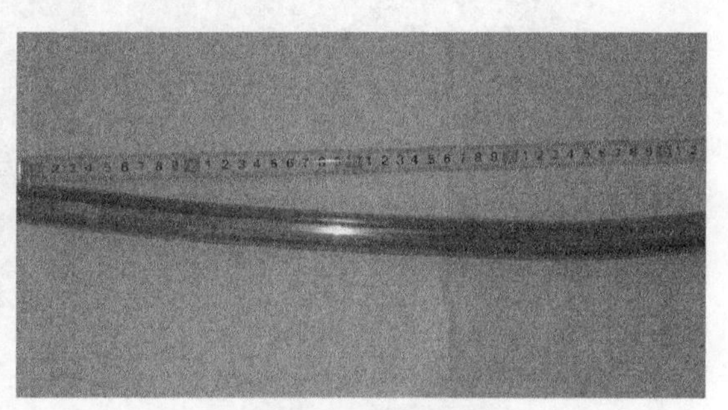

(b) 热挤压复合材料棒材

图 4-1　Al-19Si 合金粉的形貌及热挤压复合材料棒材

图 4-2 为 Al-19Si 粉体不同温度烧结后所形成的 Si/Al 复合材料的金相组织图像。基体为 Al，灰色颗粒相为析出硅。由于所用 Al-19Si 粉体为快速凝固制备，合金元素在复合材料中的固溶极限得到显著扩大，有效地抑制了硅相的生长。复合材料中 Si 相没有呈现常规铸造组织中的长条状、板片状、花瓣状或粗大树枝状

的初生 Si 相，而是表现出细小的颗粒状，同时的颗粒团聚现象也不明显[6]。随着烧结温度升高，初生 Si 颗粒发生显著粗化，在 520℃保温 4h 后，合金组织中初生 Si 颗粒的尺寸最小，而数量最多，这是由于合金粉末中硅过饱和固溶于铝中，烧结过程中，往往会发生过饱和的 Si 元素脱溶析出，并以微小颗粒 Si 析出。当烧结温度为 540℃时，组织中初生 Si 颗粒发生长大，并向晶界处转移，到达一定时间后相邻 Si 颗粒出现搭接现象，并逐渐聚集在一起，形成一个较大的 Si 颗粒。当烧结温度为 580℃时，合金材料处于过烧阶段，出现少量的液相(Al-Si 合金的共晶温度为 577℃)，基体上分布的小尺寸的 Si 颗粒逐渐消失，大颗粒硅在晶界处团聚长大，生成尺寸较大的块状 Si 颗粒，如图 4-2(d)所示。这是由于在 Si/Al 复合材料中 Si 颗粒越细小，具有表面能就越高，所处状态越不稳定，在烧结过程中大颗粒 Si 易吞并小颗粒 Si，使大颗粒 Si 进一步长大粗化[7]。

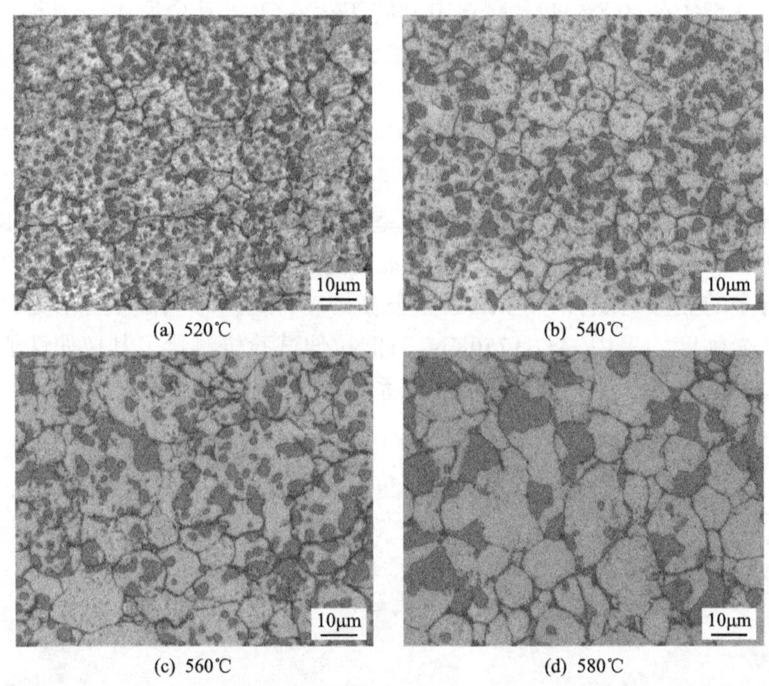

(a) 520℃　(b) 540℃　(c) 560℃　(d) 580℃

图 4-2　Al-19Si 粉体不同温度烧结后所形成的 Si/Al 复合材料的金相显微组织

Al-19Si 粉体烧结制备的 Si/Al 复合材料中 Si 相的粗化基本遵循奥斯特瓦尔德熟化机制[8]。Si 相的粗化是通过 Si 原子扩散使小颗粒 Si 的溶解和大颗粒 Si 长大来实现的。在两相合金体系中，Al 基体为固溶体 α 相，Si 相为 β 相，固溶原子为 Si 原子。选择两个不同大小的 Si 颗粒，一般用吉布斯-汤姆逊方程来描述其浓度分布与颗粒间距的关系[9]：

$$\ln\frac{c_\alpha(r)}{c_\alpha(\infty)}=\frac{2\sigma V_{\mathrm{Si}}}{K_{\mathrm{B}}T}\cdot\frac{1}{r} \tag{4-1}$$

式中，$c_\alpha(r)$为 Si/Al 界面处 Al 基体中的 Si 原子平衡浓度；$c_\alpha(\infty)$为远离 Si 颗粒的 Al 基体中的 Si 原子浓度；σ 为 Si 颗粒与基体 Al 之间的界面张力；V_{Si} 为溶质 Si 原子的体积；K_{B} 为玻尔兹曼常数；r 为 Si 颗粒的半径。

从式(4-1)中可以看出，Si 颗粒的尺寸大小与界面处基体 Si 原子平衡浓度有关，Si 颗粒半径越大，界面处溶质 Si 原子的浓度越低。小颗粒和大颗粒 Si 之间存在一定 Si 原子的浓度梯度。在复合材料固溶处理的过程中，小颗粒 Si 附近的 Si 原子浓度降低而小于体系中的 Si 原子平均浓度，而大颗粒 Si 周围的 Si 原子浓度高于基体中的 Si 原子浓度。由此，小颗粒 Si 表面的 Si 元素逐渐溶解进入 Al 基体中。由于浓度梯度的存在，经过一段时间固溶处理后，小颗粒 Si 溶解消失。由于体系中 Si 原子向大颗粒 Si 表面聚集而使大颗粒 Si 不断粗化。

4.1.2　固溶处理过程中硅相演变

图 4-3 为 560℃烧结+热挤压后在不同温度固溶处理 4h 后 Al-19Si 复合材料的金相显微组织。从图中可以看出，采用粉末冶金法+热挤压制备的 Al-19Si 复合材

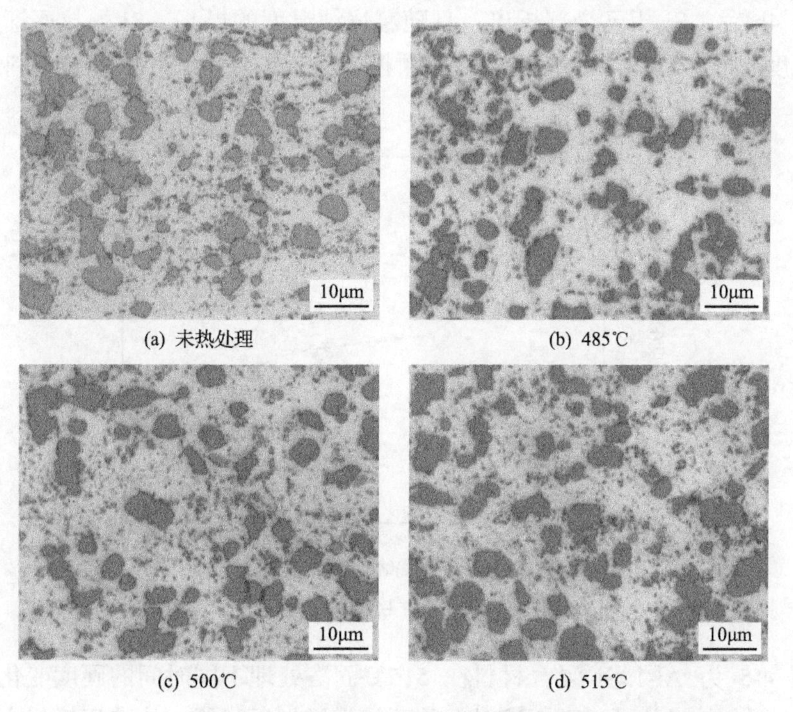

(a) 未热处理　(b) 485℃

(c) 500℃　(d) 515℃

图 4-3　Al-19Si 复合材料不同固溶温度处理 4h 后的金相显微组织

料组织细小，初生 Si 的形状不规则，其形状主要有近球形、近三角形、近方形等，尺寸为 2～5μm。Al-19Si 复合材料中弥散分布的不规则硅颗粒局部存在彼此相连的现象。同时，复合材料中仍有极少量尺寸较小的疏松和孔洞存在；与挤压态复合材料的表面形貌相比，固溶处理后的 Al-19Si 复合材料中硅颗粒表面变得圆滑且形态发生了钝化变得圆整。随着固溶温度的升高，复合材料 Si 颗粒尺寸及形貌没有发生特别明显的变化，颗粒圆整度没有进一步提高。这是由于复合材料在 560℃烧结后，基体中过饱和 Si 元素基本上全部析出，Si 颗粒的大小基本无变化。

4.1.3　不同烧结温度下 Al-19Si 复合材料的力学性能

图 4-4 为在不同烧结温度下 Al-19Si 复合材料的硬度变化曲线。该图表明，随着烧结温度的提高，Al-19Si 复合材料的硬度下降。主要原因是制备复合材料的粉末由雾化法制得合金元素处于过饱和状态。烧结后，合金元素脱溶析出，弱化了复合材料的固溶强化效果，烧结温度越高，脱溶速度越快，材料的硬度降低越多。另外，快速凝固使合金产生晶格畸变，形成大量的位错，烧结使晶格畸变发生松弛，复合材料中的位错密度降低，进而使复合材料的硬度降低[10]。在烧结 4h 后，Si 相已全部析出，且随着烧结温度的提高，Si 颗粒逐渐聚集长大，温度越高，Si 颗粒的尺寸越大，颗粒增强效果降低，导致复合材料的硬度下降。

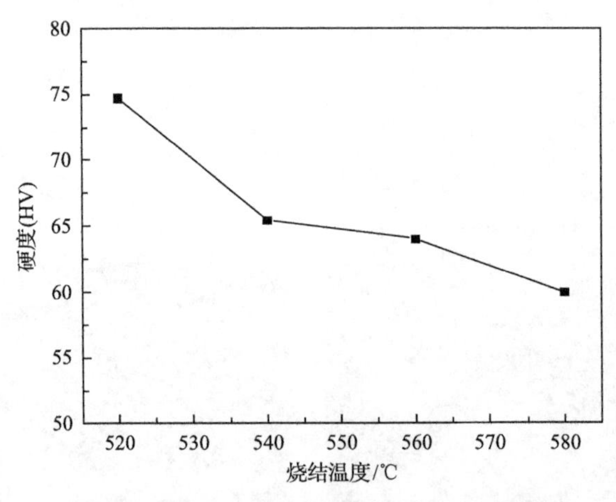

图 4-4　复合材料硬度与烧结温度的关系曲线

图 4-5 为 Al-19Si 复合材料在 515℃固溶处理不同时间的硬度变化曲线。Al-19Si 复合材料的硬度随固溶时间的延长先增加后降低。热挤压后复合材料的

硬度得到明显提高。一方面，热挤压提高了材料的致密度；另一方面，热挤压使材料内的位错密度不断提高，导致材料的加工硬化。

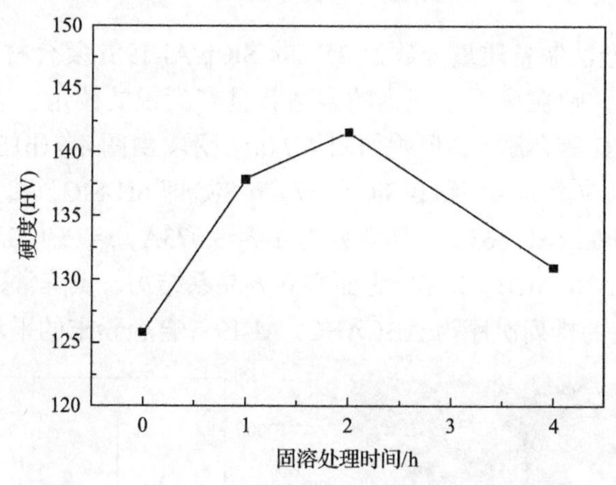

图 4-5　复合材料 515℃固溶不同时间的硬度曲线

图 4-6 为热挤压后 Al-19Si 复合材料在 515℃固溶处理不同时间后的抗拉强度变化曲线。可以看出，复合材料在固溶处理的前期，复合材料的抗拉强度和延伸率随着保温时间的延长而增加，固溶处理 2h 后，Al-19Si 复合材料的抗拉强度达到最大值 228.1MPa。随着保温时间的继续延长，复合材料的抗拉强度和延伸率开始下降。这是因为在固溶处理的保温阶段，析出相弥散分布于基体中且颗粒细小，复合材料的抗拉强度随析出相数量的增加而升高，继续延长保温时间，Si 颗粒聚集长大，进而 Si 颗粒过于粗大，出现多角化且分布不均匀，致使复合材料的抗拉强度下降。

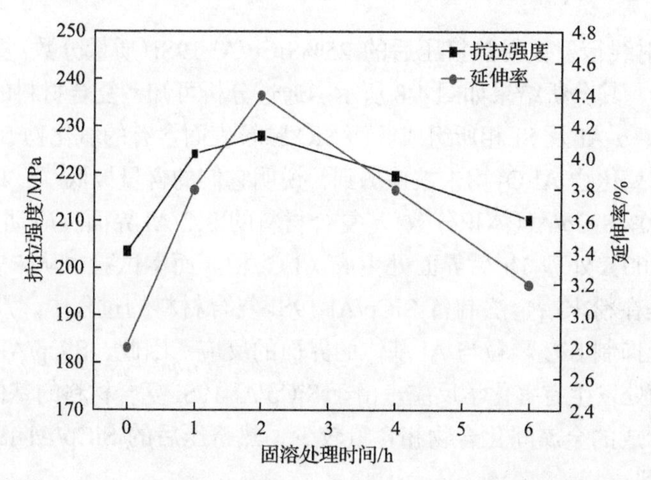

图 4-6　热挤压 Al-19Si 复合材料在 515℃固溶处理不同时间的抗拉强度及延伸率

4.2　SiCp/Al-19Si 复合材料的微观组织及性能

采用粉末冶金法制备质量分数为 25%的 SiCp/Al-19Si 复合材料，SiC 颗粒的平均粒径为 6μm，颗粒呈现不规则的多角状且有尖锐的棱角，表面含有游离的 SiO_2、Fe_2O_3、Si、C 等杂质，其形貌如图 4-7(a)所示。由图 4-7(b) SiC 颗粒的 XRD 分析可知，SiC 颗粒由 α-SiC 和 β-SiC 组成。α-SiC 即 6H-SiC，其为密排六方晶系结构，空间群为 P63mc(186)，点阵常数为 $a=b=3.073$Å，$c=15.120$Å，原子在(001)晶面排列次序为 ABCACB。β-SiC 为面心立方晶系结构，点阵常数为 $a=4.358$Å，原子在(001)晶面的排列次序为 ABCABC。Al-19Si 合金粉末的平均粒径为 10μm。

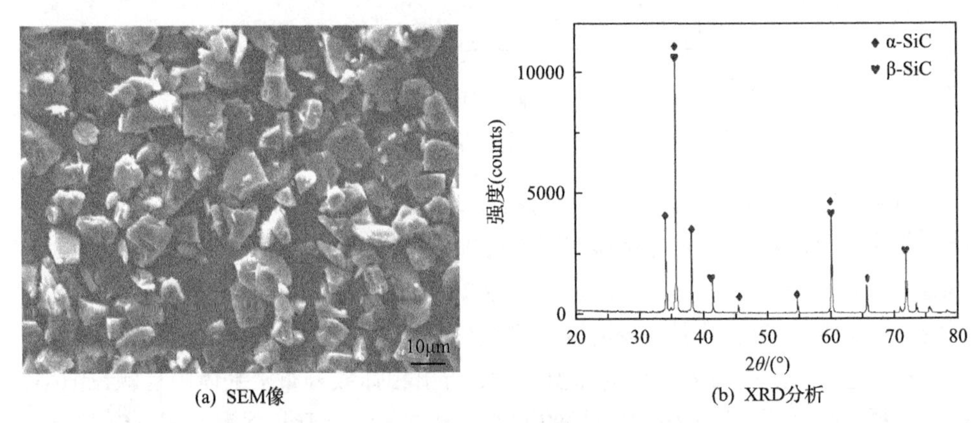

(a) SEM像　　(b) XRD分析

图 4-7　SiC 颗粒的 SEM 像及 XRD 分析

4.2.1　热挤压态 SiCp/Al-19Si 复合材料的微观组织及物相结构

利用 X 射线衍射仪对热挤压后的 25%SiCp/Al-19Si(质量分数)复合材料进行初步物相分析，其分析结果如图 4-8 所示。通过分析可知，复合材料的组织主要由 α-SiC、β-SiC、α-Al 及 Si 相所组成。而 SiC 颗粒表面含有的氧化物 SiO_2 及基体铝合金中表面的氧化物 Al_2O_3 均未被检测到，说明它们的含量极低[10]；Lloyd 等[11]通过试验研究 20%SiCp/Al(体积分数)基复合材料的 SiC/Al 界面反应动力学时发现，复合材料在 800℃处理 1h 后界面处生成 Al_4C_3 相。而本试验中从未曾发现 Al_4C_3 相，这主要是在粉末冶金法制备 SiCp/Al-19Si 复合材料的过程中，严格控制制备温度，较好地抑制 SiC 颗粒与 Al 基体的界面的反应。因此，SiCp/Al-19Si 复合材料不会在界面处发生有害化学反应。由于 SiCp/Al-19Si 复合材料的基体中 Cu、Mg 等合金元素形成的金属间化合物相含量较少，热挤压后的 SiCp/Al-19Si 复合材料 XRD 未检测到。

(a) 挤压态复合材料SEM像

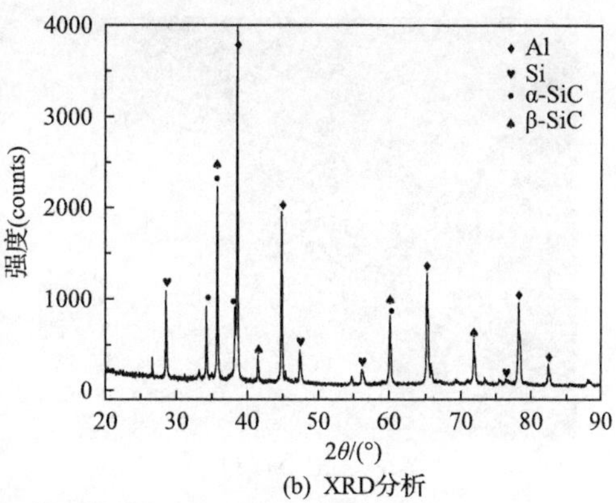

(b) XRD分析

图 4-8　热挤压后 SiCp/Al-19Si 复合材料的 SEM 像及 XRD 分析

为了改善 SiCp/Al-19Si 复合材料的微观组织，同时提高材料的力学性能，对烧结态的 SiCp/Al-19Si 复合材料进行热挤压。通过对热挤压后的 SiCp/Al-19Si 复合材料组织 TEM 观察，发现复合材料中存在一些粗大的金属间化合物相，这些粗大的金属间化合物相在复合材料 TEM 观察中被多次观察到。这些粗大的金属间化合物相主要是在烧结初始阶段，复合材料处于过饱和状态，在热应力的耦合及空位驱动力作用下，Cu、Mg 原子取代 Al 原子且发生偏聚现象，造成 Cu、Mg 元素富集，冷却后形成粗大的金属间化合物。

图 4-9 为热挤压态复合材料中存在的粗大金属间化合物 TEM 像及相应的衍射斑点分析。图 4-9(a)、(b)为立方晶系的金属间化合物相 Al_4Cu_9，晶格常数为 a=8.702Å；图 4-9(c)、(d)为立方晶系的金属间化合物相 $Al_5Cu_6Mg_2$，晶格常数为 a=8.311Å；图 4-9(e)、(f)为正交晶系的金属间化合物相 $Al_{23}CuFe_4$，晶格常数为 a=7.460Å，b=6.434Å，c=8.777Å。热挤压态 SiCp/Al-19Si 复合材料组织中不均匀分布的粗大金属间化合物，对复合材料的力学性能将产生不利影响，需要进行合理热处理工艺对其进行消除。

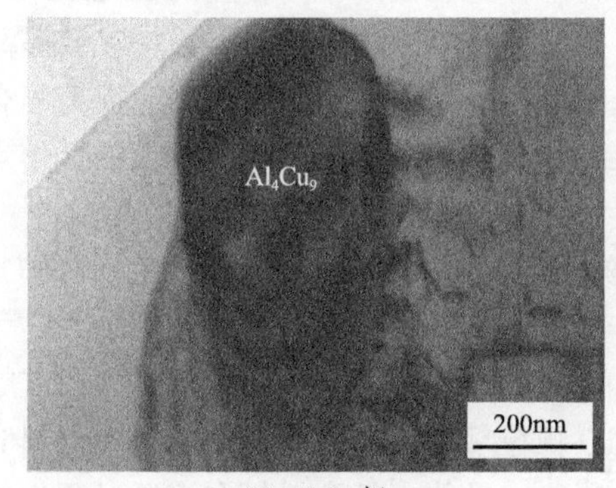

(a) Al_4Cu_9相

(b) Al_4Cu_9相的衍射花样

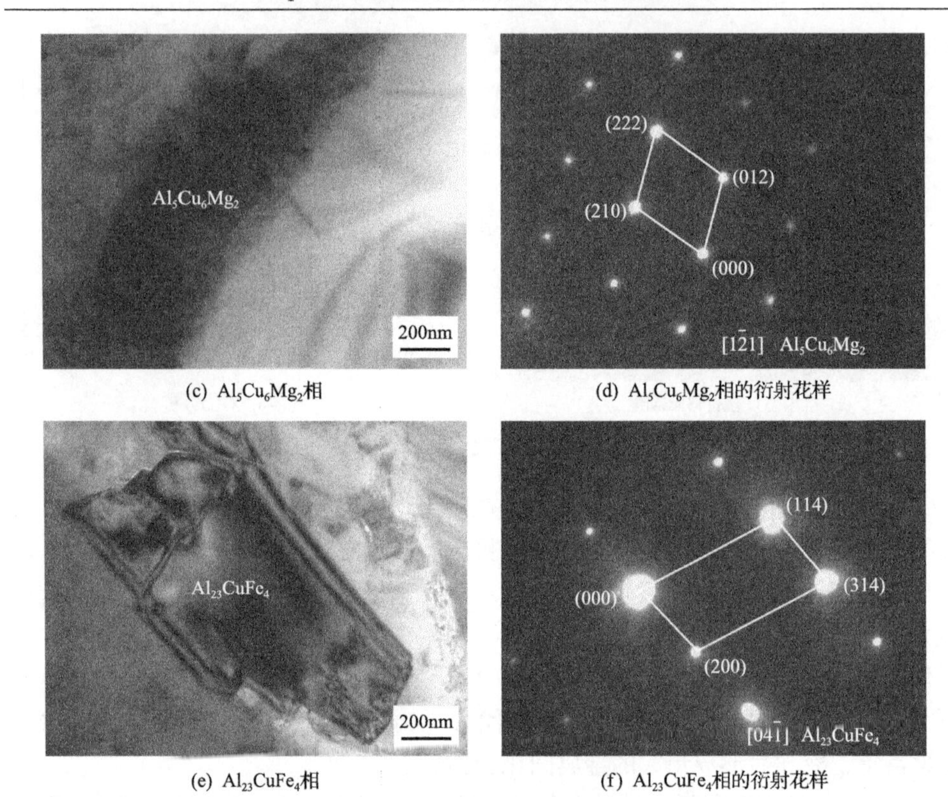

(c) $Al_5Cu_6Mg_2$相　　(d) $Al_5Cu_6Mg_2$相的衍射花样

(e) $Al_{23}CuFe_4$相　　(f) $Al_{23}CuFe_4$相的衍射花样

图 4-9　热挤压后复合材料中粗大金属间化合物 TEM 像及相应的电子衍射花样

4.2.2　固溶态 SiCp/Al-19Si 复合材料微观组织

固溶处理能够显著消除复合材料在热挤压后形成的粗大金属间化合物相，从而发挥合金元素对复合材料性能的增强作用。SiCp/Al-19Si 复合材料固溶处理主要影响因素为固溶温度和时间，而固溶温度起着主导作用。复合材料固溶处理时，温度越高，越有利于合金元素溶入复合材料中，越有益于提高合金的强化效果。但温度太高，复合材料发生过烧现象，强化效果反而变差。因此，为了提高 SiCp/Al-19Si 复合材料的固溶处理效果，在不过烧的前提下，应尽可能提高复合材料的固溶温度。通常条件下，复合材料的固溶温度取决于基体中分布的低熔点的金属间化合物。

对热挤压后的 25%SiCp/Al-19Si（质量分数）复合材料分别进行 470℃、485℃、500℃和 515℃不同温度的固溶处理。图 4-10 为热挤压后复合材料原始态及在 4 种温度固溶处理后 SiCp/Al-19Si 复合材料的 SEM 像，在图中黑色的颗粒为 SiC，灰色的颗粒为 Si，且颗粒较圆整。由于 SiC 颗粒呈现不规则的尖角状，在混料时 SiC 颗粒流动性差，很容易出现混料不均现象；另外，复合材料在挤压过程中发生了塑性变形，而 SiC 颗粒塑性变形能力很差，易出现团聚。因此，SiCp/Al-19Si 复合材料组织中存在 SiC 颗粒有局部团聚现象[12]。

从图 4-10 中可以看到，基体中分布着尺寸粗大的不规则金属间化合物，这些金属间化合物分布不均匀。图 4-10(a)为没有进行热处理的复合材料的图像，基体中分布着许多尺寸粗大的不规则金属间化合物，这是由于基体为雾化法制备，合金元素快速凝固，在基体中处于过饱和状态，这些合金元素在烧结及热挤压过程

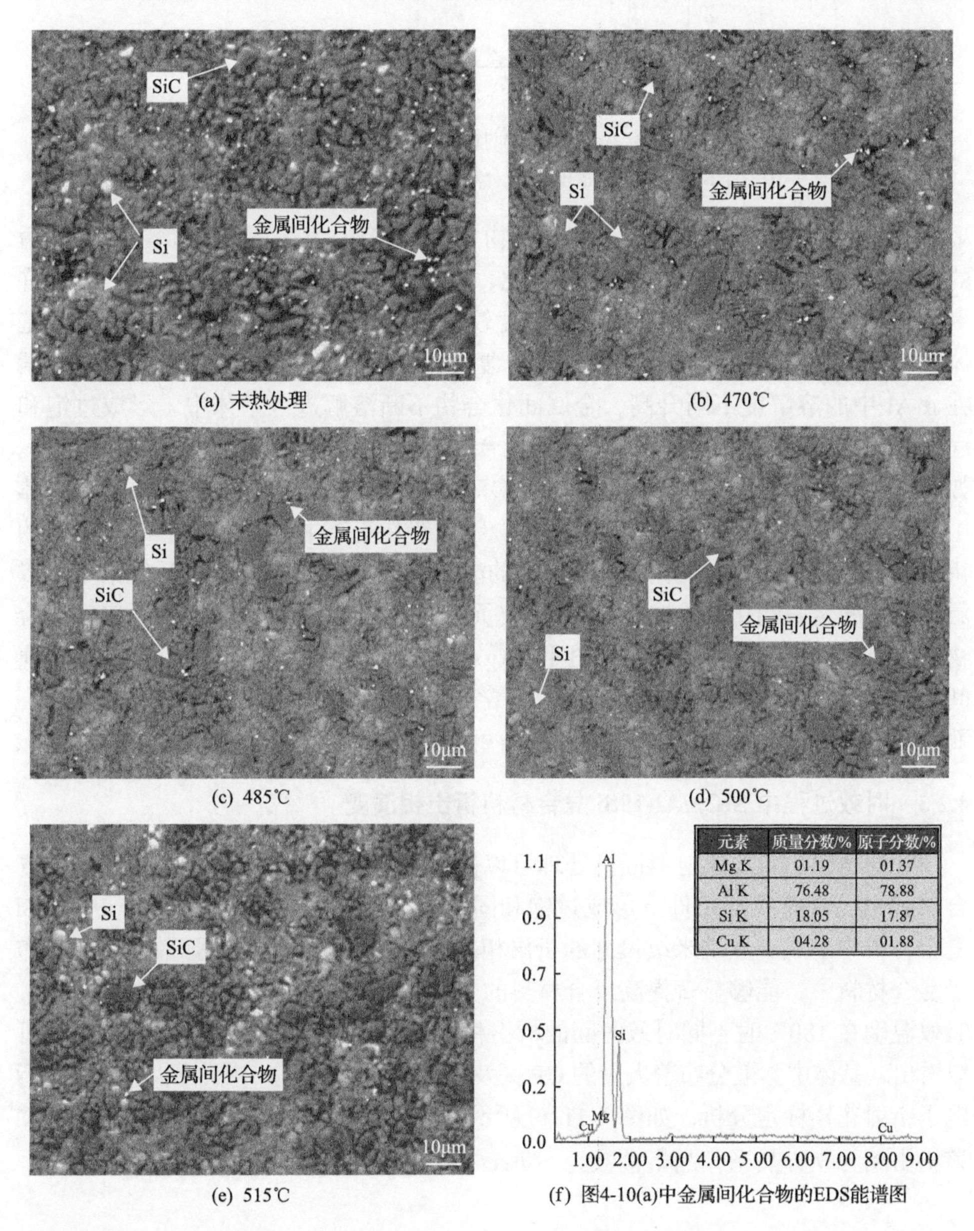

元素	质量分数/%	原子分数/%
Mg K	01.19	01.37
Al K	76.48	78.88
Si K	18.05	17.87
Cu K	04.28	01.88

(a) 未热处理　(b) 470℃

(c) 485℃　(d) 500℃

(e) 515℃　(f) 图4-10(a)中金属间化合物的EDS能谱图

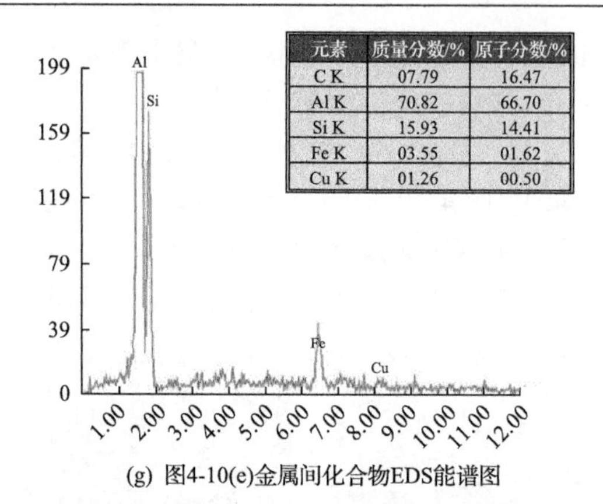

元素	质量分数/%	原子分数/%
C K	07.79	16.47
Al K	70.82	66.70
Si K	15.93	14.41
Fe K	03.55	01.62
Cu K	01.26	00.50

(g) 图4-10(e)金属间化合物EDS能谱图

图 4-10　不同固溶温度处理后复合材料的 SEM 像及相应 EDS 分析

聚集析出，形成白色的粗大金属间化合物。图 4-10(b)为在 470℃固溶处理 4h 后的 SEM 像，与未热处理的复合材料相比，金属间化合物的数量有所减少，仍有许多金属间化合物，主要是由于固溶温度较低，金属间化合物没能充分回溶到基体合金中。随着固溶温度的不断升高，复合材料中的 Cu、Mg 和 Si 等合金元素在 α-Al 中的溶解度不断升高，金属间化合物不断溶解进入基体中，形成过饱和固溶体，导致热挤压后形成的金属间化合物在基体的逐渐溶解，数量越来越少。如图 4-10(d)所示，当固溶温度为 515℃时，金属间化合物基本全部回溶到基体中，剩余极少量的一些不溶的金属间化合物残留在基体中。通过对图 4-10(a)中的析出金属间化合物进行能谱分析，得到的能谱图如图 4-10(f)所示，从能谱中可以看出粗大的金属间化合物富含 Cu 和 Mg 元素。通过对图 4-10(e)中的金属间化合物进行能谱分析，得到能谱图如图 4-10(g)所示，从能谱中可以看出，难溶的金属间化合物富含 Fe 和 Cu 元素。这是由于含 Cu、Mg 元素形成的析出相熔点较低，而含有 Fe 元素的析出相熔点较高难以溶解。

4.2.3　时效过程中 SiCp/Al-19Si 复合材料析出相演变

SiCp/Al-19Si 复合材料固溶处理可以使粗大的金属间化合物相溶解回溶到复合材料中，快速冷却条件下形成过饱和固溶体。再经时效处理后，SiCp/Al-19Si 复合材料中形成一些纳米级尺寸的析出相。这些时效析出相作为弥散强化相分布于复合材料中，能够显著提高复合材料的力学性能。图 4-11 为 515℃固溶 4h 后，时效温度在 180℃时不同时效时间的析出相的 TEM 像及相应的电子衍射花样。可以看出，基体中弥散分布着大量的 GP 区及颗粒状的析出相。对颗粒状析出相进行电子衍射花样标定分析，如图 4-11(e)所示，颗粒状析出相为 δ 相 $Al_5Cu_6Mg_2$ 相，该析出相为立方晶系，晶格常数为 $a=b=c=0.8311$nm，晶带轴为$[1\bar{2}1]$。

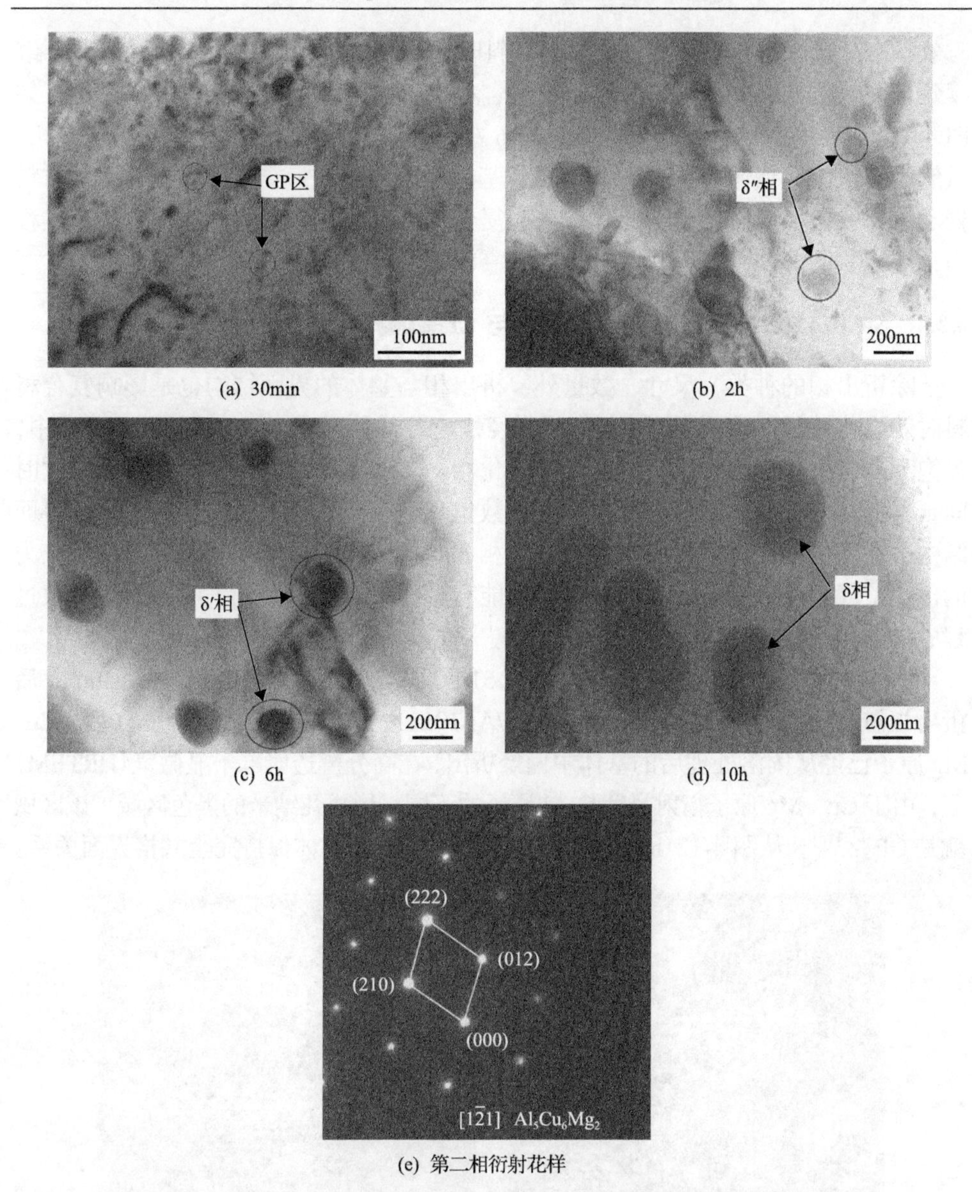

(a) 30min　(b) 2h　(c) 6h　(d) 10h　(e) 第二相衍射花样

图 4-11　在 180℃下时效不同时间析出相的 TEM 像及相应电子衍射花样

SiCp/Al-19Si 复合材料的时效处理是固态相变过程。时效初期，SiCp/Al-19Si 复合材料中存在大量的淬火空位，Cu、Mg 原子的有序化偏聚形成溶质原子富集区，即 GP 区，且与基体保持着完全共格界面[13,14]。SiCp/Al-19Si 复合材料时效 30min 时，基体中存在大量 GP 区，如图 4-11(a)所示。随着时效时间延长，GP 区长大转化为 δ″相。当 SiCp/Al-19Si 复合材料时效 2h 后，析出相发生了明显的长大。这是由于复合材料时效的时间仍较短，合金元素没有全部析出，复合材料还处于欠时效状态。继续延长时效时间，复合材料时效 6h 后，δ″相基本上转化为 δ′相。继续延长时效时间，复合材料时效 10h 后，析出相之间相互融合长大形成 δ 相，如图 4-11(d)所示，析出相的尺寸由 100nm 左右长大到 200nm。此时 δ 相是稳定相，虽然处于自由能最低的状态，但 δ 相与基体之间的界面为非共格界面，复合材料处于过时效阶段。因此，SiCp/Al-19Si 复合材料中的析出相的时效析出演变过程为：过饱和固溶体→GP 区→δ″相→δ′相→δ 相。

4.2.4　SiCp/Al-19Si 复合材料中析出相与 Al 基体界面结构演变

除析出相的种类、尺寸、数量外，析出相与基体的界面结构也是影响复合材料时效强化效果的重要因素。复合材料经快速冷却处理后，在时效处理的过程中，过饱和合金元素脱溶析出，形成一些强化相。这些析出相的尺寸、数量随时效时间延长变化的同时，基体合金的晶格常数也发生变化，进而析出相与基体的界面结构也在发生变化。但界面是连接析出相和基体的纽带，也承载着复合材料应力的传递，界面结合的好坏对复合材料性能有着至关重要的影响，有必要对时效过程中析出相与 Al 基体界面结构进行研究[15-17]。

图 4-12 为 SiCp/Al-19Si 复合材料在 515℃固溶 4h 后，经 180℃时效 30min 后析出相与 Al 基体界面 HRTEM 像。SiCp/Al-19Si 复合材料时效处理 30min 后，Cu、Mg 原子已经从固溶处理后的基体中偏聚析出，在高分辨透射电子显微镜(HRTEM)下，由于 Cu、Mg 原子衍射衬度与 Al 原子的不同，形成几纳米的黑色区域，该区域就是 GP 区[18]。从图 4-12(b)可以清楚地看到 GP 区与基体保持完全共格界面关系。

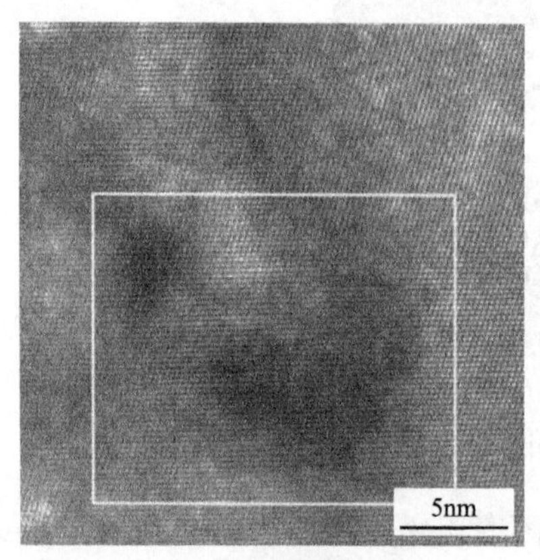

(a) 原高分辨图像

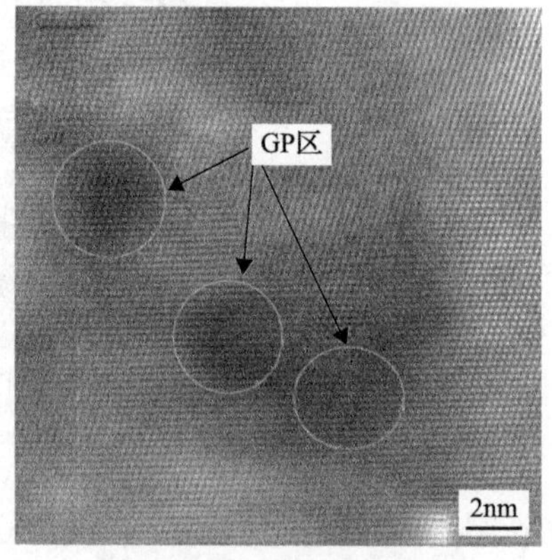

(b) 图(a)中方框区域的傅里叶和反傅里叶变换后的图像

图 4-12　复合材料中 GP 区与基体 Al 之间界面 HRTEM 像

SiCp/Al-19Si 复合材料在 515℃固溶 4h 后，再经 180℃时效 2h 后，通过 HRTEM 观察了析出相与 Al 基体之间的界面结构及相应的衍射花样标定，如图 4-13 所示。

图 4-13(b)～(d)为图 4-13(a)中的方框区域 1～3 利用 Digital Micrograph 软件进行傅里叶变换(fast Fourier transform, FFT)和傅里叶逆变换(inverse fast Fourier transform, IFFT)处理后得到的图像。Digital Micrograph 软件处理后的图像可以更加清楚地看到析出相与基体 Al 原子中排列情况以及界面结合情况。通过对衍射斑点及指数标定分析，析出相 $Al_5Cu_6Mg_2$ 与 Al 基体之间界面结构具有如下的晶体学位相关系：

$$[\bar{1}12]_{Al_5Cu_6Mg_2}//[\bar{1}21]_{Al}，(012)_{Al_5Cu_6Mg_2}//(1\bar{1}1)_{Al}$$

由图 4-13(b)～(d)进一步分析可知，可以直观地看到析出相的(012)晶面平行于 Al 基体的$(1\bar{1}1)$晶面，进而析出相 $Al_5Cu_6Mg_2$ 相与 Al 基体之间的界面晶体学位相关系得到了进一步的证实。析出相在(012)面的晶面间距为 0.245 nm，Al 基体在$(1\bar{1}1)$面的晶面间距为 0.243nm。通过对两者之间界面错配度的计算，析出相与 Al 基体之间的错配度为 0.0082，说明此实验条件下析出相 $Al_5Cu_6Mg_2$ 相与 Al 基体之间的界面原子匹配关系为共格界面。从图 4-13(d)中可以更加清楚地看到界

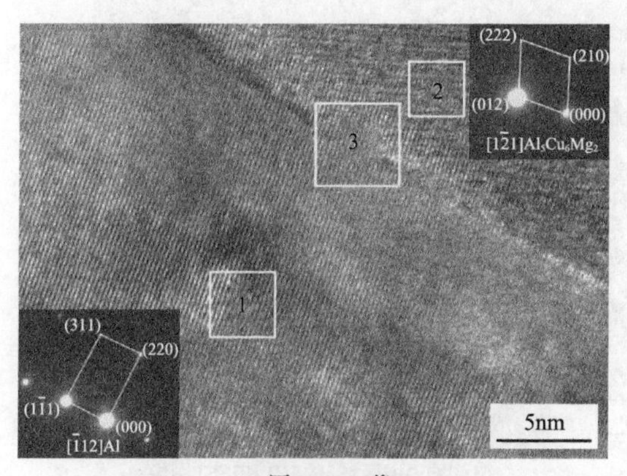

(a) 原HRTEM像

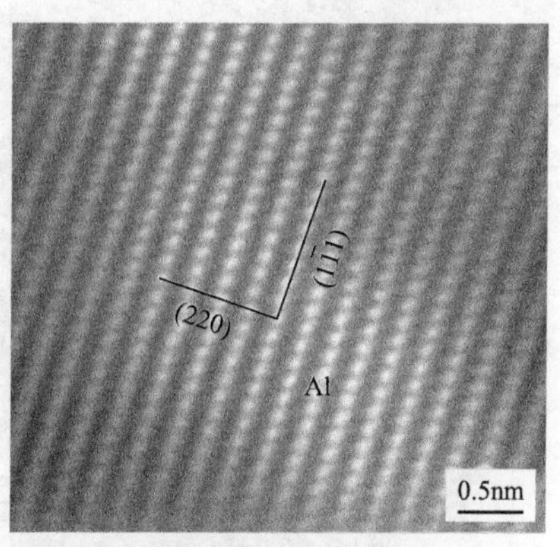

(b) 图(a)中区域1经傅里叶和反傅里叶变换图像

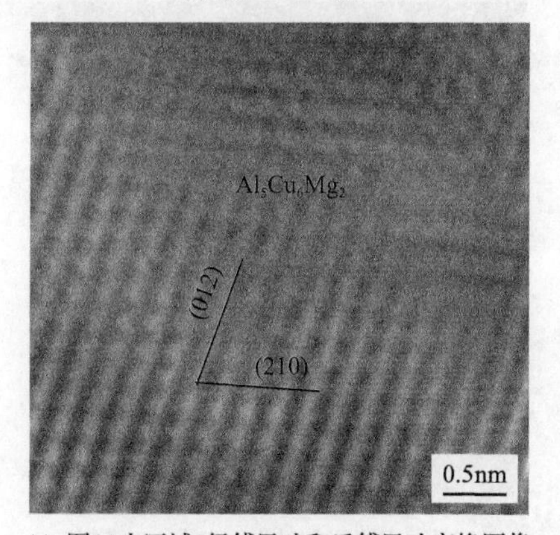

(c) 图(a)中区域2经傅里叶和反傅里叶变换图像

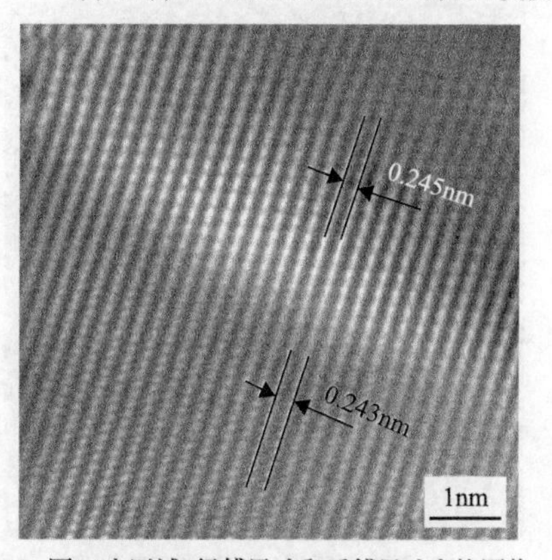

(d) 图(a)中区域3经傅里叶和反傅里叶变换图像

图 4-13　复合材料经 180℃时效 2h 后析出相与基体 Al 界面 HRTEM 像及相应电子衍射花样

面处晶格条纹，进一步论证该界面结构为无畸变共格界面。

图 4-14 为复合材料在 515℃固溶 4h 后，再经过 180℃时效 6h 后，析出相与 Al

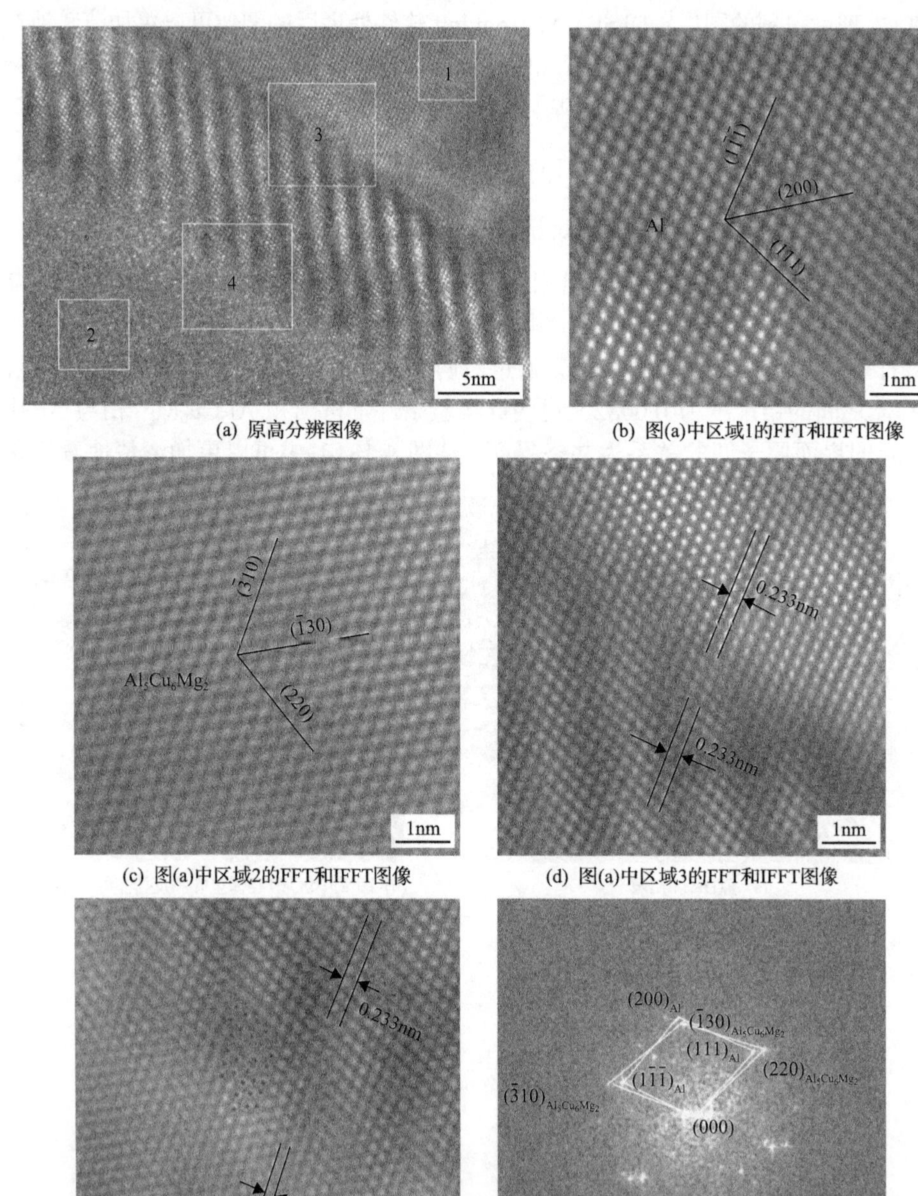

(a) 原高分辨图像　　(b) 图(a)中区域1的FFT和IFFT图像

(c) 图(a)中区域2的FFT和IFFT图像　　(d) 图(a)中区域3的FFT和IFFT图像

(e) 图(a)中区域4的FFT和IFFT图像　　(f) 图(a)中区域4处界面电子衍射花样

图 4-14　复合材料经 180℃时效 6h 后析出相与 Al 基体界面 HRTEM 像及相应电子衍射花样

基体之间界面的 HRTEM 像。析出相与 Al 基体之间存在一层 10nm 左右的过渡层。图 4-14(b)～(e)为图 4-14(a)中方框区域 1～4 利用 Digital Micrograph 软件进行 FFT 和 IFFT 后得到的图像。图 4-14(f)为图 4-14(a)中方框区域 4 经过 FFT 得到的电子衍射花样。通过对图 4-14(f)中衍射斑点进行标定分析可知，本实验中 SiCp/Al-19Si 复合材料在 515℃固溶 4h，再经过 180℃时效 6h 后，析出相 $Al_5Cu_6Mg_2$ 相与 Al 基体之间界面存在如下晶体学位相关系：

$$[00\bar{1}]_{Al_5Cu_6Mg_2}//[0\bar{1}1]_{Al}，(\bar{3}10)_{Al_5Cu_6Mg_2}//(1\bar{1}\bar{1})_{Al}（相差小于 5°）$$

由图 4-14(b)～(e)可以看出，析出相的($\bar{3}10$)晶面平行于 Al 基体的($1\bar{1}\bar{1}$)晶面，这就进一步论证了析出相与基体 Al 之间在此试验条件下的晶体学位相关系。由图 4-14(d)～(e)的分析可知，析出相与 Al 基体的晶面间距决定了复合材料中析出相与基体 Al 之间的界面结构。图 4-14(d)为过渡层与铝基体之间界面，在($1\bar{1}\bar{1}$)晶面的晶面间距都为 0.233nm，说明过渡层与铝基体间为完全共格界面位相关系，过渡层大部分为 Al 原子。图 4-14(e)为析出相与过渡层间的界面，过渡层在($1\bar{1}\bar{1}$)晶面的晶面间距为 0.233nm，析出相在($\bar{3}10$)晶面的晶面间距为 0.201nm。通过错配度计算公式，得到两者之间的错配度为 0.137，因此在此试验条件下，析出相与过渡层之间的界面结构为半共格界面。SiCp/Al-19Si 复合材料中的析出相与 Al 基体这种紧密的原子匹配关系形成的半共格界面有效地实现载荷的传递，进而提高了复合材料的时效强化效应。

图 4-15(a)为 SiCp/Al-19Si 复合材料在 515℃固溶 4h 后，再经过 180℃时效 10h 后，析出相与 Al 基体界面 HRTEM 像及相应的衍射花样标定。对图 4-15(a)中的方框区域进行 FFT 和 IFFT 后得到的图像，如图 4-15(b)所示。从图 4-15(a)中

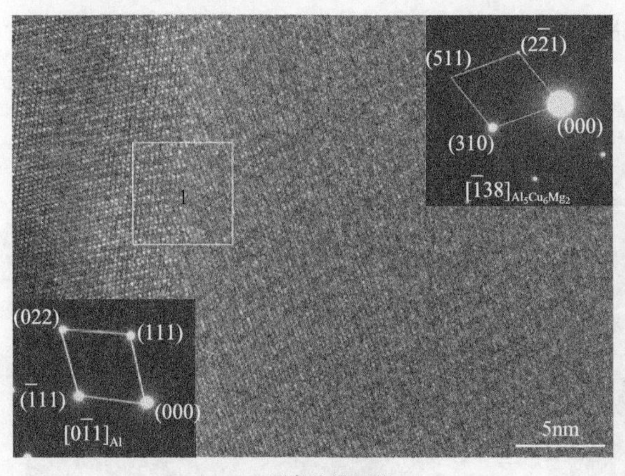

(a) 原高分辨图像

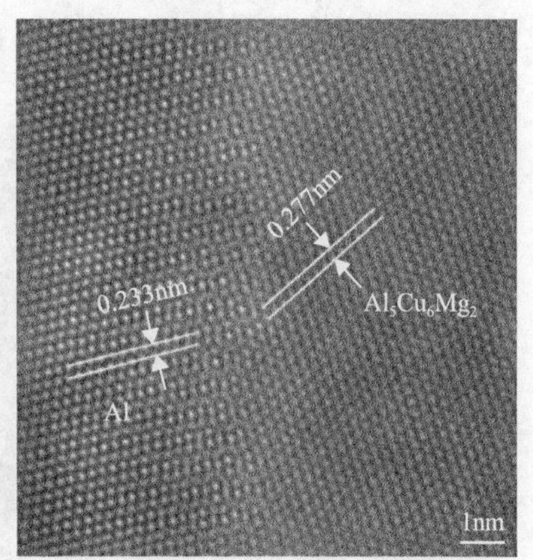

(b) 图(a)中区域1的FFT和IFFT图像

图 4-15　复合材料经 180℃时效 6h 后析出相与 Al 基体界面 HRTEM 像及相应电子衍射花样

衍射斑点分析可以看到，左侧为 Al 基体，右侧为 $Al_5Cu_6Mg_2$ 相。从图 4-15(b)可以清楚地看到原子的排列情况，界面处原子排列杂乱无章，复合材料中的 $Al_5Cu_6Mg_2$ 相与 Al 基体之间没有确定的位相关系。因此，在此试验条件下析出相与 Al 基体之间界面结构为非共格界面关系。

综上所述，析出相与 Al 基体之间的界面结合方式随着时效时间的延长发生变化。其转变规律为：时效前期，析出相与 Al 基体之间界面处于完全共格界面位相关系；时效 6h 时，析出相与 Al 基体之间界面结构转变为半共格界面位相关系；时效处理 10h 后，析出相与 Al 基体之间界面结构转变为非共格界面位相关系。这些界面结构随时效时间变化规律与 SiCp/Al-19Si 复合材料的性能随着时效时间的变化规律相一致。

4.2.5　SiCp/Al-19Si 复合材料中基体及位错形态

图 4-16 为 SiCp/Al-19Si 复合材料热处理后的基体组织的微观 TEM 像。从图 4-16(a)和(b)中可以看到，复合材料基体中分布着较多的位错线。图 4-16(c)为 SiCp/Al-19Si 复合材料中两个距离较近的 SiC 之间的微观组织，250nm 左右宽的狭长空间内充满 Al 基体，且 Al 基体内分布着位错和细小的亚晶粒。图 4-16(d)为远离 SiC 颗粒的基体微观组织，Al 基体中分布着较多尺寸为亚微米级的亚晶粒，说明在热变形后通过热处理复合材料中 Al 基体发生静态再结晶，再结晶晶粒粒径在 200nm 左右。这些亚晶内位错密度分布很低，亚晶粒的晶界清晰明确，这些细化的晶粒，有利于提高复合材料的综合性能。从图 4-16(c)和(d)可知，在 SiC 颗粒周围的较近区域亚晶晶粒细小，而在远离 SiC 颗粒的 Al 基体中的亚晶晶粒较大。图 4-16(e)为 SiCp/Al-19Si 复合材料中 SiC/Al 界面处生成的镁铝尖晶石相 $MgAl_2O_4$。图 4-16(f)为图 3-12(e)中箭头所指尖晶石相的衍射斑点标定。由于 Mg 元素的活性较高，在 Al 基体中可以和 SiC 颗粒表面的 SiO_2 发生反应生成尖晶石相，发生

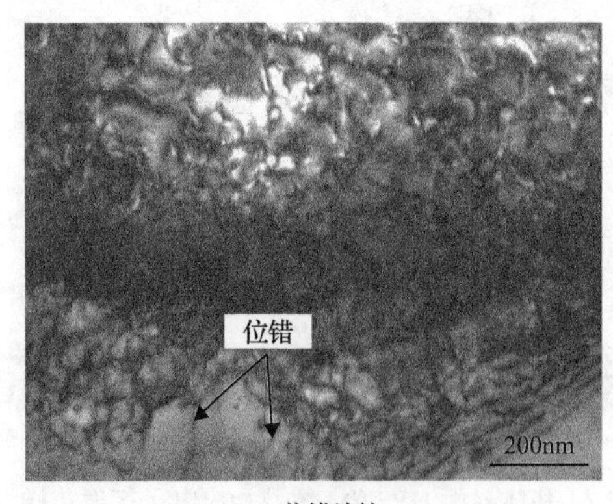

(a) 位错缠结

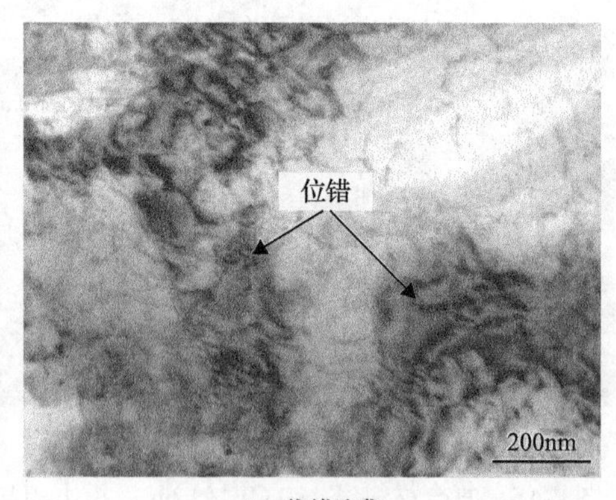

(b) 位错聚集

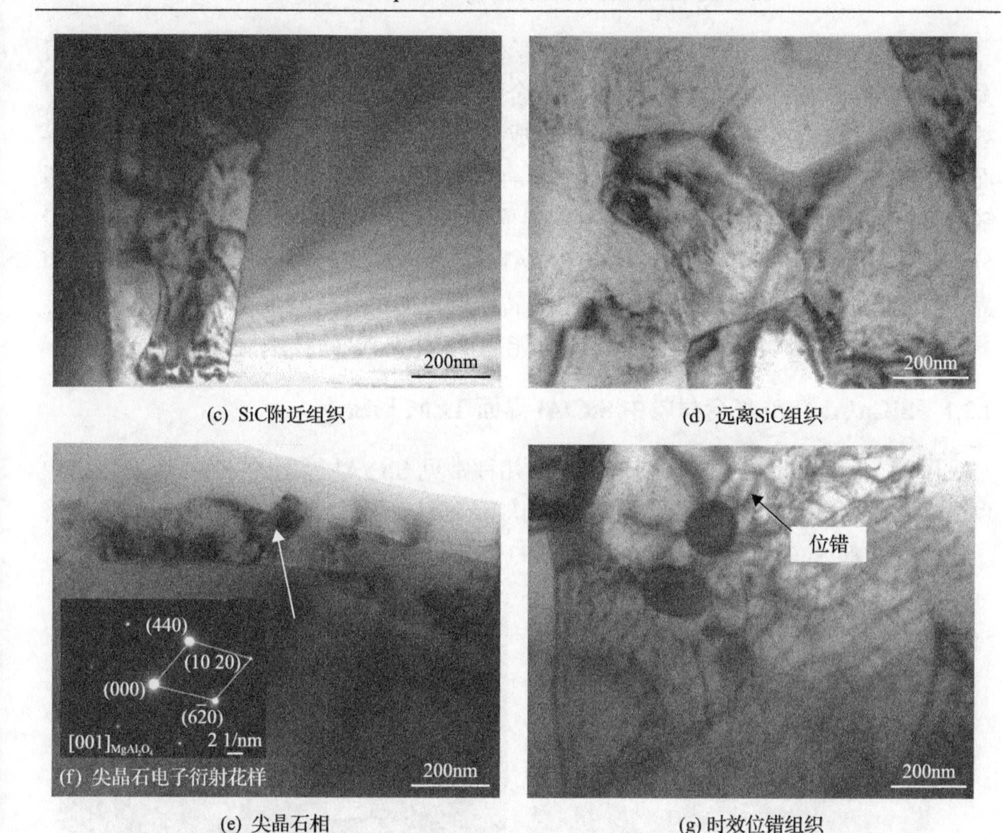

(c) SiC附近组织　(d) 远离SiC组织

(e) 尖晶石相　(g) 时效位错组织

图 4-16　热处理后复合材料中的基体微观组织及尖晶石电子衍射花样

反应的方程式如下：

$$2SiO_2 + 2Al + Mg = MgAl_2O_4 + 2Si \tag{4-2}$$

在 SiC/Al-19Si 复合材料基体中的析出相的周围存在位错缺陷。图 4-16(g)为复合材料中的位错组织，析出相的周围存在大量位错，析出相对位错有钉扎作用，同时位错相互缠绕塞积，形成粗大的位错线。

4.3　SiCp/Al-19Si 复合材料界面特性

对 SiCp/Al-19Si 复合材料而言，SiCp 的加入为复合材料引入大量的界面，而界面结合强度又是影响复合材料力学性能的关键因素。SiCp/Al 复合材料受到外力的作用，载荷的传递是通过复合材料的界面来实现的。因此，复合材料界面微观结构和界面结合强度成为提高复合材料力学性能的重要研究内容，同时界面结合的好坏决定着该复合材料能否被投入生产应用的命运[19-21]。

SiCp/Al-19Si 复合材料的界面是力学性能、热膨胀系数以及晶格结构相差很大的两相交界处。影响复合材料界面结合强度的因素有很多，如增强体的种类、数量、尺寸、预处理方式，基体的化学成分，制备工艺、加工工艺、热处理及界面析出相等[22,23]。目前，对于许多已经得到应用的 SiCp/Al-Si 复合材料的界面还缺乏系统的研究，其界面处原子排列及界面缺陷等仍然不是特别清楚，有待进一步分析和研究。本章利用 HRTEM 对 SiCp/Al-19Si 复合材料中的 SiC/Al 界面、SiC/Si 界面、Si/Al 界面结合形貌、界面结构及晶体学位向关系进行大量的研究，为改良复合材料的界面设计及提高复合材料性能提供理论与试验技术支持。

4.3.1 SiCp/Al-19Si 复合材料中 SiC/Al 界面 TEM 形貌

图 4-17 为 SiCp/Al-19Si 复合材料中几种常见 SiC/Al 界面的 TEM 像。从图中可以看出，SiC 颗粒与 Al 基体之间界面较清晰、无孔洞缺陷。图 4-17(a)为热挤压态复合材料 SiCp 与 Al 基体之间界面 TEM 像，界面附近基体中有少量的位错。

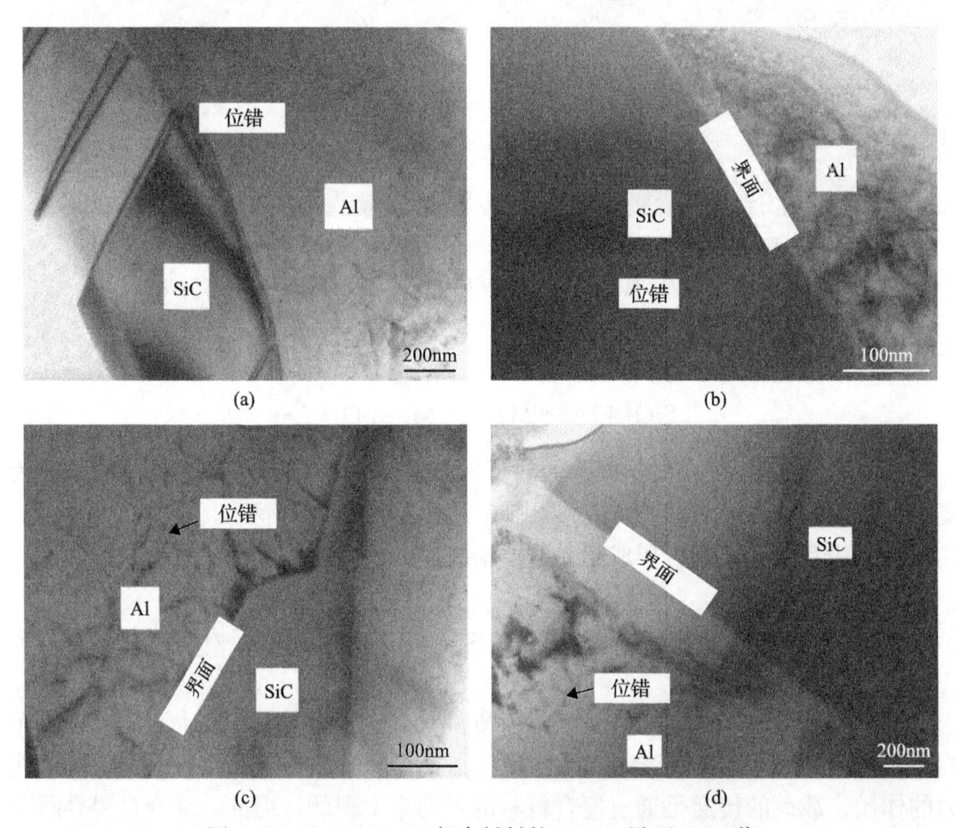

图 4-17 SiCp/Al-19Si 复合材料的 SiC/Al 界面 TEM 像

(a)热挤压态的 SiC/Al 界面；(b)～(d)热处理态的 SiC/Al 界面

图 4-17(b)～(d)为热处理态复合材料 SiCp 与 Al 基体界面的 TEM 像。图 4-17(b)中可以看到 SiC/Al 界面附近的 Al 基体中存在一些析出相。而图 4-17(c)中 SiC/Al 界面处存在高密度位错，这是因为 SiC 颗粒与基体之间热膨胀系数存在显著差异造成的。当固溶处理时，SiCp/Al-19Si 复合材料在快速冷却过程中会产生较大热应力，导致 SiC/Al 界面附近的基体合金产生应变，进而导致 SiC/Al 界面区域 Al 基体中生成高密度的位错。复合材料中位错的运动需要较高的界面结合强度，如果 SiC/Al 界面结合强度太低，快速冷却过程中 SiC 颗粒与 Al 基体同时发生自由膨胀，因热膨胀系数差异使界面发生脱黏，在界面处就不能形成位错[24]。这些位错的产生说明本试验中 SiC 颗粒与 Al 基体之间界面结合良好，否则，界面处不会形成位错。同时，界面区高密度位错的存在使复合材料的强度得到进一步的提高，有利于改善界面的结合。

4.3.2 SiCp/Al-19Si 复合材料中 SiC/Al 界面结构及位相关系

1. SiCp/Al-19Si 复合材料中 SiC/Al 之间干净界面

为了确定 SiC 颗粒与 Al 基体之间界面的位相关系，对观察到的 SiC 颗粒与 Al 基体之间的干净界面进行 HRTEM 图像分析。图 4-18(a)为 SiCp/Al-19Si 复合材料中 SiC 颗粒与 Al 基体界面的 HRTEM 像。从图 4-18(a)中可以看出，SiC/Al 界面原子排列紧密，结合良好，且没有中间相生成。由于 SiCp/Al-19Si 复合材料采用粉末冶金法制备，制备的温度相对较低，SiC/Al 界面结合是在固态扩散下形成的。通过对 SiC 与基体 Al 之间界面处进行电子衍射，得到 SiC/Al 界面的复合衍射斑点，如图 4-18(e)所示。通过对 SiC/Al 界面复合衍射斑点进行分析标定，可以确定本试验的 SiC/Al 界面存在如下晶体学位相关系：

$$[4\bar{5}10]_{SiC}//[0\bar{1}1]_{Al}，(10\bar{1}0)_{SiC}//(\bar{1}11)_{Al}$$

通过 Digital Micrograph 软件对图 4-18(a)中的 1、2、3 方框区域经过 FFT 和 IFFT 后，可以得到更加清晰的原子结构排列图像，如图 4-18(b)～(d)所示。图 4-18(b)对应晶带轴为$[4\bar{5}10]$的 SiC 的结构，其为典型的密排六方 α-SiC(6H)结构，其密排层的堆垛形式为 ABCACB(A)，在$(10\bar{1}0)$晶面的晶面间距为 0.26nm。图 4-18(c)对应晶带轴为$[0\bar{1}1]$的 Al 结构，其为面心立方结构，在$(\bar{1}11)$晶面的晶面间距为 0.23nm。图 4-18(d)为 SiC 与 Al 基体之间的界面微观结构。从图 4-18(d)中可以看出，增强体 SiC 颗粒的$(10\bar{1}0)$晶面平行于 Al 基体的$(\bar{1}11)$晶面，这就进一步论证了 SiC/Al 界面的晶体学位向关系。同时，SiC 颗粒与 Al 基体两平行晶面的晶面间距分别为 0.23nm 和 0.26nm。通过对两者之间的错配度进行计算，SiC 颗粒与 Al 基体之间的错配度为 0.115，表明 SiC/Al 界面的结合属于半共格界面关系。从晶体学结构来分析，这种界面结合是一种对界面结合强度的提高，是十分有利的晶体学位向关系。这种紧密的原子排列方式有利于复合材料界面的结合，也预示着 SiC 与 Al 基体之间界面具有较低的能量，进而 SiC 颗粒与 Al 基体界面具有较高的界面结合强度[25]。

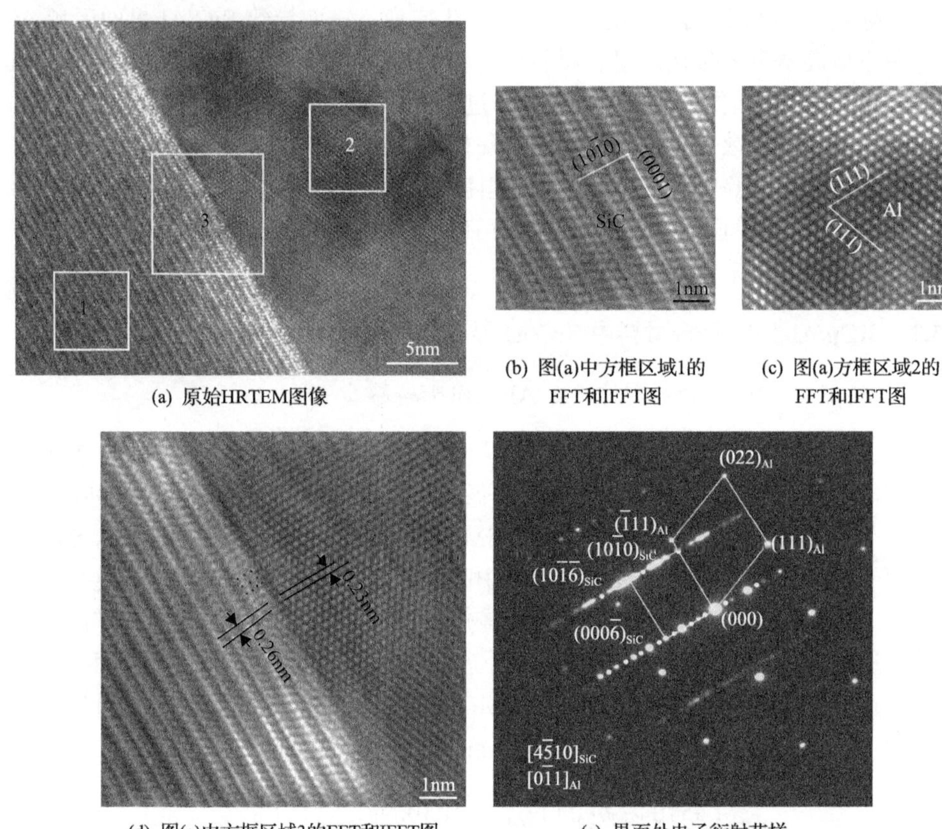

(a) 原始HRTEM图像　(b) 图(a)中方框区域1的FFT和IFFT图　(c) 图(a)方框区域2的FFT和IFFT图

(d) 图(a)中方框区域3的FFT和IFFT图　(e) 界面处电子衍射花样

图 4-18　SiC/Al 之间的界面 HRTEM 像及相应电子衍射花样

图 4-19 为 SiC 颗粒与 Al 基体之间的界面 TEM 像及相应电子衍射花样。图 4-19(b) 为图 4-19(a) 中方框区域 1 处的衍射花样，经过衍射斑点分析，可以确定该 SiC/Al 界面存在如下晶体学位向关系：

$$[1\bar{1}0]_{SiC}//[01\bar{1}]_{Al}，(220)_{SiC}//(022)_{Al}（相差 1°～2°）$$

通过衍射花样标定分析，Al 基体在 (022) 面的晶面间距为 0.143nm；该 SiC 颗粒为 β-SiC，为立方结构，晶格常数为 $a=b=c=4.359\text{Å}$，在 (220) 面的晶面间距为 0.154nm。通过对两者的错配度计算，得到 β-SiC 与 Al 基体之间的错配差为 7.1%，说明 β-SiC 与 Al 基体界面结构为半共格界面关系。

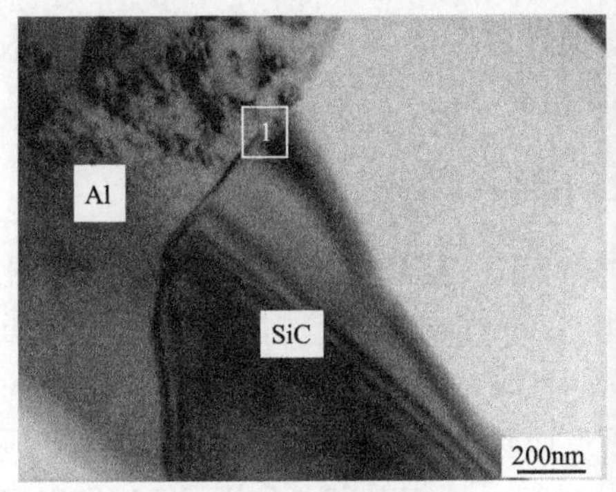

(a) β-SiC/Al界面TEM像

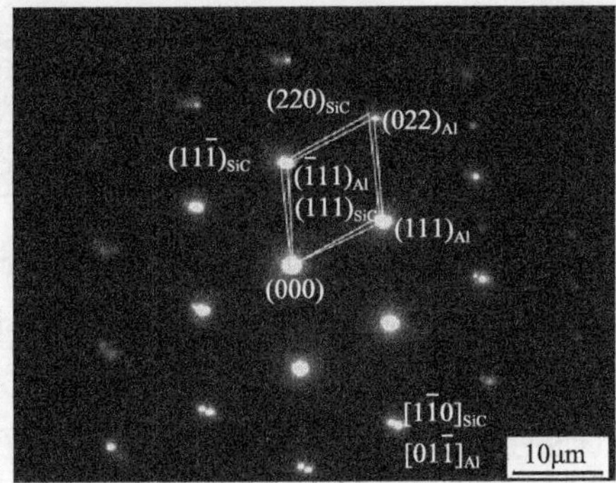

(b) 电子衍射花样

图 4-19　复合材料中 β-SiC/Al 界面 TEM 像及相应电子衍射花样

综上分析，发现 SiCp/Al-19Si 复合材料中 SiC 颗粒与 Al 基体之间形成的干净界面中，SiC/Al 界面表现出两种晶体学位向关系：

$$[4\bar{5}10]_{SiC} // [0\bar{1}1]_{Al}，(10\bar{1}0)_{SiC} // (\bar{1}11)_{Al}$$

$$[1\bar{1}0]_{SiC} // [01\bar{1}]_{Al}，(220)_{SiC} // (022)_{Al}$$

说明本试验中 SiC/Al 界面没有固定的晶体学取向关系，但存在优先取向的晶体学位相关系。

2. SiCp/Al-19Si 复合材料中 SiC/Al 之间非晶层界面

图 4-20(a)为 SiCp/Al-19Si 复合材料中 SiC 颗粒与 Al 基体之间非晶层界面 TEM 像，SiC 颗粒与 Al 基体界面中间存在一层微区界面层。通过对图 4-20(a)中的 1 区域进行电子衍射花样分析得到的衍射斑点，如图 4-20(b)所示。衍射花样呈现漫散射晕团，是明显的非晶组织特征。这层非晶层主要是基体中的 Al、Mg 元素在烧结、热挤压及热处理的过程中向界面处扩散，与工业生产的 SiC 颗粒表面的

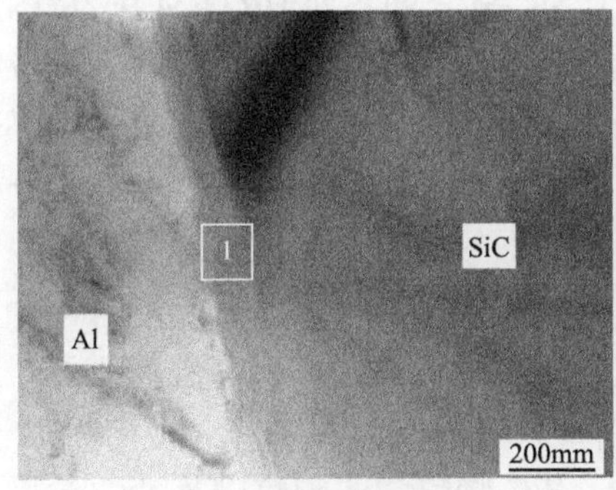

(a) 非晶层界面TEM像

(b) 非晶层电子衍射花样

图 4-20　复合材料中 SiC/Al 的非晶层界面 TEM 像及相应的电子衍射花样

SiO_2层结合反应而形成的界面非晶层[26]。通过对 SiCp/Al-19Si 复合材料进行大量 SiC/Al 界面 TEM 像观察，发现非晶层界面很少。

4.3.3 SiCp/Al-19Si 复合材料中 SiC/Si 之间界面特性

本试验所用基体 Al-19Si 合金的硅含量较高，复合材料中 SiC/Si 界面是比较常见的界面。SiC/Si 之间界面结合强度对 SiCp/Al-19Si 复合材料的性能具有重要影响。图 4-21(a)为 SiCp/Al-19Si 复合材料中 SiC/Si 界面的 TEM 像。从图中可以看出，SiC/Si 界面清晰，没有明显的界面反应物生成，界面结合良好，无孔洞缺陷。通过对图 4-21(a)中黑色和灰色两部分进行电子衍射斑点分析，经过衍射斑点标定得知分别为 SiC 颗粒和 Si 颗粒，如图 4-21(b)和(c)所示。

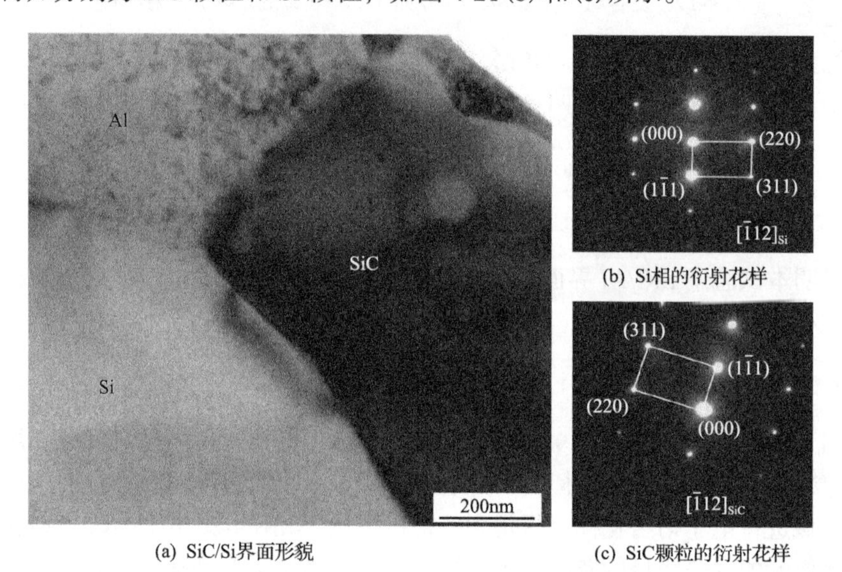

(a) SiC/Si界面形貌

(b) Si相的衍射花样

(c) SiC颗粒的衍射花样

图 4-21 复合材料中 SiC/Si 界面 TEM 像及相应衍射斑点标定

图 4-22(a)为试验过程中观察到的一个 SiC/Si 之间界面 HRTEM 像。从图中可知，SiC 颗粒与 Si 颗粒之间的原子排列同样非常紧密，结合良好，没有反应物生成。通过对 SiC/Si 界面进行衍射花样分析，获得 SiC 与 Si 两相同时存在的复合电子衍射花样，如图 4-22(e)所示。通过对 SiC/Si 界面复合衍射斑点的标定分析，SiCp/Al-19Si 复合材料中的 SiC/Si 界面存在如下的晶体学位向关系：

$$[010]_{SiC}//[001]_{Si}，(004)_{SiC}//(220)_{Si}$$

利用 Digital Micrograph 软件对原始界面 HRTEM 像即图 4-22(a)中的 1、2、3 方框区域进行处理，经过 FFT 和 IFFT 后，SiC 颗粒、Si 颗粒以及 SiC/Si 界面的原子结构排列情况可以更加清楚地观察到，如图 4-22(b)～(d)所示。图 4-22(b)

为晶带轴[010]的 SiC 颗粒原子排列晶体结构图，其为六方结构。图 4-22(c)为晶带轴[001]的 Si 相原子排列晶体结构图，其为面心立方结构。图 4-22(d)为经过 FFT 和 IFFT 后 SiC/Si 界面微观结构，从图中可以直观地看出，SiC 颗粒的(004)晶面平行于 Si 相的(220)晶面，这就进一步论证了 SiC/Si 界面存在的晶体学位向关系。SiC 在(004)面的晶面间距为 0.251nm，Si 相在(220)面的晶面间距为 0.192nm，通过对两者错配度的计算，可得 SiC 颗粒与 Si 颗粒之间的错配度为 0.23，说明 SiCp/Al-19Si 复合材料中 SiC 与 Si 之间形成的界面原子匹配关系为半共格界面。这种半共格界面对 SiCp/Al-19Si 复合材料中 SiC/Si 界面结合强度的提高有促进作用，进而能有效地传递载荷，提高复合材料的力学性能。

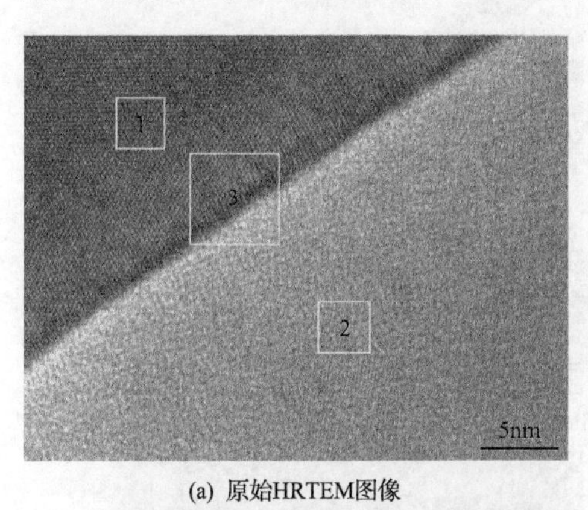

(a) 原始HRTEM图像

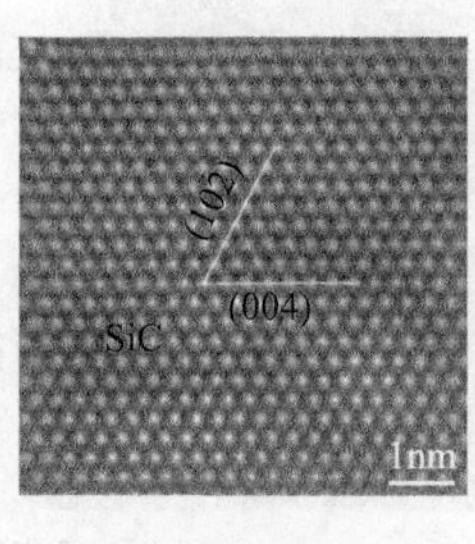

(b) 图(a)中方框区域1的FFT和IFFT图像

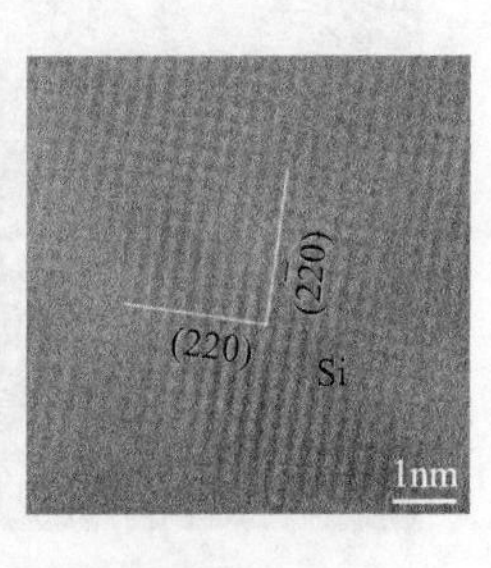

(c) 图(a)中方框区域2的FFT和IFFT图像

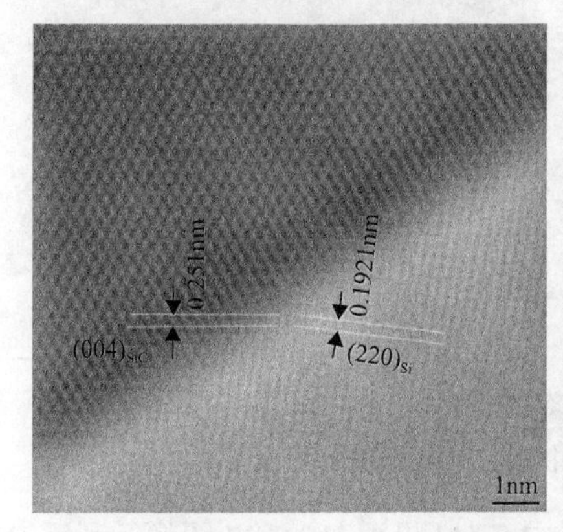

(d) 图(a)中方框区域3的FFT和IFFT变换图像

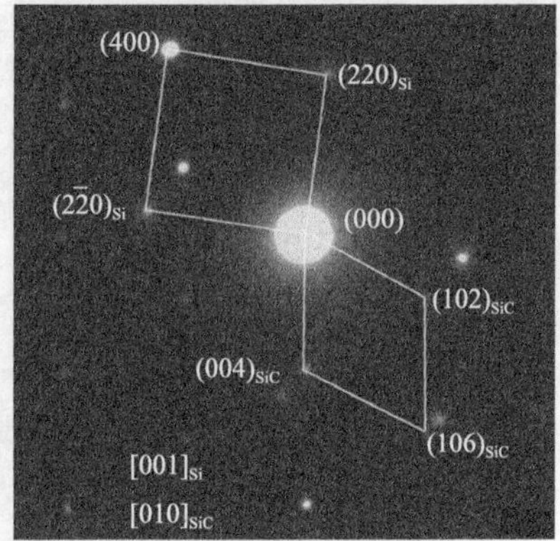

(e) 界面处电子衍射花样

图 4-22　SiC/Si 之间的界面 HRTEM 像及相应电子衍射花样

4.3.4　SiCp/Al-19Si 复合材料中的 Si/Al 界面特性

本试验所用基体材料为过共晶 Al-Si 合金粉末，材料中硅含量较高。复合材料在烧结过程中，Si 元素以过饱和状态从基体中析出，形成大量的硅颗粒，导致

SiCp/Al-19Si 复合材料中存在很多 Si/Al 界面[27]。因此，有必要对 Si/Al 界面结构进行深入的研究，为 SiCp/Al-19Si 复合材料性能的提高提供理论支持。图 4-23 为 SiCp/Al-19Si 复合材料中常见 Si/Al 界面的 TEM 形貌图，可以观察到界面清晰、平直，无界面反应物和缺陷生成，表明 Si 颗粒与 Al 基体之间的界面结合紧密，强度高。图 4-23(a)为挤压态 SiCp/Al-19Si 复合材料中 Si/Al 的界面附近铝基体存在少量的位错，这是由于 Si 颗粒与 Al 基体之间存在巨大的热膨胀系数差。图 4-23(b)为热处理态 SiCp/Al-19Si 复合材料中 Si/Al 界面 TEM 形貌图，在界面附近的铝基体存在一些析出相及位错。

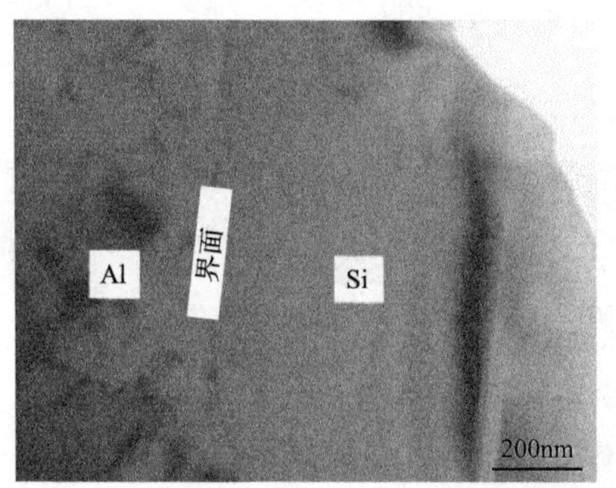

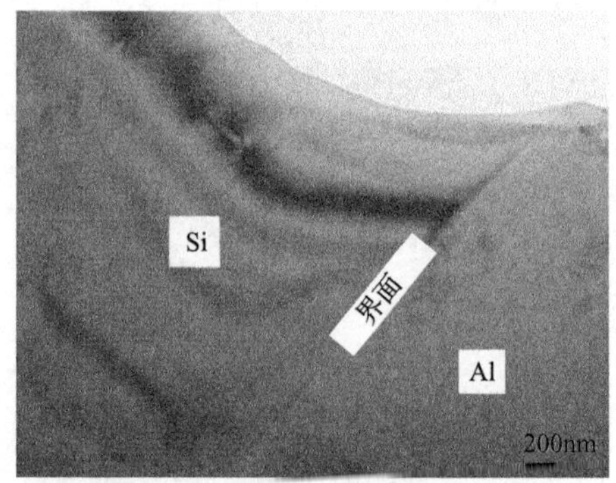

(a) 挤压态Si/Al界面

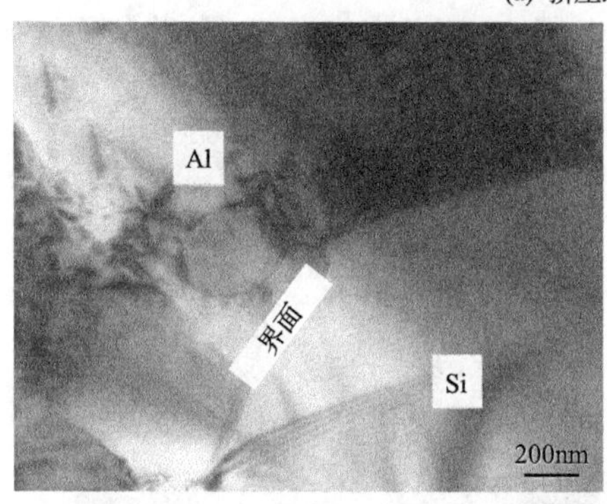

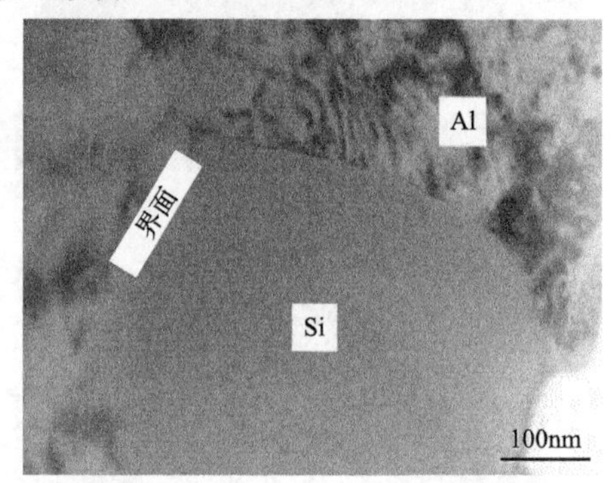

(b) 热处理态Si/Al界面

图 4-23　复合材料中 Si/Al 界面 TEM 像

图 4-24(a)为 SiCp/Al-19Si 复合材料中 Si/Al 界面 HRTEM 图像。利用 Digital Micrograph 软件对图 4-24(a)中的方框区域 1～3 进行 FFT 和 IFFT 后，得到清晰原子排列图像，如图 4-24(b)～(d)所示。经过 Digital Micrograph 软件处理后的图像可以更加清楚地看到 Si 颗粒与 Al 基体的原子排列情况及界面结合情况。Si 相为金刚石型立方结构的单晶体，密排面为{220}，密排方向为〈100〉，晶格常数为 $a=b=c=0.543$nm。Al 为面心立方结构，密排面为{111}面，密排方向为〈011〉，晶

格常数为 $a=b=c=0.405$nm。

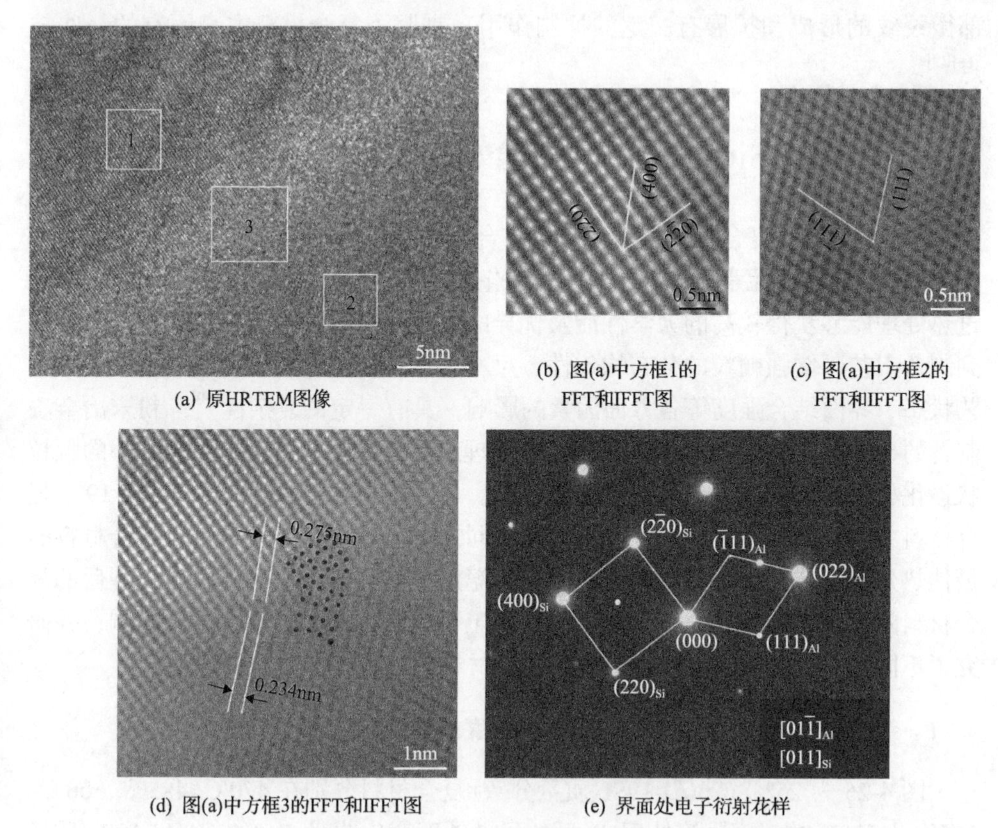

(a) 原HRTEM图像　(b) 图(a)中方框1的FFT和IFFT图　(c) 图(a)中方框2的FFT和IFFT图

(d) 图(a)中方框3的FFT和IFFT图　(e) 界面处电子衍射花样

图 4-24　复合材料中 Si/Al 界面 HRTEM 像及相应电子衍射花样

在 Si 颗粒脱溶析出的过程中，复合材料基体内的 Si 颗粒通过自身的调整以最低的能量组合与 Al 基体形成一定的晶体学位向关系[28]。图 4-24(e)为 Si 颗粒与 Al 基体的复合衍射图及相应的衍射斑点标定。通过对 Si/Al 界面复合衍射斑点的标定分析，SiCp/Al-19Si 复合材料中 Si/Al 界面具有如下晶体学匹配的位向关系：

$$[01\bar{1}]_{Al}//[001]_{Si},\quad (111)_{Al}//(400)_{Si}$$

由图 4-24(b)和(c)可以看出，Si 颗粒在(400)晶面与 Al 基体的(111)晶面平行，这就进一步论证了 Si 颗粒与 Al 基体之间界面结构的晶体学位向关系。从图 4-24(d)可以看出，Al 基体在(111)面的晶面间距为 0.234nm。Si 相在(400)面的两倍晶面间距为 0.275nm。因此，Al 基体在(111)面的晶面间距与 Si 相在(400)面的两倍晶面间距较为接近。根据错配度公式计算，得到 Si 颗粒与 Al 基体之间界面点阵错配度为 0.149，说明 Si 颗粒与 Al 基体之间的界面结构为半共格界面。这样的界面结构有利于提高 SiCp/Al-19Si 复合材料的强度和耐腐蚀性，同时对材料内部微裂纹的形成和扩展有一定的抑制作用，克服了复合材料本身固有的一些缺点[29]。

4.4 SiCp/Al-19Si 复合材料力学及热学性能

SiCp/Al-19Si 复合材料的基体中主要合金元素除 Si 外，还含有 Cu、Mg 元素及少量的 Fe、Mn 元素，属于可热处理强化的复合材料。SiCp/Al-19Si 复合材料通过热处理能够获得较高的力学性能及优异的物理性能。但复合材料的性能主要受到制备工艺，增强颗粒的分布均匀性、尺寸、形貌，基体合金的成分和热处理工艺状态，界面结合强度等各方面因素的影响，具有一定的复杂性[30]。粉末冶金法制备的 SiCp/Al-19Si 复合材料在经过 T6 处理后可以在基体中形成大量细小的颗粒状强化相，从而提高复合材料的强化效果。不同的热处理方案对 SiCp/Al-19Si 复合材料力学性能和物理性能的提高程度不同，为了优化 SiCp/Al-19Si 复合材料的最佳热处理工艺方案，本试验测量了不同温度、时间进行固溶和时效处理后的复合材料的硬度和抗拉强度，分析了热处理工艺对复合材料力学性能的影响；并研究了不同热处理制度下 SiCp/Al-19Si 复合材料的热稳定性及断裂行为。

4.4.1 热处理对 SiCp/Al-19Si 复合材料硬度的影响

图 4-25 为 25%SiCp/Al-19Si（质量分数）复合材料分别在 470℃、485℃、500℃、515℃及 530℃的温度固溶处理 4h 后的显微硬度变化曲线。25%SiCp/Al-19Si（质量分数）复合材料在未热处理时硬度仅为 142.5HV。固溶处理后，复合材料显微硬度得到显著提高。在固溶温度为 470～530℃时，随着固溶温度的升高，SiCp/Al-19Si 复合材料的硬度先增加后降低，在 515℃达到峰值。这是由于：一方面，固溶处理后形成较高过饱和度及空位浓度，导致复合材料基体中团簇快速形成，使复合材料的硬度增加；另一方面，SiCp 与 Al 基体之间存在较大的热膨胀系数差异，引起热错配，在基体中出现高密度的位错。当复合材料进行固溶处理时，热错配导致界面临近的基体合金产生应变，进而在复合材料中可生成高密度位错。位错密度公式可表示如下[31]：

$$\rho = \frac{12\Delta C \Delta T V_{\mathrm{p}}}{Bd} \tag{4-3}$$

式中，V_{p} 为 SiC 颗粒体积分数；B 为伯格斯矢量；d 为颗粒最小尺寸；ΔC 为复合材料中 SiC 颗粒与基体的热膨胀系数差；ΔT 为热处理温度与室温之差。

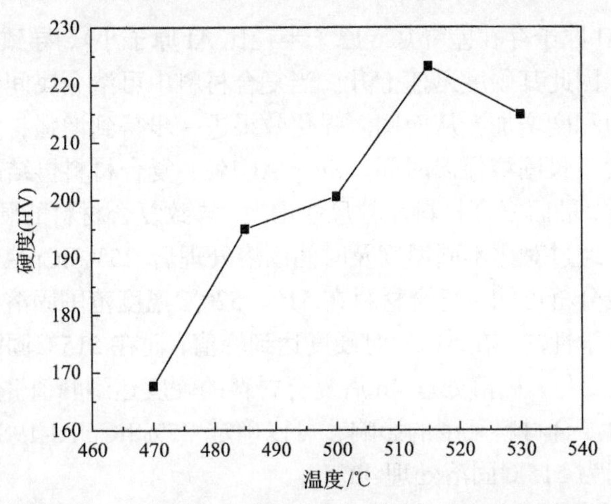

图 4-25　在不同温度固溶处理后复合材料的硬度变化曲线

通过式(4-3)可以推算到，当其他条件不变时，固溶温度升高引起 ΔT 增加，进而引起位错密度提高。因此，复合材料在进行固溶处理时，温度越高(不过烧的前提下)，材料中的原子扩散运动越剧烈，固溶越充分，越有利于复合材料中的位错密度的增加，进而有利于复合材料硬度的提高。到 530℃时，虽然固溶效果也得到增强，但温度过高时，复合材料处于过烧状态，颗粒与基体的界面可能会发生化学反应而降低复合材料界面的结合强度，导致复合材料硬度下降[32]。

图 4-26 为 25%SiCp/Al-19Si(质量分数)复合材料在 515℃固溶处理不同时间后的显微硬度变化曲线。随着固溶时间的延长，SiCp/Al-19Si 复合材料的硬度先升高后降低，在 4h 时达到峰值，其值为 223.4HV。在 515℃固溶前期，随着时间的延长，复合材料中含 Mg、Cu 等可溶元素的金属间化合物逐渐回溶到基体中，溶

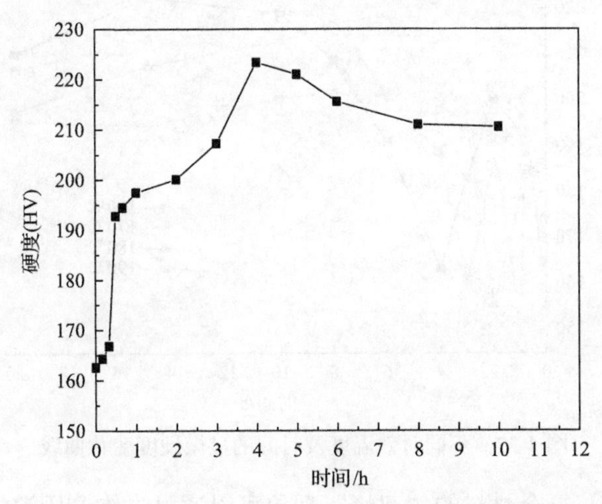

图 4-26　25%SiCp/Al-19Si 复合材料经 515℃固溶处理不同时间后的硬度曲线

质原子半径与 Al 原子存在差异(Cu 原子半径比 Al 原子小)，导致晶格畸变，固溶强化效果明显，因此其硬度迅速上升。当复合材料中可溶金属间化合物回溶到基体后，材料过饱和度增加，从而固溶强化效果进一步得到增强，复合材料的硬度继续提高。继续延长固溶保温时间，SiCp/Al-19Si 复合材料再结晶组织的粗大化情况便会越严重，进而复合材料晶粒尺寸增大，导致复合材料的硬度有所下降[33]。

综上分析，通过对比不同温度及时间固溶处理后 25%SiCp/Al-19Si 复合材料的硬度变化曲线分析可知，复合材料在 510～520℃温度范围固溶处理时，复合材料表现出较好力学性能，在 515℃时硬度达到峰值；而在 515℃固溶处理不同时间时，随着时间的变化，固溶处理 4h 后复合材料的硬度达到峰值。因此，通过分析固溶处理工艺对复合材料硬度的影响，可以确定 25%SiCp/Al-19Si 复合材料的最佳固溶处理工艺为 515℃固溶处理 4h。

选择复合材料在最好的固溶处理制度的前提下，对其进行时效处理工艺研究。25%SiCp/Al-19Si 复合材料在 515℃固溶 4h 后分别在 160℃、170℃、180℃、190℃时效温度下不同时效时间处理的硬度变化曲线，如图 4-27 所示。不同时效处理条件下 SiCp/Al-19Si 复合材料有明显的时效硬化现象。以 180℃的时效硬度变化曲线为例，在时效早期，基体中的溶质原子扩散的速度较快，复合材料的硬度迅速提高，在较短的时间就达到峰值。在峰值之后，复合材料的硬度开始下降。一段时间到达谷底后，继续延长时效时间，SiCp/Al-19Si 复合材料的硬度又开始增加，出现第二个峰值。再延长时效时间，SiCp/Al-19Si 复合材料硬度因过时效而有所下降。在 0～20h 的时效过程中，四种时效温度均出现两个峰值，即“双峰”现象，且在两个峰值之间出现明显的波谷。

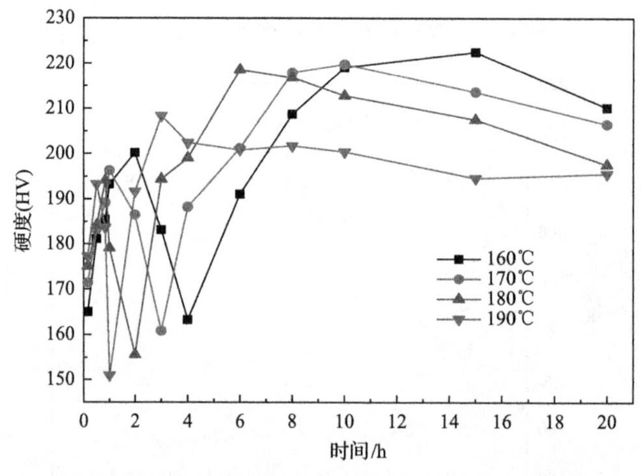

图 4-27　不同时效温度及时间的显微硬度变化曲线

SiCp/Al-19Si 复合材料的“双峰”现象可以通过过饱和固溶体脱溶过程来解

释。SiCp/Al-19Si 复合材料的脱溶过程如图 4-28 所示。

过饱和固溶体 →GP区→δ″→δ′→δ

图 4-28　过饱和固溶体的脱溶析出过程

在时效初期，过饱和固溶体析出形成大量的 GP 区，且与母体保持共格界面关系。GP 区周围存在一定的应力场，能够阻碍位错的运动，使 SiCp/Al-19Si 复合材料的硬度显著提高。随着时效时间的延长，GP 区长大转化为析出相 δ″，δ″相与基体界面仍保持共格关系，复合材料形成第一个时效峰值。随着时效时间的延长，δ″相的尺寸增大，当 δ″相粗化到位错线可绕过时，δ″相向 δ′相转化过程存在时间间隔，致使复合材料的硬度降低，出现了第一个波谷。继续延长时效时间，δ″相转化为 δ′相，δ′相与基体处于半共格关系，在其周围形成较强的内应力场，复合材料的硬度又不断升高，形成第二个峰值。第二个峰值大于第一个峰值，说明 δ′相的强化效果大于 δ″相。随着时效时间继续延长，δ′相很快发生粗化且与基体的半共格关系也遭到破坏，δ′相与基体的弹性畸变消失，δ′相转化为 δ 相。随着 δ 相的长大粗化且与基体处于非共格关系，SiCp/Al-19Si 复合材料的硬度随之下降[34,35]。

时效温度是影响 SiCp/Al-19Si 复合材料中 GP 区数量及大小的重要因素，因为温度的高低决定合金元素扩散的快慢。对比不同时效温度下复合材料硬度变化曲线可知，时效温度越高，SiCp/Al-19Si 复合材料的硬度达到峰值的时间越短，而达到峰值的硬度相对降低。这是因为低温时效有利于抑制 GP 区向亚稳相转变，使 GP 区有足够时间形成，促进 GP 区均匀长大，易于形成细小致密的 GP 区，增加了时效强化相的数目。随着时效温度的提高，原子振动加剧，基体中的空位浓度增加，原子扩散迁移率增大，加快了溶质原子和空位的相互扩散，GP 区易于长大，形成的 GP 区尺寸较大，而基体中的固溶体能够形成 GP 区的元素数目一定，就必然造成 GP 区分布密度降低。随后生成的析出相尺寸也将增大。因此，SiCp/Al-19Si 复合材料的硬度出现随着时效温度提高其硬化速度增加而硬化能力降低的现象[36,37]。当复合材料的时效温度从 190℃降到 180℃时，复合材料达到的时效峰值时间从 3h 提高到 6h，峰值硬度从 208.3HV 提高到 218.6HV，硬度提高了 4.7%。而时效温度从 180℃降到 160℃时，SiCp/Al-19Si 复合材料达到时效峰值的时间从 6h 提高到 15h，峰值硬度从 218.3HV 提高到 222.5HV，硬度提高不大。因此，虽然时效温度 160℃时材料获得的硬度最高，但所需的时间太长。综合考虑，SiCp/Al-19Si 复合材料在最佳固溶处理制度的前提下选择 180℃时效 6h 较为理想。

4.4.2 热处理对 SiCp/Al-19Si 复合材料抗拉强度的影响

SiCp/Al-Si 复合材料的抗拉强度很大程度上取决于基体合金及界面结合的强度，能够提高基体合金性能的方法对复合材料强度的提高同样有用。图 4-29 为 515℃固溶 4h 后 180℃时效不同时间 25%SiCp/Al-19Si 复合材料的抗拉强度及延伸率的变化曲线图。SiCp/Al-19Si 复合材料的抗拉强度及延伸率都随时效时间的延长先增加后降低，并在时效 6h 时分别达到最大值 274.6MPa 和 2.26%。在时效初期，时效时间短，时效脱溶形成的析出相以 GP 区为主，同时析出的 GP 区与基体保持共格界面位向关系，引起材料内较大的应力场，其产生明显强化作用，导致 SiCp/Al-19Si 复合材料的抗拉强迅速上升。继续延长时效时间，复合材料中 GP 区转化生成大量细小弥散的亚稳相，进一步使复合材料的抗拉强度提高，继而复合材料获得最大抗拉强度[38]。随着时效时间的进一步延长，复合材料中细小的亚稳相转化为平衡相并发生聚集长大，这些平衡相与基体之间的界面结合处于非共格关系，强化相引起复合材料弹性应力场减弱，进而使 SiCp/Al-19Si 复合材料的抗拉强度减小。

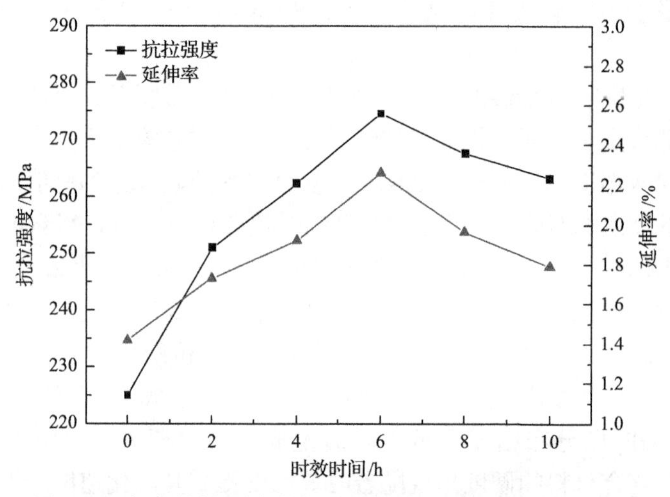

图 4-29 复合材料不同时效时间的抗拉强度及延伸率曲线图

25%SiCp/Al-19Si 复合材料的断裂形式主要受到 SiC 颗粒、Si 颗粒尺寸及强度、热处理工艺、基体合金强度、SiC/Al 界面结合强度等多种因素影响[39]。图 4-30 为 SiCp/Al-19Si 复合材料在未热处理及在 515℃固溶处理 4h 后 180℃时效处理不同时间的拉伸断口 SEM 形貌图。复合材料断口呈现出大量的不规则分布韧窝。韧窝的尺寸可分为两种，大尺寸的韧窝是由于 SiCp/Al-19Si 复合材料拉伸过程中 SiC 颗粒、Si 颗粒从基体中剥离或者断裂形成的，而小尺寸的韧窝是因为复合材料断裂时基体合金的撕拔而形成的。通过对比几幅断口形貌图可知，图 4-30(a) 中 SiC

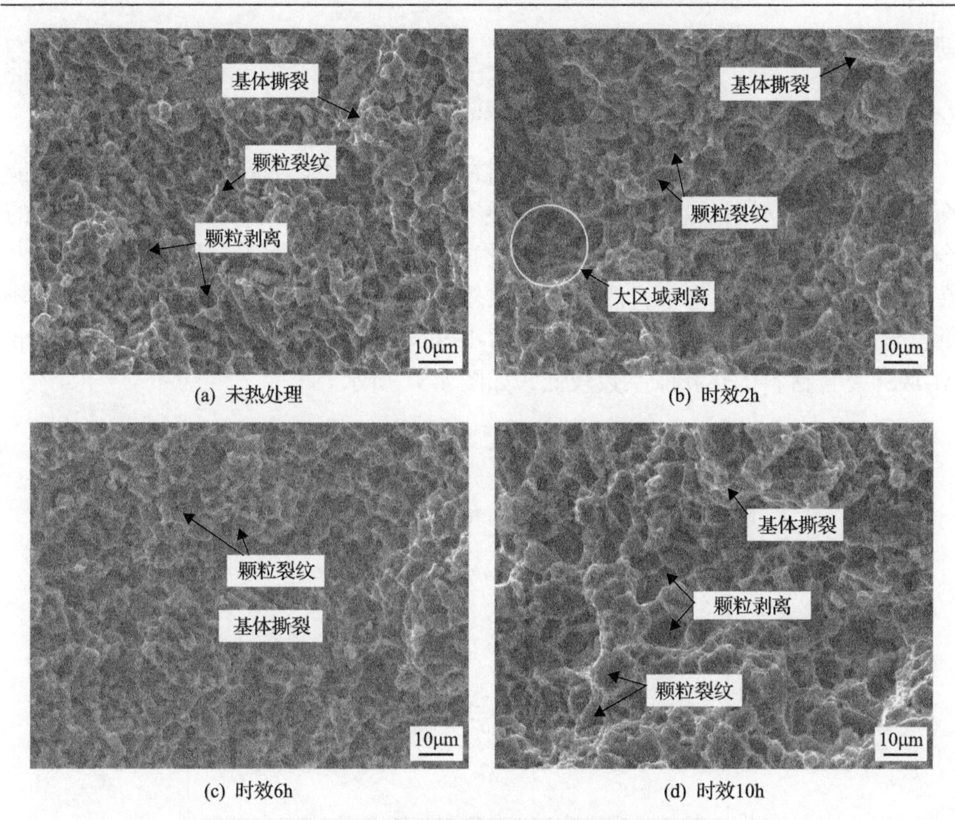

(a) 未热处理　(b) 时效2h

(c) 时效6h　(d) 时效10h

图 4-30　不同状态下复合材料的断口形貌

颗粒、Si 颗粒从基体中剥离形成的孔洞较多，这是由于复合材料未进行热处理，复合材料中的颗粒与基体界面结合不良，拉伸试验时颗粒从基体中拔出，形成了一些剥离孔洞。SiCp/Al-19Si 复合材料经过固溶时效处理后，复合材料中的界面结合强度得到较大的提高。良好的界面结合强度有效地将外力从 SiC 颗粒传递到基体，复合材料出现局部的大韧窝，如图 4-30(b)所示。随着时效时间的延长，SiCp/Al-19Si 复合材料处于峰时效状态，界面结合强度及基体合金的强度达到最高，导致 SiC 颗粒与 Si 颗粒断裂而形成的断裂韧窝增多，如图 4-30(c)所示。继续延长时效时间，复合材料处于过时效状态，材料中的界面结合强度降低，出现 SiC 颗粒和 Si 颗粒从基体中剥离的现象，如图 4-30(d)所示。故可知，SiCp/Al-19Si 复合材料在时效 6h 时界面结合强度及基体合金强度较高，进一步验证了此热处理状态下复合材料的力学性能达到最佳。另外，SiCp/Al-19Si 复合材料在拉伸过程中，断口处没有发现明显的缩颈现象，复合材料的拉伸断裂方式在宏观上表现为脆性断裂。而在大尺寸韧窝的周围界面基体中存在一些小的韧窝，未出现明显的台阶状脆性断裂纹，SiCp/Al-19Si 复合材料的基体断裂表现为韧性断裂[40]。综合分析可以得出，SiCp/Al-19Si 复合材料进行拉伸试验时断口同时存在脆性断裂和韧性断裂两种断裂类型。

4.4.3　热处理对 SiCp/Al-19Si 复合材料热膨胀系数的影响

热膨胀系数是反映 SiCp/Al 复合材料在温度变化时能否保持稳定性的重要性能衡量指标。复合材料的热膨胀系数主要受 SiC 颗粒尺寸、体积分数、形状，基体的合金成分、微观组织，SiC 颗粒和基体之间的界面残余应力等多种因素影响[41,42]。在 SiCp/Al 基复合材料中，热膨胀系数较小的 SiC 颗粒加入能够较大程度上降低复合材料的热膨胀性能。因此，与 Al-19Si 基体合金的热膨胀系数相比，SiCp/Al-19Si 复合材料的热膨胀系数较低，如图 4-31 所示。

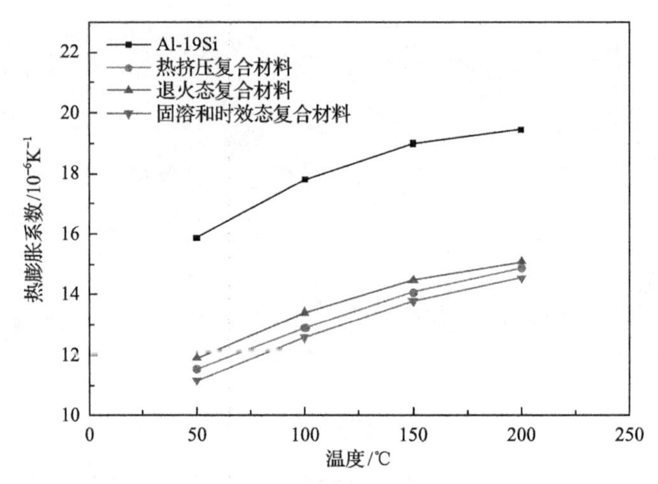

图 4-31　不同温度 Al-19Si 合金及 25%SiCp/Al-19Si 复合材料的热膨胀系数

SiCp/Al-19Si 复合材料的热膨胀系数可以用 Turner 理论模型[43]进行估算，计算公式见式(4-4)和式(4-5)。

$$\alpha_{\mathrm{c}} = \frac{\sum_i \alpha_i K_i V_i}{\sum_i K_i V_i} \tag{4-4}$$

$$K_i = \frac{E_i}{3(1-2\nu_i)} \tag{4-5}$$

式中，α_{c} 为复合材料的热膨胀系数；α_i 为材料中各主要组分的热膨胀系数；K_i 为各组分的体积模量；V_i 为材料中各组分的体积分数；E_i 为材料中各组分的弹性模量；ν_i 为材料中各组分的泊松比。

25%SiCp/Al-19Si 复合材料中，铝合金参数为 E=69GPa、ν=0.33、α=23.6×

$10^{-6}K^{-1}$、K=67.65GPa，SiC 颗粒的参数为 E=400GPa、ν=0.2、α=4.2×$10^{-6}K^{-1}$、K=222.22GPa，Si 颗粒的参数为 E=112.4GPa、ν=0.42、α=4.1×$10^{-6}K^{-1}$、K=234.17GPa，通过计算[44]，Al-19Si 基体合金的热膨胀系数理论值为 13.51，25%SiCp/Al-19Si 复合材料的热膨胀系数理论值为 9.28。对比实测值发现，SiCp/Al-19Si 复合材料的理论值略小于测量值。主要是因为实际中的复合材料情况更加复杂，复合材料的热膨胀系数会受到 SiC 颗粒的形状及尺寸和合金元素等因素的影响。

无论Al-19Si合金还是SiCp/Al-19Si复合材料的热膨胀系数都随着材料所测量温度的升高而增大，主要原因[45,46]是：一方面，随着材料所测量温度升高，SiCp/Al-19Si 复合材料中的 SiC 颗粒、Si 颗粒和 Al 基体的热膨胀系数都将增大，进而 SiCp/Al-19Si 复合材料的热膨胀系数也将变大；另一方面，随着温度的升高，SiCp/Al-19Si 复合材料中界面的承载能力降低，同时 SiC 颗粒和 Si 颗粒对铝合金基体的约束能力减弱，导致 SiCp/Al-19Si 复合材料的热膨胀系数得到升高。

SiCp/Al-19Si 复合材料的热膨胀系数由于热处理状态的不同而有所差异，主要原因是不同的热处理状态引起的 SiCp/Al-19Si 复合材料中保存的残余热应力不同。由于 SiC 与 Al 之间热膨胀系数的显著差异，升温时，界面处 SiC 颗粒受到拉应力，Al 基体受到压应力，约束着 Al 基体的膨胀，说明复合材料内热残余应力能够使热膨胀系数下降。热挤压后，SiCp/Al-19Si 复合材料中保存的热残余应力很大。而复合材料进行退火处理时，缓慢加热到 300℃，保温 2h，随炉冷却到室温，复合材料中的残余应力不断释放。因此，退火态 SiCp/Al-19Si 复合材料的热膨胀系数大于挤压态。复合材料进行固溶处理时，冷却速度较快，SiC 与 Al 基体之间的热膨胀系数的不同，使界面附近的基体合金周围产生较高的微区应力集中区，复合材料内部保留的残余应力极大。同时，时效处理后，SiCp/Al-19Si 复合材料中析出一些增强相，能够阻碍基体中原子的无规则热运动，对基体的变形有一定的限制作用。因此，SiCp/Al-19Si 复合材料固溶时效处理后的热膨胀系数有所下降。

参 考 文 献

[1] CHEN Y, CHUNG D D L. Silicon-aluminium network composites fabricated by liquid metal infiltration[J]. Journal of Materials Science, 1994, (29): 6069-6075.

[2] 张国政，吕栋腾，吴治明. SiC 颗粒增强铝基复合材料的制备及应用的研究[J]. 新技术新工艺，2010，(11): 60-62.

[3] 李明伟，韩健民. SiCp/Al-Si 复合材料颗粒偏析问题及力学性能[J]. 特种铸造及有色合金, 2009, 29(1): 67-70.

[4] ZHANG R, ZOU C, WEI Z, et al. In-situ formation of SiC in Al-40Si alloy during high-pressure solidification[J]. Ceramics International, 2021, 47(17): 24485-24493.

[5] LU D, JIANG Y, GUAN G, et al. Refinement of primary Si in hypereutectic Al-Si alloy by electromagnetic stirring[J]. Journal of Materials Processing Technology, 2007, 189(1): 13-18.

[6] 梁红玉，毛协民，胡志恒. 过共晶 Al-Si 合金快速凝固组织演变[J]. 中国有色金属学报，2006, 16(11): 1924-1930.

[7] 孙瑜，陈晋，孙国雄. 铝硅合金硅相演变及其对力学性能的影响[J]. 特种铸造及有色合金, 2001, (6): 1-3.

[8] 郑子樵. 材料科学基础[M]. 长沙: 中南大学出版社, 2005: 23-26.

[9] JAYANTH C S, NASH P. Factors affecting particle-coarsening kinetics and size distribution[J]. Journal of Materials Science, 1989, 24(9): 3041-3052.

[10] 樊建中，徐俊，左涛，等. 高性能铝基复合材料的颗粒分布及界面结合[J]. 宇航材料工艺, 2002, 32(1): 30-34.

[11] LLOYD D J, LAGACE H, MCLEOD A, et al. Microstrctural aspects of aluminum-silicon carbide particulate compo site produced by a casting method[J]. Materials Science & Engineering A, 1989, 107: 73-80.

[12] ÖZDEMIR İ, CÖCEN Ü, ÖNEL K. The effect of forging on the properties of particulate-SiC-reinforced aluminium-alloy composites[J]. Composites Science and Technology, 2000, 60(3): 411-419.

[13] HASSAN S B, APONBIEDE O, AIGBODION V S. Precipitation hardening characteristics of Al-Si-Fe/SiC particulate composites[J]. Journal of Alloys and Compounds, 2007, 11(6): 268-272.

[14] 李祥亮，陈江华，刘春辉，等. T6 和 T78 时效工艺对 Al-Mg-Si-Cu 合金显微结构和性能的影响[J]. 金属学报, 2013, 49(2): 243-250.

[15] LEE J C, BYUN J Y, OH C S, et al. Effect of various processing methods on the interfacial reactions in SiCp/2024Al composites[J]. Acta Materialia, 1997, 45(12): 5303-5315.

[16] HAGHDADI N, ZAREI-HANZAKI A, HESHMATI-MANESH S, et al. The semisolid microstructural evolution of a severely deformed A356 aluminum alloy[J]. Materials & Design, 2013, 49: 878-887.

[17] MANDAL D, VISWANATHAN S. Effect of heat treatment on microstructure and interface of SiC particle reinforced 2124 Al matrix composite[J]. Materials Characterization, 2013, 85(6): 73-81.

[18] MA P, ZOU C M, WANG H W, et al. Structure of GP zones in Al-Si matrix composites solidified under high pressure[J]. Materials Letters, 2013, 109(20): 1-4.

[19] 白朴存，裴杰，代雄杰，等. Al_2O_3/2024A1 复合材料界面结构的 HRTEM 研究[J]. 稀有金属材料与工程, 2009, 38(1): 1-5.

[20] SRITHARAN T, CHAN L S, TAN L K, et al. A feature of the reaction between Al and SiC particles in an MMC[J]. Materials Characterization, 2001, 47(1): 75-77.

[21] 钱陈豪，李萍，薛克敏，等. 等径角挤扭法制备 SiCp/Al 复合材料的界面特性[J]. 粉末冶金材料科学与工程, 2015, 20(1): 65-71.

[22] 施忠良，刘俊友，顾明元，等. 碳化硅颗粒增强的铝基复合材料界面微结构研究[J]. 电子显微学报，2002, 21(1): 52-55.

[23] LUO Z P. Crystallography of SiC/$MgAl_2O_4$/Al interfaces in apre-oxidized SiC reinforced SiC/Al composite[J]. Acta Materialia, 2006, 54(1): 47-58.

[24] 赵询，杨盛良. SiCw/7475Al 复合材料时效硬化研究[J]. 材料工程, 1997, (1): 24-27.

[25] 隋贤栋，罗承萍，欧阳柳章，等. SiCp/Al-Si 复合材料中 SiC/Si 的晶体学位向关系[J]. 材料研究学报，2000, 14(1): 168-172.

[26] 贺毅强，王娜，乔斌，等. SiC 颗粒增强 Al-Fe-V-Si 复合材料的 SiC/Al 界面形貌[J]. 中国有色金属学报，2010, 20(7): 1302-1307.

[27] 蔡志勇，王日初，张纯，等. 快速凝固过共晶 A1-Si 合金的显微组织及其热稳定性[J]. 中国有色金属学报, 2015, 25(3): 618-625.

[28] 张静，张国玲，于化顺，等. Si 含量对 SiCp/Al 复合材料组织和性能的影响[J]. 功能材料, 2009, 40: 347-349.

[29] 隋贤栋, 罗承萍, 欧阳柳章, 等. SiCp/ZL109 复合材料中 SiC 的界面行为[J]. 复合材料学报, 2000, 17(1): 65-70.

[30] 沈茹娟, 周鹏飞, 肖代红. 固溶温度及 SiC 含量对粉末冶金 SiC/Al-Mg 基复合材料组织与性能的影响[J]. 粉末冶金材料科学与工程, 2016, 21(2): 229-235.

[31] 才庆魁, 贺春林, 赵明久, 等. 亚微米级 SiC 颗粒增强铝基复合材料的拉伸性能与强化机制[J]. 金属学报, 2003, 39(8): 865-869.

[32] 高文理, 苏海, 张辉, 等. 喷射共沉积 SiC/2024 复合材料的显微组织与力学性能[J]. 中国有色金属学报, 2010, 20(1): 49-54.

[33] 谢臻, 樊建中, 肖伯律, 等. 粉末冶金法制备 SiCp/Al-Cu-Mg 复合材料的固溶时效行为[J]. 稀有金属, 2008, 32(4): 433-436.

[34] 赵敏, 武高辉, 姜龙涛, 等. 高体积分数挤压铸造铝基复合材料时效特征[J]. 复合材料学报, 2004, 21(3): 91-95.

[35] 郭永春, 桑英明, 杨通, 等. Al-Si-(Cu, Mg)合金时效析出相分析[J]. 热加工工艺, 2012, 41(18): 213-216.

[36] PAL S, MITRA R, BHANUPRASAD V V. Aging behaviour of Al-Cu-Mg alloy-SiC composites[J]. Materials Science & Engineering A, 2008, 480(1): 496-505.

[37] 蔡军辉, 邵光杰. Al-Mg-Si 合金时效工艺的研究[J]. 上海金属, 2008, 25(4): 16-18.

[38] SCHÖBEL M, ALTENDORFER W, DEGISCHER H P, et al. Internal stresses and voids in SiC particle reinforced aluminum composites for heat sink applications[J]. Composites Science and Technology, 2011, 71(5): 724-733.

[39] YUAN W, AN B. Effect of heat treatment on microstructure and mechanical property of extruded 7090/SiCp composite[J]. Transactions of Nonferrous Metals Society of China, 2012, 22(9): 2080-2086.

[40] 游江, 刘允中, 顾才鑫, 等. 粉末热挤压 SiCp/2024 铝基复合材料的显微组织和力学性能[J]. 粉末冶金材料科学与工程, 2014, 19(1): 148-153.

[41] 张训, 叶茂, 侯志月, 等. Al-19Si 铸造铝合金时效工艺研究[J]. 铸造, 2013, (19): 80-83.

[42] CHEN G Q, XIU Z Y, YANG W S, et al. Effect of thermal-cooling cycle treatment on thermal expansion behavior of particulate reinforced aluminum matrix composites[J]. Transactions of Nonferrous Metals Society of China, 2010, 20(11): 2143-2147.

[43] TURNER P S. Thermal expansion stresses in reinforced plastics[J]. Journal of Research of the National Bureau of Standards, 1946, 37: 239-243.

[44] ZHU X M, YU J K, WANG X Y. Microstructure and properties of Al/Si/SiC composites for electronic packaging[J]. Transaction of Nonferrous Metals Society of China, 2012, 22(7): 1686-1692.

[45] PARK C S, KIM C H, KIM M H, et al. The effect of particle size and volume fraction of the reinforced phases on the linear thermal expansion in the Al-Si-SiCp system[J]. Materials Chemistry and Physics, 2004, 88(1): 46-52.

[46] 李进军, 于家康. SiC 颗粒增强 Al 基复合材料的热膨胀性能[J]. 陕西科技大学学报, 2007, 25(2): 74-78.

第5章　氧化态SiCp/Al-19Si复合材料

SiCp/Al复合材料具有优异的综合性能，而在制备过程中出现SiCp分布不均匀、发生界面反应等问题影响其性能。目前，可以通过对SiCp进行预处理改善SiC/Al界面从而解决上述问题。

SiCp经HCl或饱和NaOH浸洗后，颗粒表面干净，但颗粒依然呈尖角状的多面体，酸或碱浸洗仅起清洗作用；高能球磨后SiCp表面形貌无明显变化，絮状小颗粒变得更加细小。高温氧化处理使SiCp尖角状边缘钝化，且SiCp表面由致密的SiO_2层形成。四种预处理方式中高温焙烧处理的SiCp在SiCp/Al-19Si复合材料组织中分布最为均匀，界面结合最佳，性能最好；其抗拉强度达到310MPa，比原始态的SiCp/Al-19Si复合材料的抗拉强度提高了39%；延伸率则由原始态的1.524%提高到1.950%，提高了0.426个百分点；实测密度达到$2.6863g/cm^3$。

SiCp的氧化热力学显示，SiC与O_2的相关氧化反应在不考虑速率的情况下是可自发进行的。SiCp的氧化反应分为前期和后期，前期的氧化速率主要由SiC与O_2的化学反应速率决定，单位面积增重与氧化时间呈线性关系；后期的氧化速度受O_2及反应产物CO_2等在SiCp表面氧化层中的扩散速率影响，单位面积增重的平方值与氧化时间呈线性关系。SiCp高温氧化后，SiCp/Al-19Si复合材料中SiCp/Al界面主要为非晶型界面和少量反应型界面，极个别为干净型界面。SiCp氧化处理对SiC/Si界面及Si/Al界面影响甚小。

本章分析高温氧化、稀HCl浸洗、饱和NaOH浸洗、高能球磨四种预处理方式对SiC颗粒的影响。采用粉末冶金法制备SiC质量分数为20%的SiCp/Al-19Si复合材料，分析SiCp高温氧化后表面氧化层及复合材料界面反应层形成的热力学机理；研究SiCp的氧化行为；建立SiCp的氧化动力学模型；构建理想条件下SiCp表面氧化层厚度的计算模型，并进行试验验证；阐明高温氧化态SiCp/Al-19Si复合材料界面结构的形成机制。

5.1　SiCp预处理

将一定质量的5μm-SiCp置于稀HCl(pH=3)中浸洗，由于微纳米颗粒比表面积大，表面能高，不容易分散；故浸洗的过程中使用磁力搅拌器搅拌，转速为120r/min，0.5h后如图5-1(a)所示，颗粒悬浮于稀HCl溶液中。6h后SiCp混合溶液变浑浊，如图 5-1(b)所示，静置后倒去上部浑浊液体。然后用蒸馏水多次洗涤直至溶液上部液体澄清，如图 5-1(c)所示，抽滤，真空干燥箱烘干。

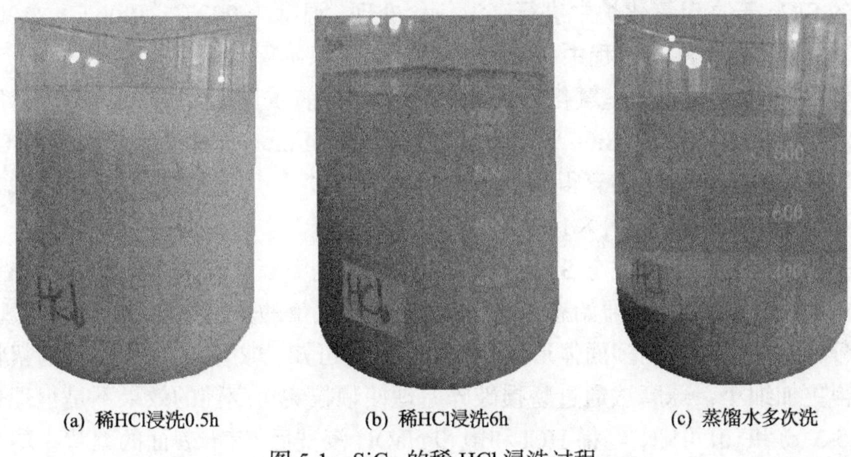
(a) 稀HCl浸洗0.5h　(b) 稀HCl浸洗6h　(c) 蒸馏水多次洗

图 5-1　SiCp 的稀 HCl 浸洗过程

图 5-2 为 SiCp 的饱和 NaOH 溶液浸洗过程图。将 SiCp 置于饱和 NaOH 溶液浸洗 6h 后，蒸馏水冲洗，静置，直至溶液上部浑浊液体变得清澈，然后抽滤，真空干燥烘干。

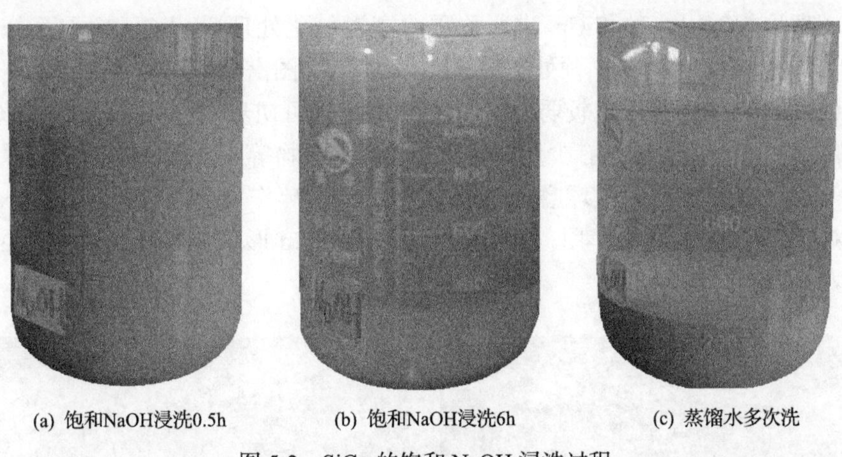
(a) 饱和NaOH浸洗0.5h　(b) 饱和NaOH浸洗6h　(c) 蒸馏水多次洗

图 5-2　SiCp 的饱和 NaOH 浸洗过程

采用湿磨方式对 SiCp 球磨预处理时，将定量的 SiCp 置于玛瑙球罐中，用南京大学生产的 QM-BP 行星球磨机球磨，球磨介质选择 ϕ5mm 直径的碳素钢磨球，转速为 300r/min。球料比为 2∶1，无水乙醇为分散剂，球磨时间 6h；然后置于真空干燥箱烘干。

对 SiCp 进行高温氧化处理，先将 SiCp 用蒸馏水进行多次洗涤，抽滤，干燥，去除其表面杂质及絮状颗粒。将蒸馏水清洗过的 SiCp 放于氧化铝坩埚内，SiCp

粉末厚度不超过 5mm，然后置于电阻炉中在 700℃进行 3h 的除杂质处理，去除 SiCp 中可能存在的杂质 C 元素及颗粒表面的有机物，然后随炉冷却。将定量的除杂后的 SiCp 于高温氧化炉中进行高温氧化处理，温度为 900℃、1000℃、1100℃、1200℃，保温 2～8h，过程中每 0.5h 开炉补氧，以确保氧化反应充分进行。利用称量法测量并计算 SiCp 氧化后的含氧量：氧化前质量 99.1327g，氧化后质量 101.2891g，根据 SiC 和 SiO_2 摩尔质量(分别 40.99g/mol 和 60.08g/mol)以及 O_2 的摩尔质量(32g/mol)，可估算得到表面改性后 SiCp 含氧量为(101.2891−99.1327)×32/(60.08−40.99)/101.2891×100%=3.5687%。

原始态的 SiCp、酸洗态 SiCp、碱洗态 SiCp、高温氧化态 SiCp 的形貌如图 5-3 所示。由图 5-3(a)可知，原始态 SiCp 表面吸附有大量的絮状小颗粒，形状不规则，大部分颗粒呈尖角状的多面体形状。由图 5-3(b)可知，球磨后 SiCp 表面的絮状颗粒变得更加细小，球磨法通过磨损破碎原理使颗粒尖角变钝的效果不是很理想。由图 5-3(c)和(d)可知，经稀 HCl 和饱和 NaOH 浸洗后 SiCp 表面的絮状小颗粒已经基本被清除，颗粒的边部棱角有所钝化。图 5-3(e)为 1000℃氧化 6h 后 SiCp 形貌。由图可知，SiCp 经长时间高温氧化处理后颗粒形状趋于更加圆滑，尖锐的棱角几乎完全消失，尖角变钝的现象明显。此现象与 SiCp 尖角处的能量比平滑处的能量高、氧化反应从尖角处开始、随着氧化程度的进行尖角处钝化效果越来越明显这一埋论相符[1]。对 SiCp 进行称重，高温氧化处理后 SiCp 增重百分比为 3.5687%。由图 5-3(f)不同预处理的 SiCp 的 XRD 图谱分析可知，高温氧化处理的 SiCp 的 XRD 图谱出现较弱的 SiO_2 衍射峰，即可初步判定增重是因为 SiO_2 的生成;原始 SiCp 表面应该有少量的金属杂质和有机物等,金属杂质由于其含量少，XRD 图谱上并未显示。故球磨对 SiCp 起轻微的破碎作用，稀 HCl 和饱和 NaOH 浸洗对 SiCp 主要起清洁作用，高温氧化处理对 SiCp 形貌影响较大，起到尖角变钝、表面粗化的效果。

(a) 原始态SiCp

(b) 球磨的SiCp

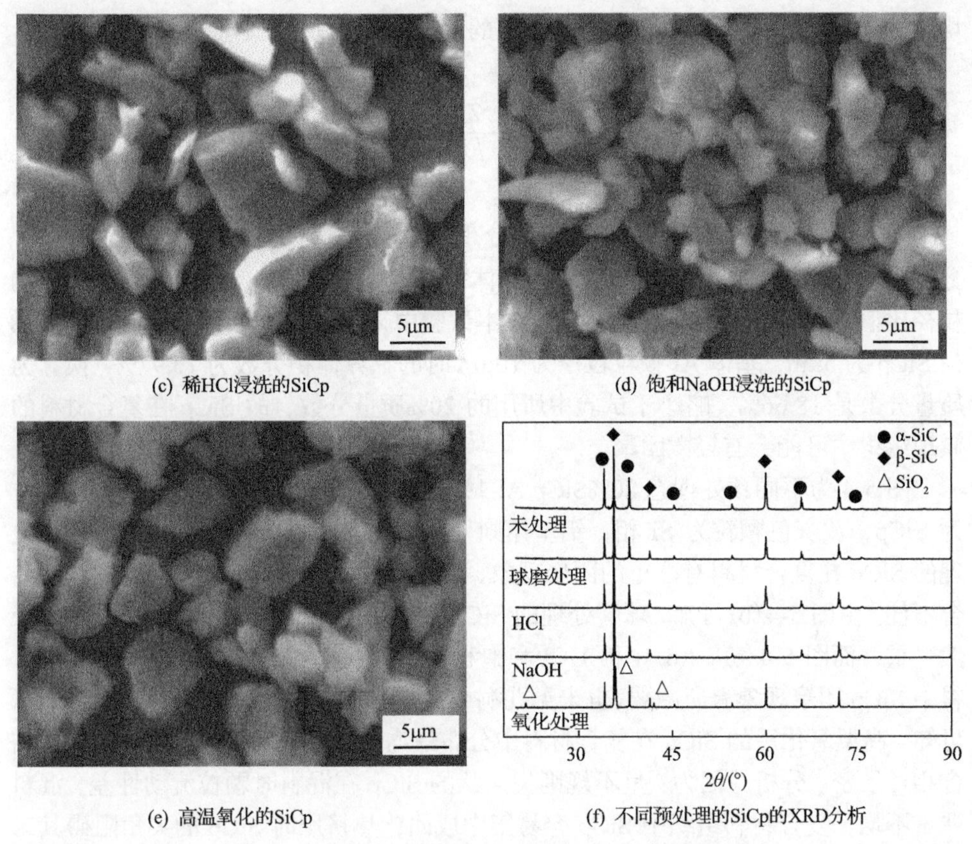

(c) 稀HCl浸洗的SiCp　(d) 饱和NaOH浸洗的SiCp

(e) 高温氧化的SiCp　(f) 不同预处理的SiCp的XRD分析

图 5-3　不同预处理 SiCp 的 SEM 照片和 XRD 分析

5.1.1　预处理后 SiCp/Al-19Si 复合材料微观组织

将不同预处理的 5μm-SiCp 和 10μm 的 Al-19Si-1.5Cu-0.8Mg 快速凝固合金粉在 YH-10 型混料机上进行混粉，混料介质选用ϕ2mm 和ϕ4mm 的氧化锆球，转速为 30r/min，球料比为 2∶1，混料时间为 30h；混合粉体采用 200MPa 压力、保压 50min、卸压时间 30min 的工艺，在 500T 四柱液压机上进行冷压制备 20%SiCp/Al-19Si 复合材料坯体；冷压坯体在 SG-GL1200 氮气保护管式炉中进行 560℃保温 3h 烧结；对烧结坯体进行 470℃、挤压速度 1mm/s、挤压比 15∶1 的热挤压；为了提高复合材料的综合性能，对热挤压后的复合材料进行退火处理+T6 处理。退火工艺为 410℃保温 2h 随炉冷却；T 处理工艺为：500℃保温 2h、60℃水淬的固溶处理+190℃保温 6h 空冷时效处理。对 T6 处理后的复合材料组织进行了 SEM、TEM、XRD、XPS 表征，并对其硬度和拉伸性能进行测定。

根据 Slipenyuk 等[2]的理论：SiCp 在复合材料中均匀分布时，SiCp 与 Al 的体积比有一个临界值，仅当小于体积分数的临界值时，SiCp 在复合材料中才能分布均匀。SiCp 在复合材料中临界体积分数的计算公式如下：

$$W_{临界}=\alpha\frac{V_{SiC}}{V_{Al}+V_{SiC}}=\alpha\left\{1-\left[1+\left(\frac{d}{D}\right)^3+\left(\frac{2}{\sqrt{\lambda}}+\lambda\right)\left(\frac{d}{D}\right)^2+\left(\frac{1}{\lambda}+2\sqrt{\lambda}\right)\frac{d}{D}\right]^{-1}\right\} \tag{5-1}$$

式中，$W_{临界}$ 为 SiCp 在基体 Al 中均匀分布时增强体的临界体积分数；V_{SiC} 和 V_{Al} 分别为 SiCp 与 Al 基体在复合材料中的体积分数；d/D 为 SiCp 与基体 Al 的平均粒径比值，试验中为 0.5；λ 为挤压比，本试验中 λ=15；α 为一个常量，取值 0.18 当 SiCp 为 5μm，基体 Al 颗粒粒径为 10μm 时的临界体积分数为 15.97%，换算为质量分数是 18.66%，略小于试验中所用的 20%质量分数，故 SiCp 在复合材料的微观组织中可能会有轻微团聚。

图 5-4 为不同预处理态 20%SiCp/Al-19Si 复合材料的微观组织。图中黑色颗粒为 SiCp，浅灰色颗粒为 Si 相，铝基体则呈深灰色。由图 5-4(a)可知，未经预处理的 SiCp 在复合材料有严重的团聚现象，复合材料中有少量孔洞和空隙，界面结合不佳。由图 5-4(b)可知，球磨处理的 SiCp/Al-19Si 复合材料中 SiCp 团聚现象依然严重；而图 5-4(c)、(d)中稀 HCl 和饱和 NaOH 浸洗过的 SiCp/Al-19Si 复合材料中 SiCp 团聚现象有所减弱，也未见孔洞或空隙，界面结合有所提高。由图 5-4(e)可知，高温氧化后的 SiCp 在复合材料中分布最均匀，团聚现象极大减弱，界面结合相对致密。分析原因为：呈不规则尖角状的 SiCp 在混料时颗粒流动性差，混料严重不均，复合材料组织中 SiCp 容易集中成团；热挤压时 SiCp 的尖角阻碍其二次流动，在大的挤压力作用下，会造成 SiCp 破碎；团聚的 SiCp 尖角阻碍粉末冶金烧结过程中基体原子的扩散，在 SiC 颗粒尖角处容易形成孔洞和空隙，导致 SiCp 与基体界面结合差。尖角钝化后圆整的 SiC 颗粒，在混粉和挤压过程中相对容易转动和流动，增强颗粒对基体原子扩散阻力减小，提高 SiCp 在复合材料中的均匀度，减小增强颗粒破碎现象和界面处的孔洞缺陷，界面结合致密。

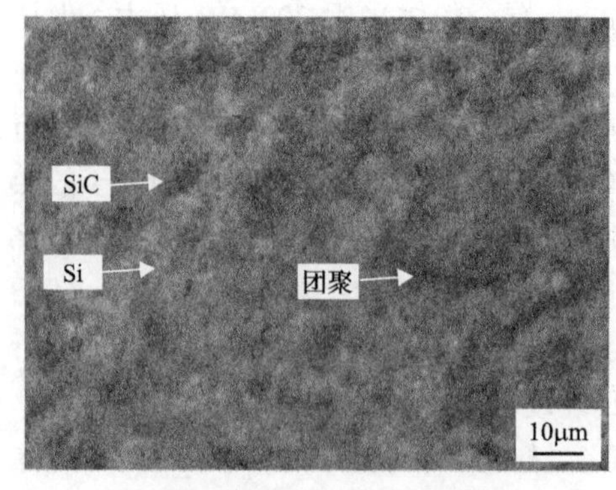

(a) 原始态SiCp/Al-19Si复合材料

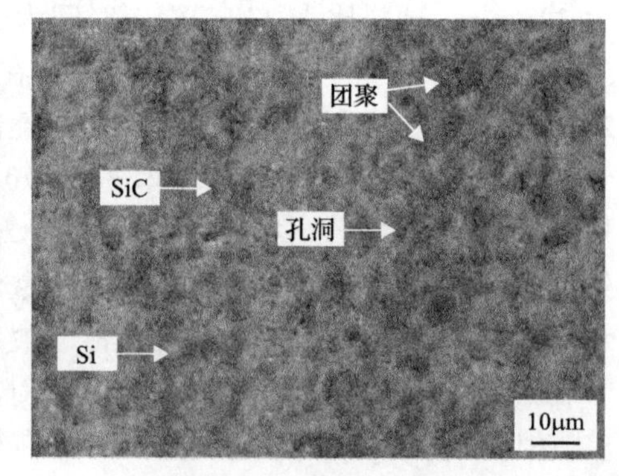

(b) 球磨处理的SiCp/Al-19Si复合材料

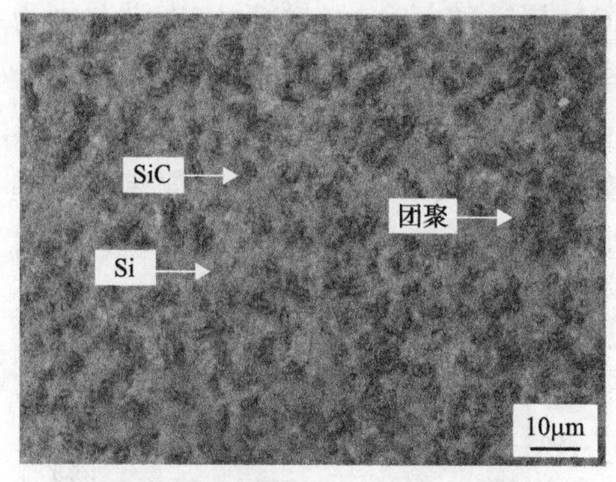

(c) 稀HCl浸洗的SiCp/Al-19Si复合材料

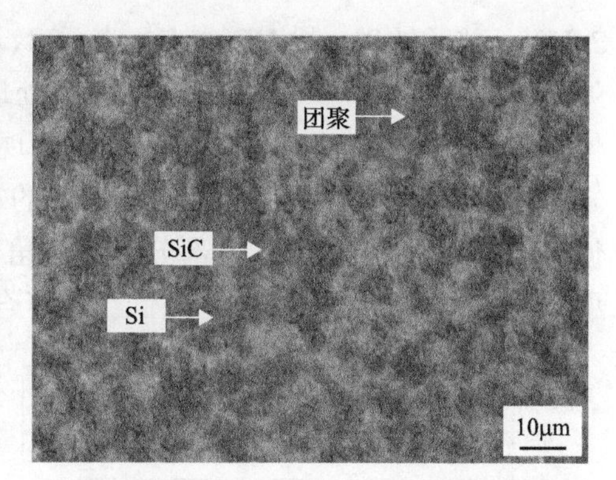

(d) 饱和NaOH浸洗的SiCp/Al-19Si复合材料

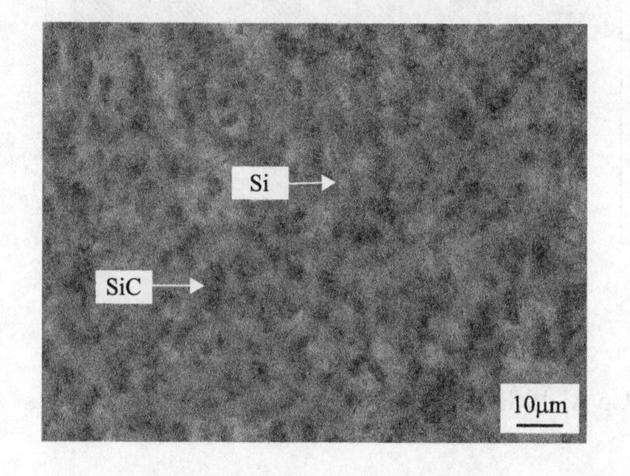

(e) 高温氧化的SiCp/Al-19Si复合材料

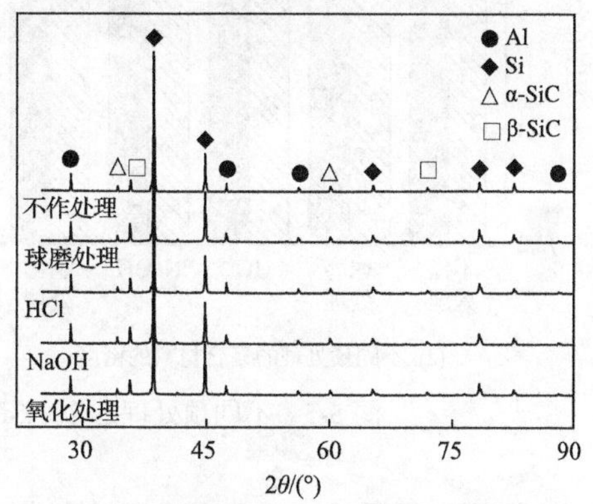

(f) 不同预处理的SiCp/Al-19Si的XRD分析

图 5-4　不同预处理态复合材料微观组织及 XRD 分析

不同预处理态的复合材料 XRD 物相组成分析结果如图 5-4(f)所示。由图可知，采用粉末冶金法制备的 20%SiCp/Al-19Si 复合材料物相组成为 α-Al、β-Si 和 SiC 相(β-SiC 和 α-SiC)，没有 Al_4C_3 和 $MgAl_2O_4$ 的衍射峰，也无 SiO_2 衍射峰；这可能是因为烧结温度和热挤压温度较低，界面反应较弱，或者没有发生界面反应，若判断 SiCp/Al 的界面反应是否发生，还需进一步分析表征。

5.1.2　预处理后 SiCp/Al-19Si 复合材料致密度

图 5-5 为不同预处理态 20%SiCp/Al-19Si 复合材料的密度对比图。基于混合定律计算得到试验 20%SiCp/Al-19Si 复合材料的理论密度为 $2.7153g/cm^3$；其实际密度由阿基米德排水法计算而得，如图 5-5(a)所示。可知，高温氧化态 20%SiCp/Al-19Si 复合材料的实际密度最大，为 $2.6863g/cm^3$，和理论密度相差最少。图 5-5(b)为不同预处理复合材料的致密度，可知高温氧化态复合材料的致密度达到 98.93%，相对于原始态 20%SiCp/Al-19Si 复合材料的致密度 96.66%提高了

2.35%。球磨处理、稀 HCl 浸洗、饱和 NaOH 浸洗的复合材料的致密度则分别为 97.38%、98.10%、97.77%。未经过预处理的 SiCp 形貌不规则，造成混料不均，使 20%SiCp/Al-19Si 复合材料产生团聚现象，导致复合材料中出现孔洞和空隙等缺陷，如图 5-5(a)所示；故复合材料的实际密度和致密度不高。高温氧化处理使 SiCp 粒径范围变窄，大部分颗粒棱角变钝，颗粒圆整度提高，其在复合材料中的分布更加均匀，气孔率降低，使复合材料实际密度和致密度显著提高。

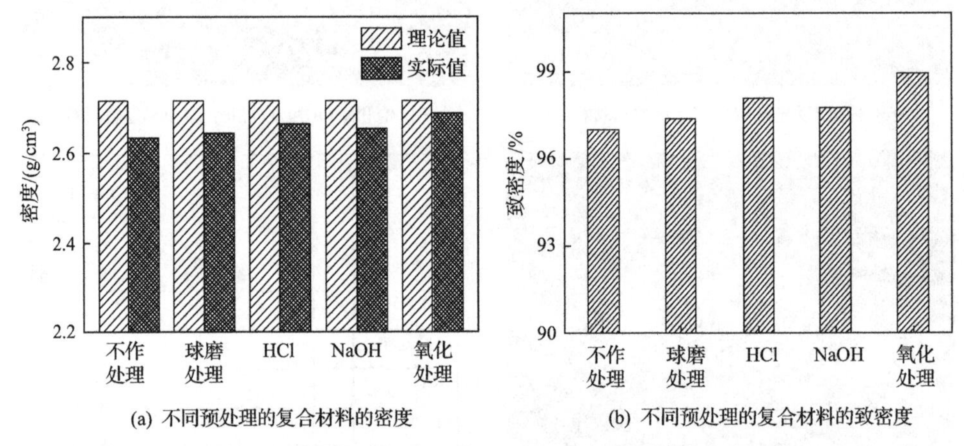

(a) 不同预处理的复合材料的密度　　(b) 不同预处理的复合材料的致密度

图 5-5　不同预处理的 20%SiCp/Al-19Si 复合材料的密度分析

5.1.3　预处理后 SiCpAl-19Si 复合材料拉伸性能

图 5-6 为不同预处理 20%SiCp/Al-19Si 复合材料 T6 处理后的拉伸性能分析图。由图 5-6(a)可知，原始态 20%SiCp/Al-19Si 复合材料的抗拉强度为 223MPa，高温氧化态 20%SiCp/Al-19Si 复合材料的抗拉强度最大，达到 310MPa；相比于原始态提高了 39%。由图 5-6(b)不同预处理复合材料延伸率可知，高温氧化态 SiCp/Al-19Si 复合材料延伸率由原始态的 1.524%提高到 1.950%，提高了 0.426 个百分点。由强化机制可知，复合材料的强化主要取决于增强相加入后复合材料微观结构改变和界面结合情况，即由 SiCp 形貌及尺寸、SiCp 在复合材料中分布情况以及 SiCp 与 Al 的界面结合状况决定[3]。原始态 SiCp 是尖角状的多面体形状，在复合材料中存在严重团聚现象，SiCp 尖角处易产生应力集中，导致出现微裂纹的概率增大；不规则的尖角状颗粒还相对较容易割裂基体，从而使复合材料强度降低，导致复合材料在外力作用下，沿 SiCp 尖端或孔隙所引起的应力集中处发生脆性断裂，进而降低复合材料的塑性。高温氧化处理的 SiCp 尖角处钝化，颗粒边缘变得更加圆润，在混料和热挤压过程中分散更加均匀，使复合材料整体性能提高。高温氧化反应在 SiCp 表面形成的氧化膜还可以提高 SiC 与 Al 的润湿性[4]，提高界面结合

强度，有利于提高载荷在基体颗粒间的传递能力[5]，最终提高复合材料的抗拉强度和延伸率。

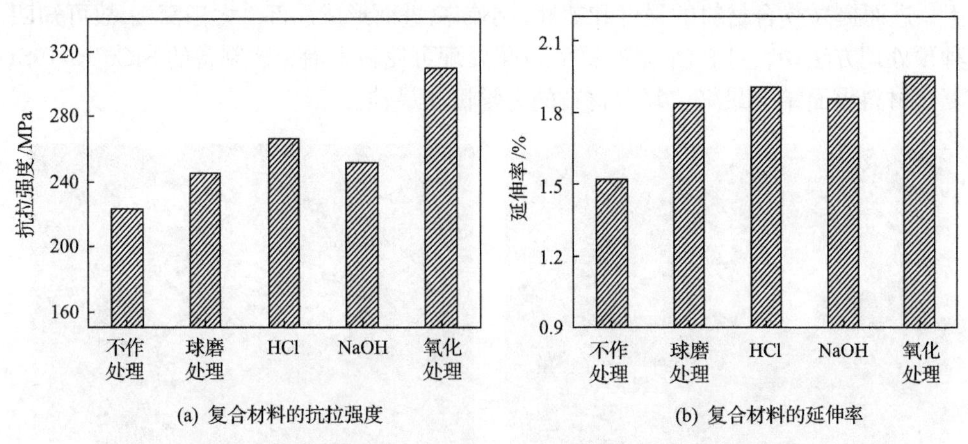

(a) 复合材料的抗拉强度　(b) 复合材料的延伸率

图 5-6　不同预处理 20% SiCp/Al-19Si 复合材料的拉伸性能

5.1.4　预处理后 SiCp/Al-19Si 复合材料断口形貌

颗粒增强复合材料的断裂形式很大程度上由添加的增强体颗粒强度、基体强度、增强体与基体界面结合情况控制[6]。SiCp 和 Al 合金自身的强度远高于两者结合的界面黏结强度[7]，在拉伸变形过程中基体 Al 合金和 SiCp 的弹性及塑性变形性能差异很大，导致应力在 SiCp 和 Al 界面处集中，形成裂纹源，出现断裂。图 5-7 是不同预处理 20%SiCp/Al-19Si 复合材料的拉伸断口形貌。由图 5-7(a)可知，原始态 SiCp 增强的复合材料断裂面韧窝不规则，一种韧窝是颗粒团聚部分引起的基体撕裂，这种韧窝较大且浅，撕裂脊较宽且平，底面平整光滑，表现为增强体颗粒与基体结合不牢的颗粒脱落现象，说明此时的塑性较差，延伸率较低，此时属于脆性断裂。

第二种韧窝是和 SiCp 形状大小相接近的小韧窝，韧窝较深，并且能够看见 SiCp 在韧窝底部形成的形状。复合材料在受到外界载荷作用时，由于 SiCp 较小且不规则，SiCp 尖端或孔隙成为裂纹源的概率增大，在拉力作用下极易发生断裂，此时断裂应属于脆韧性断裂。

由图 5-7(b)～(d)球磨、稀 HCl 浸洗、饱和 NaOH 浸洗的 SiCp/Al-19Si 断口形貌进行观察分析可知：断裂面依然存在增强体形状不规则导致的裂纹源而产生的断裂纹及不同程度的增强体脱落现象。由图 5-7(e)分析可知，高温氧化态 20%SiCp/Al-19Si 复合材料韧窝形状较规则，大小相对一致，撕裂面窄，说明此时的塑性稍好，此时属于脆韧性断裂。当界面结合比较好时，塑性变形层包裹着 SiCp，高温氧化处理改善了 SiCp 形貌，降低了增强颗粒对基体所产生的应力集中，减小了界面处产生裂纹的倾向，使 SiCp 与基体之间的界面结合强度得到了加强。由图 5-7(e)可知，SiCp 与 Al 的良好界面能使外力作用有效地从基体传递到 SiCp 上，进而提高复合材料的强度和塑性，小韧窝进而形成局部“大韧窝”。故可知四种预处理方法中，对 SiCp 进行高温氧化处理可使粉末冶金法制备的 SiCp/Al-19Si 复合材料界面结合最好，复合材料的力学性能最佳。

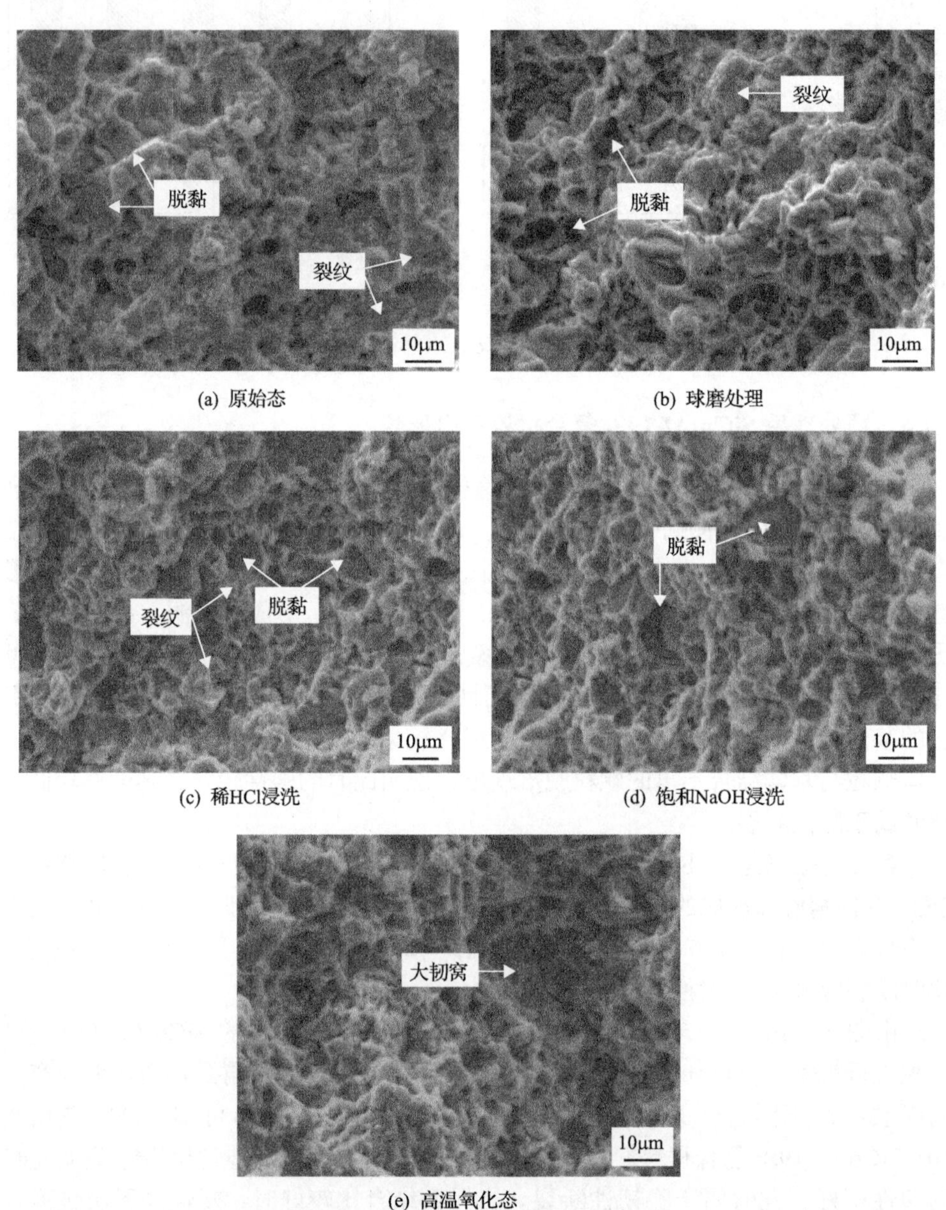

(a) 原始态　(b) 球磨处理

(c) 稀HCl浸洗　(d) 饱和NaOH浸洗

(e) 高温氧化态

图 5-7　不同预处理态的 SiCp/Al-19Si 复合材料断口形貌

5.2　SiCp 氧化处理的热力学及动力学

通过对不同预处理态 20%SiCp/Al-19Si 复合材料组织与性能的分析可知，采用粉末冶金法制备复合材料的最佳 SiCp 预处理方式是高温氧化处理。为进一步了解 SiCp 氧化行为，先将原始态的 SiCp 用蒸馏水进行多次洗涤，然后置于电阻炉中进行 700℃加热保温 3h 处理，除去颗粒表面有机物和杂质元素；将定量“相对干净”的 SiCp 置于高温氧化炉中分别进行 900℃、1000℃、1100℃、1200℃焙烧氧化，并分别保温 2h、4h、6h、8h 的高温氧化处理；利用分析天平称量并计算 SiCp 氧化后的质量增加量；基于反应热力学和动力学，研究 SiCp 氧化速率与氧化时间和氧化温度的关系；提出一种 SiO_2 膜厚度的估算公式，以期为 SiCp 的工程应用及复合材料性能优化提供一定的理论依据。

5.2.1　SiCp 氧化热力学分析

SiCp 的氧化处理是各国学者的研究的热点之一。但目前对 SiCp 的表面物质状态及形貌表征方面的研究还存在一定的局限，较为常用的是根据颗粒理论模型和氧化热力学原理进行 SiCp 氧化行为研究。SiCp 的氧化过程十分复杂，首先，由于微纳米颗粒尺寸较小，比表面积较大，在高温氧化过程中的分散性受到限制，会产生团聚黏结现象，将严重影响 SiCp 氧化反应的进行。其次，还因为 SiCp 的两种组成元素 Si 和 C 都可以与 O 元素发生反应，生成两种不同的氧化物，即 SiO 或 SiO_2、CO 或 CO_2。相关文献显示[8]，根据 O_2 分压的不同，SiCp 的高温氧化反应分为两种方式，即活性氧化反应和惰性氧化反应。当反应气氛中 O_2 化学位较低时，主要发生活性氧化，此时 SiC 与 O_2 反应生成气态的 SiO，反应过程中消耗 SiC，表现为样品失重。惰性氧化反应则发生在 O_2 化学位较高时，SiC 与 O_2 反应生成固态的 SiO_2，SiO_2 会包覆在 SiCp 表面，表现为样品增重。

根据热力学原理和无机物热力学手册[9]，在一定条件下两种物质之间的反应可由式(5-2)进行估算：

$$\Delta G^0 = A + BT \tag{5-2}$$

式中，A 和 B 为热力学数据常数，可由无机物热力学手册查询；T 为热力学温度。因此，可计算出 SiC 与 O_2 可能发生反应的吉布斯自由能（ΔG^0）随温度的变化，如表 5-1 所示。可知，900℃以上，各反应的吉布斯自由能均为负值，不考虑氧化反应速率时，SiCp 的高温氧化反应理论上是可以自发进行的。

由表 5-1 中 SiCp 与 O_2 相关反应的氧化热力学吉布斯自由能可知，在加热温度为 900～1200℃，不考虑氧化速率的条件下，氧化反应可以发生，低于 900℃时

表 5-1 SiC 与 O_2 反应的吉布斯自由能变化

氧化反应方程	ΔG^0/(J/mol)	ΔG^0 计算结果/(J/mol)	
		900℃	1200℃
$2SiC(s)+3O_2(g)=2SiO_2(s)+2CO(g)$	$-1896900+164.60T$	−1703799.51	−1654419.51
$SiC(s)+2O_2(g)=SiO_2(s)+CO_2(g)$	$-1229400+167.53T$	−1032862.18	−987022.63
$2SiC(s)+3O_2(g)=2SiO(g)+2CO_2(g)$	$-853000-181.42T$	1065832.87	−1120258.87
$SiC(s)+O_2(g)=SiO_2(s)+C(s)$	$-834050-168.07T$	−1031221.32	−1101308.87
$SiC(s)+O_2(g)=SiO(g)+CO(g)$	$-1445550-175.94T$	−1651954.01	−1704736.01
$2SiC(s)+O_2(g)=2SiO(g)+2C(s)$	$-322300-8.20T$	−331919.83	−334379.83
$SiC(s)+O_2(g)=Si(s)+CO_2(g)$	$-62300-180.34T$	−273865.87	−327967.87
$2SiC(s)+O_2(g)=2Si(s)+2CO(g)$	$-82700-186.86T$	−301914.81	−357972.81

SiCp 的氧化反应十分微弱。为探明加热温度和时间对 SiCp 氧化行为的影响规律，本节选取加热温度 900℃、1000℃、1100℃、1200℃，保温时间分别选取 2～8h。图 5-8 为 SiCp 氧化增重与氧化时间及氧化温度的关系曲线。由图 5-8(a)可知，当氧化时间(6h)恒定，900～1100℃氧化时，SiCp 氧化增重随着氧化温度的升高而升高，氧化增重与氧化时间基本呈线性关系；氧化温度升高到 1200℃时，SiCp 氧化增重升高幅度变缓。这种关系与热力学理论相符，温度越高，氧化的化学反应越容易进行。但结果发现，对于 5μm 的 SiCp，在 1100℃下氧化 6h 时出现轻微的 SiCp 团聚现象，1200℃氧化 6h 时板结现象十分严重，可能是由于 SiCp 粒径较小，比表面积较大，氧化温度高，使互相接触的 SiC 粉体表层之间发生了互扩散而形成严重的团聚现象。SiCp 团聚成大颗粒，会使其相对表面积减小，与 O_2 的接触面积亦减小。这种团聚现象将不利于氧化反应的进行，故将试验中 5μm 的 SiCp 氧化反应的最佳温度选取 1000℃。

由图 5-8(b)可知，当氧化温度(1000℃)恒定、氧化时间为 2～6h 时，SiCp 氧化增重百分数随着氧化时间的增加而增加，亦基本呈线性关系，氧化进行 6h 后，氧化增重升高幅度减缓。这与氧化关系、界面物质化学反应规律相符。氧化反应时间大于 6h 后，氧化增重的百分数随时间的延长趋于缓慢，基本达到化学平衡状态。此结果对应氧化前期，氧化反应速率受界面处的两种物质化学反应协同作用控制。说明随着氧化过程的进行，SiCp 表面生成一层致密的 SiO_2 层，O_2 必须通过缓慢扩散才能通过 SiO_2 层与 SiC 反应，而 SiO_2 层厚度增厚也阻碍了 CO_2 等的反向扩散，从而使氧化速率降低，氧化增重变慢。此结果也进一步说明，SiCp 的高温氧化反应分为两个阶段：氧化前期和氧化后期，前期的氧化速率主要由界面处的两种物质的化学反应速率影响，后期的氧化速率则由反应物质 O_2 与生成物 CO_2 等的扩散速率控制。

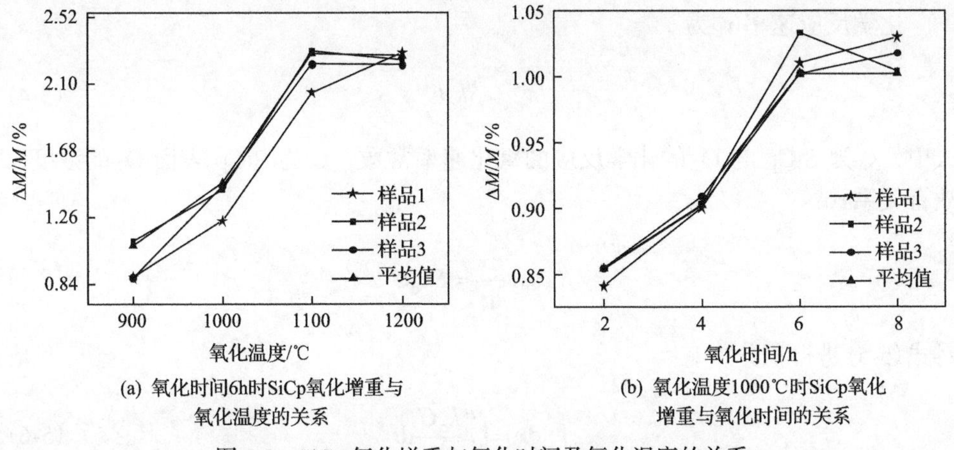

(a) 氧化时间6h时SiCp氧化增重与氧化温度的关系

(b) 氧化温度1000℃时SiCp氧化增重与氧化时间的关系

图 5-8　SiCp 氧化增重与氧化时间及氧化温度的关系

5.2.2　SiCp 氧化动力学分析

根据气固反应动力学原理，理论上 SiCp 的高温氧化反应步骤应为：①O_2 分子通过界面层扩散到 SiCp 表面(即外扩散)；②O_2 通过反应物表层向内层界面 SiC/SiC 扩散(内扩散)；③在颗粒表面发生氧化反应($4O_2+3SiC \longrightarrow SiO+2SiO_2+3CO$)；④反应所需的 O_2 通过表层氧化膜的进一步内扩散过程；⑤气体反应产物的外扩散，即氧化反应生成的气体，如 CO、CO_2 或者 SiO，通过反应生成的氧化膜向外扩散的过程。在氧化反应刚开始阶段，反应产物量不多，氧化层很薄，SiCp 的氧化反应速率与界面处的物质化学反应速率相接近。在氧化反应后期，反应产物量增多，颗粒表面氧化层变厚，O_2 分子内扩散路径增长，阻力加大；随着 SiCp 氧化反应的进行，氧化气体产物的外扩散受阻；故氧化反应速率变得十分缓慢，主要由 O_2 等气体的扩散速率控制，可知 SiCp 的氧化是“界面处的物质反应和气体扩散混合影响的过程”[10]。因此，SiC 的高温氧化行为需从前期和后期两个阶段分别进行研究。

5.2.3　SiCp 氧化动力学方程

氧化前期，SiCp 表面直接与空气接触，高温下直接与其表面吸附的 O_2 发生氧化反应，SiCp 的氧化速率等于界面处的物质化学反应速率。若 SiCp 的原始半径为 R_1，SiCp 的氧化厚度为 x，颗粒表面积为 S，氧化后增重为 ΔM，SiC 和非晶产物 SiO_2 的密度分别为 ρ_{SiC} 和 ρ_{SiO_2}。则 SiCp 的氧化速率为

$$v = \frac{d\left[Sx\rho_{SiC}\right]}{dt} = S\rho_{SiC}\frac{dx}{dt} \tag{5-3}$$

化学反应速率 v_c 为

$$v_c = Sk_c C \tag{5-4}$$

式中，k_c 为 SiCp 与 O_2 的化学反应的氧化速率常数；C 为 SiCp 表面 O_2 的浓度。故有关系式：

$$S\rho_{SiC}\frac{dx}{dt} = Sk_c C \tag{5-5}$$

对式(5-5)进行积分，有

$$\int_0^x dx = \int_0^t \frac{k_c C}{\rho_{SiC}} dt \tag{5-6}$$

则有

$$x = \frac{k_c C}{\rho_{SiC}} t \tag{5-7}$$

而氧化过程中，一定质量的颗粒(设其数量为 N)单位面积的增重为

$$\frac{\Delta M}{SN} = \frac{xS\rho_{SiO_2} - xS\rho_{SiC}}{S} \tag{5-8}$$

即

$$x = \frac{1}{\rho_{SiO_2} - \rho_{SiC}} \cdot \frac{\Delta M}{SN} \tag{5-9}$$

由关系式(5-7)和式(5-9)可得

$$\frac{\Delta M}{SN} \cdot \frac{1}{\rho_{SiO_2} - \rho_{SiC}} = \frac{k_c C}{\rho_{SiC}} t \tag{5-10}$$

即

$$\frac{\Delta M}{SN} = \frac{(\rho_{SiO_2} - \rho_{SiC}) k_c C}{\rho_{SiC}} t \tag{5-11}$$

由关系式(5-11)可知，氧化前期，颗粒单位面积的质量增量与氧化时间理论上呈线性关系。

随着反应时间的延长，SiCp 表面逐渐生成致密的 SiO_2；而表面反应物 O_2 的

内扩散、生成物 CO、CO_2 等的外扩散受其影响，扩散阻力增大，整个反应的氧化速率则由扩散速率 v_D 控制。若 k_D 为 O_2 在氧化层中的扩散系数，则有

$$v = v_D = SC\frac{k_D}{x} \tag{5-12}$$

由式(5-3)和式(5-12)可知

$$S\rho_{SiC}\frac{dx}{dt} = SC\frac{k_D}{x} \tag{5-13}$$

对式(5-13)积分有

$$\int_0^x x\rho_{SiC}dx = \int_0^t Ck_D dt \tag{5-14}$$

故可得关系

$$\frac{1}{2}x^2 = \frac{Ck_D}{\rho_{SiC}}t \tag{5-15}$$

将式(5-7)及式(5-15)联立可得

$$\left(\frac{1}{\rho_{SiO_2} - \rho_{SiC}}\frac{\Delta M}{SN}\right)^2 = \frac{2Ck_D}{\rho_{SiC}}t \tag{5-16}$$

则有

$$\left(\frac{\Delta M}{SN}\right)^2 = \frac{2(\rho_{SiO_2} - \rho_{SiC})^2 Ck_D}{\rho_{SiC}}t \tag{5-17}$$

由式(5-17)可知，随着氧化反应的进行，SiCp 氧化后期，其单位面积的氧化增重与氧化时间呈抛物线规律。

5.2.4　SiCp 氧化动力学规律

分别将 SiCp 在 900℃、1000℃、1100℃及 1200℃时不同时间的氧化增重试验数据进行线性回归处理，理论条件下其单位面积增重与反应时间的规律如图 5-9 所示。由图 5-9(a)可见，氧化前期，即氧化时间为 2～5h 时，单位面积增重与时间呈线性关系；与动力学公式相符合；亦可证实前期 SiCp 的氧化速率受界面处的物质的化学反应速率控制。由图 5-9(b)可知，氧化时间为 5～8h 时(氧化后期)，单位面积的氧化增重与时间呈抛物线关系；其规律符合动力学公式。氧化反应进行到一

定程度后，颗粒表面的氧化物 SiO_2 膜变厚，严重阻碍反应物 O_2 或产物 CO_2 等的扩散，氧化反应速率严重受阻，SiCp 的单位面积增重变慢，直至氧化反应趋于平衡。

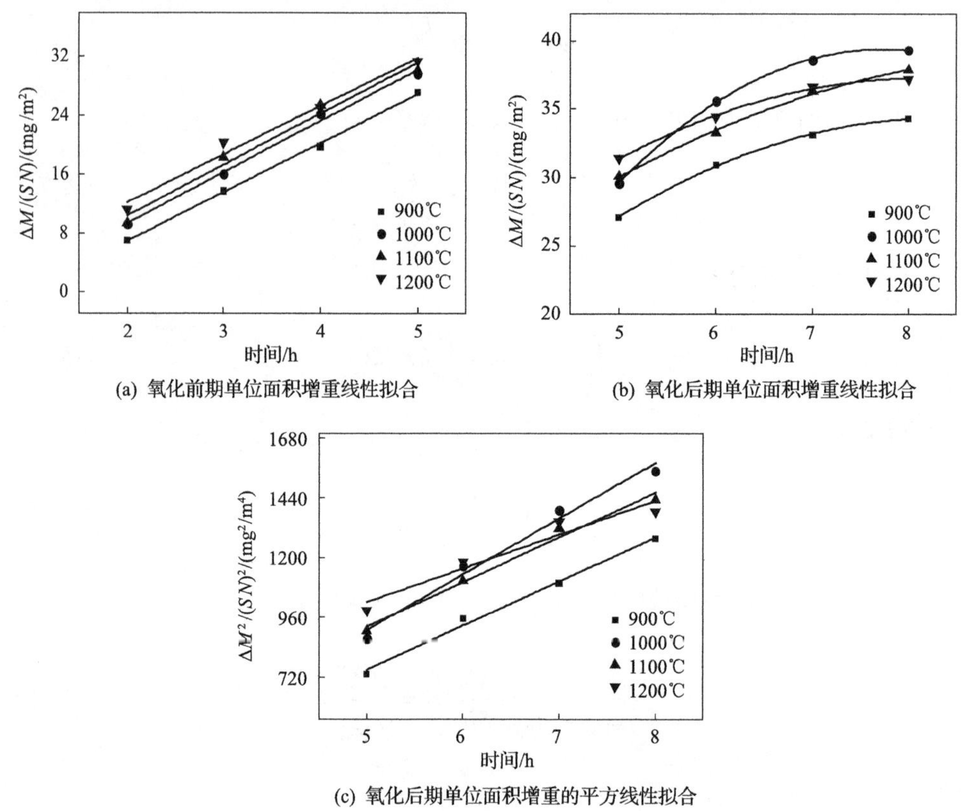

(a) 氧化前期单位面积增重线性拟合

(b) 氧化后期单位面积增重线性拟合

(c) 氧化后期单位面积增重的平方线性拟合

图 5-9　SiCp 恒温下单位面积增重曲线拟合

由氧化前期动力学公式可知，氧化速率与氧化时间呈线性关系。由图 5-9(a)可知，单位面积增重曲线的斜率即为 SiCp 氧化前期的氧化速率常数 k_c。而氧化后期的动力学公式显示，氧化速率与单位面积增重的平方呈线性关系，故对单位面积增重平方的曲线拟合，结果如图 5-9(c)所示。其直线斜率即为扩散速率 k_D。

表 5-2 为不同温度下，SiCp 在不同温度下的氧化速率常数及扩散速率常数。氧化速率常数和扩散速率常数都符合关系：$k_{1000℃}>k_{1100℃}>k_{900℃}>k_{1200℃}$。由氧化热力学可知，理论上温度越高，氧化反应越容易进行；氧化速率常数应与氧化度呈正比关系，随着氧化温度的升高而增大。但试验所测结果显示，$k_{1000℃}>k_{1100℃}>k_{1200℃}$。因为试验所用增强体颗粒粒径较小(5μm)，相对比表面积较大，具有较高的表面能，颗粒处于相对不稳定状态；当氧化反应温度高于一定值时，颗粒自身为降低表面能，常通过相互聚集靠拢趋于稳定状态而产生团聚现象，形成团聚状的“二次颗粒”或“三次颗粒”，使粒径相对变大，减小了与反应物 O_2 的接触

面积，严重削弱了氧化反应程度，使单位面积的增重变缓，最终导致较高温度时氧化速率常数减小。

表 5-2　SiCp 在不同温度下的氧化速率常数及扩散速率常数

温度/℃	K_c/[mg/(m²·h)]	k_D/[mg/(m²·h)]
900	6.63	176.81
1000	6.94	223.71
1100	6.92	179.30
1200	6.55	135.23

5.2.5　SiCp 表面氧化膜计算

作为 Al 基复合材料增强体的 SiCp 氧化处理备受国内学者欢迎。但 SiCp 的粒径相对较小，一般是微米级甚至纳米级；颗粒形状不规则，多为多角状的多面体，目前对其表面的氧化膜厚度的检测方面还存在一定的限制，只能在颗粒理论模型和氧化增重百分比方面进行理论计算。

SiCp 发生的氧化反应主要为表 5-1 中的前 3 个反应[11]。结合反应式可知，1 mol 的 SiC 转变成 1 mol 的 SiO_2，理论上将增量 20g，即质量为 $2M$ 的 SiC 氧化反应生成质量为 $3M$ 的 SiO_2，质量增加 M。若 SiCp 粒度相同，都为规则球状，SiCp 的原始半径为 R_1，氧化后的半径为 R_3，内部残余的 SiC 颗粒半径为 R_2，氧化反应后增加的质量分数为 w，则氧化反应生成的 SiO_2 膜厚度为 $x=R_3-R_2$；已知 SiC 和非晶 SiO_2 的密度分别为 3.16g/cm^3 和 2.2g/cm^3，氧化前 SiC 的体积为 V_{SiC}，质量则为 $\rho_{SiC} V_{SiC}$，氧化后的质量为 $(1+w)\ \rho_{SiC} V_{SiC}$，则有方程式如下：

$$\frac{4}{3}\pi(R_1^3-R_2^3)\rho_{SiC}\Big/\left[\frac{4}{3}\pi\left(R_3^3-R_2^3\right)\rho_{SiO_2}\right]=\frac{2}{3} \tag{5-18}$$

和

$$\frac{4}{3}\pi R_2^3\rho_{SiC}+\frac{4}{3}\pi\left(R_3^3-R_2^3\right)\rho_{SiO_2}=\left(1+w\right)\frac{4}{3}\pi R_1^3\rho_{SiC} \tag{5-19}$$

由式(5-18)、式(5-19)可解得

$$R_2=\left(1-2w\right)^{\frac{1}{3}}R_1 \tag{5-20}$$

$$R_3=\left(\frac{3w\rho_{SiC}}{\rho_{SiO_2}}+1-2w\right)^{\frac{1}{3}}R_1 \tag{5-21}$$

即氧化反应生成的 SiO_2 膜厚度 x 为

$$x = R_3 - R_2 = \left[\left(\frac{3w\rho_{SiC}}{\rho_{SiO_2}} + 1 - 2w\right)^{\frac{1}{3}} - (1-2w)^{\frac{1}{3}}\right] R_1 \tag{5-22}$$

式中，ρ_{SiC}、ρ_{SiO_2} 分别为 SiC 和 SiO_2 的密度，g/cm^3；w 为 SiCp 氧化后增加的质量分数，%。

当 SiCp 的原始半径为 R_1，颗粒的表面积 S，ΔM 为 N 个 SiCp 的氧化增量，SiC 被氧化的厚度为 d，还有如下关系：

$$\frac{\Delta M}{SN} = \frac{ndS\rho_{SiO_2} - dS\rho_{SiC}}{S} \tag{5-23}$$

式中，n 表示有一定的 SiCp 被氧化，就有相应 $n\,d$ 厚度的 SiO_2 生成[11]。

$$n = \frac{M_{SiO_2}}{\rho_{SiO_2}} \cdot \frac{\rho_{SiC}}{M_{SiC}} \tag{5-24}$$

则氧化生成 SiO_2 的厚度 x' 为

$$x' = nd = \frac{n}{n\rho_{SiO_2} - \rho_{SiC}} \frac{\Delta M}{SN} = \frac{n}{n\rho_{SiO_2} - \rho_{SiC}} \frac{\Delta M R_1 \rho_{SiC}}{3M} \tag{5-25}$$

即

$$x' = \frac{nwR_1\rho_{SiC}}{3\left(n\rho_{SiO_2} - \rho_{SiC}\right)} \tag{5-26}$$

若已知 SiCp 的半径值和氧化增重百分比，采用式(5-26)计算氧化生成 SiO_2 的厚度比式(5-22)更为简单快捷，两种计算方法的基础都是 SiCp 为理想球形。因为实际使用 SiCp 的粒径不均匀且形状复杂，所以此种方法仅可快速估算 SiCp 的氧化厚度情况。

将 SiCp 在不同氧化时间和氧化温度的增重平均值及已知数据分别代入厚度公式(5-22)和式(5-26)，各时间和温度下的厚度理论值如图 5-10 所示。由图可知，两种方式计算结果差别不大，而式(5-26)相对简单。对 SiCp 进行 1000℃保温 6h 的高温氧化处理后，使用 HRTEM 观察其表面形貌可知，表面氧化膜厚度约为 50nm。而由图 5-10(a)可知，通过理论公式计算所得的 1000℃保温 6h 的 SiO_2 厚度为 87nm。试验中 SiCp 不是规则圆状，其表面各处氧化程度虽有异，但试验结果与理论差值符合事实规律，SiO_2 厚度计算公式可取。对 SiCp 在 1000℃氧化 6h，SiCp 为理想规则球体时，其表面氧化膜厚度平均值为 85nm。霍玉柱等[12]对 SiC 晶片进行了热氧化研究，1200℃、60min 时氧化膜厚度为 75nm 左右。两种试验结果范围相近。

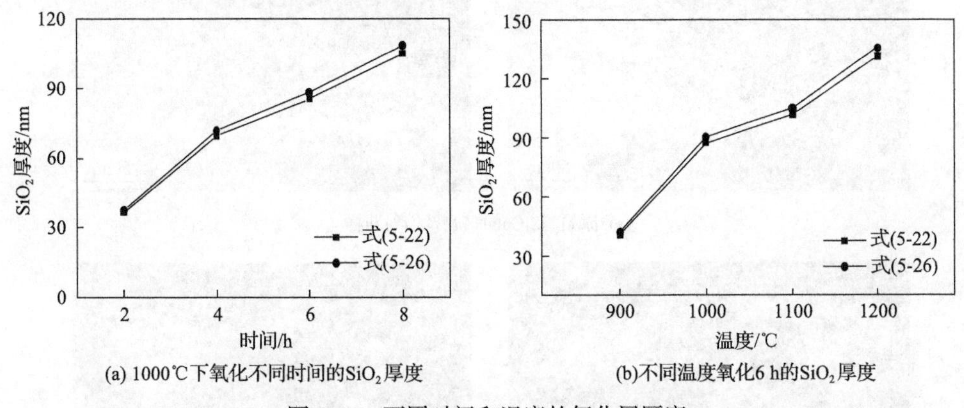

(a) 1000℃下氧化不同时间的SiO_2厚度　(b)不同温度氧化6 h的SiO_2厚度

图 5-10　不同时间和温度的氧化层厚度

5.3　氧化态 SiCp/Al-19Si 复合材料微观结构与强化机制

微纳米级颗粒表面表征相对困难，对 SiCp 氧化处理后表面表征和分析的文献相对较少。文献[13]中提到 SiCp 高温氧化后表面形成包覆物，是一层致密的非晶层，能有效阻止高温制备中 Al 对 SiCp 的侵蚀，避免有害界面反应物 Al_4C_3 的生成；但并未对表面非晶物质进行表征，仅通过能谱分析和相关报道判定非晶物质层为 SiO_2。

图 5-11 为高温氧化处理前后 SiCp 表面的 TEM 形貌及衍射花样。由图 5-11(a)可知，未经高温氧化处理的原始态 SiCp 高倍下表面依然相对“干净”，颗粒的边缘仍有较明显的棱角现象；衬度明显，为典型晶体结构。衍射花样经标定分为两种，一种为立方晶系 β-SiC，空间群为 F-43m(216)，点阵常数为 a =4.359Å，堆垛次序为 ABCABC…；另一种为密排六方的 6H-SiC，空间群 P63mc(186)，点阵常数为 a =3.081Å，c =15.120Å，每个(001)晶面包含 6 个堆垛层，原子堆垛次序为 ABCACB。由图 5-11(b)可知，SiCp 表面看起来更加圆润、光滑，颗粒表面明显存在厚度为 50nm 左右的物质，其衍射斑点为晕环状，具有明显的非晶物质特征，根据 SiCp 热力学反应公式和图 5-3(f) SiCp 的 XRD 分析，初步判定其为 SiO_2。

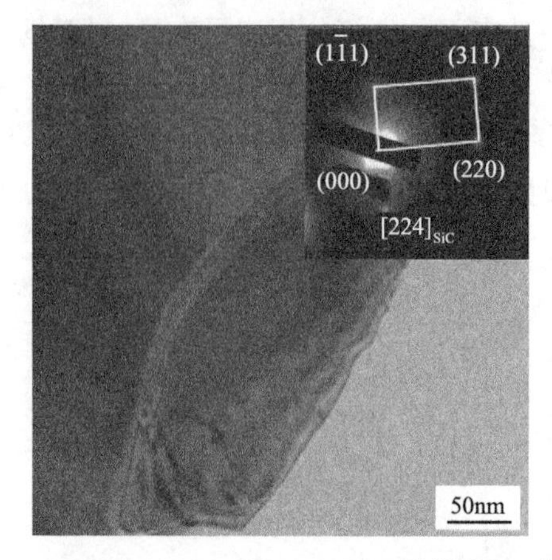

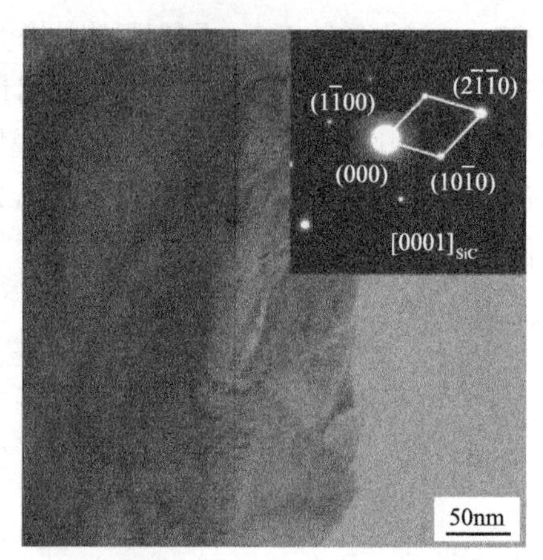

(a) 原始态SiCp的TEM及衍射花样

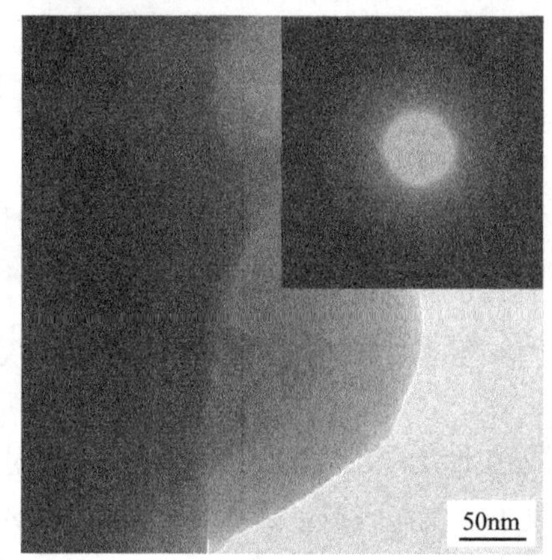

(b) 高温氧化态SiCp的TEM及衍射花样

图 5-11　SiCp 表面的 TEM 形貌及衍射花样

5.3.1　SiCp 表面的 XPS 分析

由于 XRD 检测范围相对较大，当物质含量小于一定值时无法检测，为更好地分析 SiCp 表面物质，试验采用 XPS 对原始态的 SiCp 进行表征和全组分检测；然后分别对 C、Si、O 元素的谱线进行精确扫描。使用 Multipak 分峰、拟合软件处理数据，以标准游离态 C 的结合能 284.6eV 校正数据，再对各元素单独进行分峰、拟合，去除背底和多余信息，然后用 Origin 作图，结果如图 5-12 所示。

由图 5-12(a)即全谱图可知，原始态的 SiCp 表面有 Si、C、O 元素。由图 5-12(b)，C 的 1S 谱线可知，在其全谱峰有两个谱峰，284.6eV 和 282.4eV，数据拟合后有谱峰 286.3eV 和 288.8eV，对照 NIST XPS Database，SiC 中 C 的标准结合能为

282.4eV，C—O—O 键、C═O 键分别为 288.8eV 和 286.3eV。XPS 测试原理是 X 射线照射样品而发射光电子，收集光电子得出光电子强度和能量，对 C 元素十分灵敏，结合光电子强度，图 5-12(a)中 C 元素的存在方式绝大部分为 SiC，少量为吸附碳或空气中的游离碳。由 Si 的 2p 谱线图 5-12(c)可知，峰值对应的结合能在 100.2eV 和 101.3eV 两处，且在 100.2eV 处最强；分别对应 SiC 和 SiO 中 Si 的标准谱峰为 100.1eV 和 101.3eV。由此可知，图 5-12(a)中 Si 主要以 SiC 和极少数不稳定的 SiO 形式存在。而由图 5-12(d)中 O 的 1s 谱线可知，主要谱峰的结合能为 530.6 eV，与物质结合能对照表中游离 O 相对应；而 SiO 所对应的结合能与游离 O 相比值太小，故谱峰不十分明显。故可得，原始态 SiCp 表面有游离态 C 或吸附 C、游离 O、极少数不稳定的 SiO，并无 SiO_2。

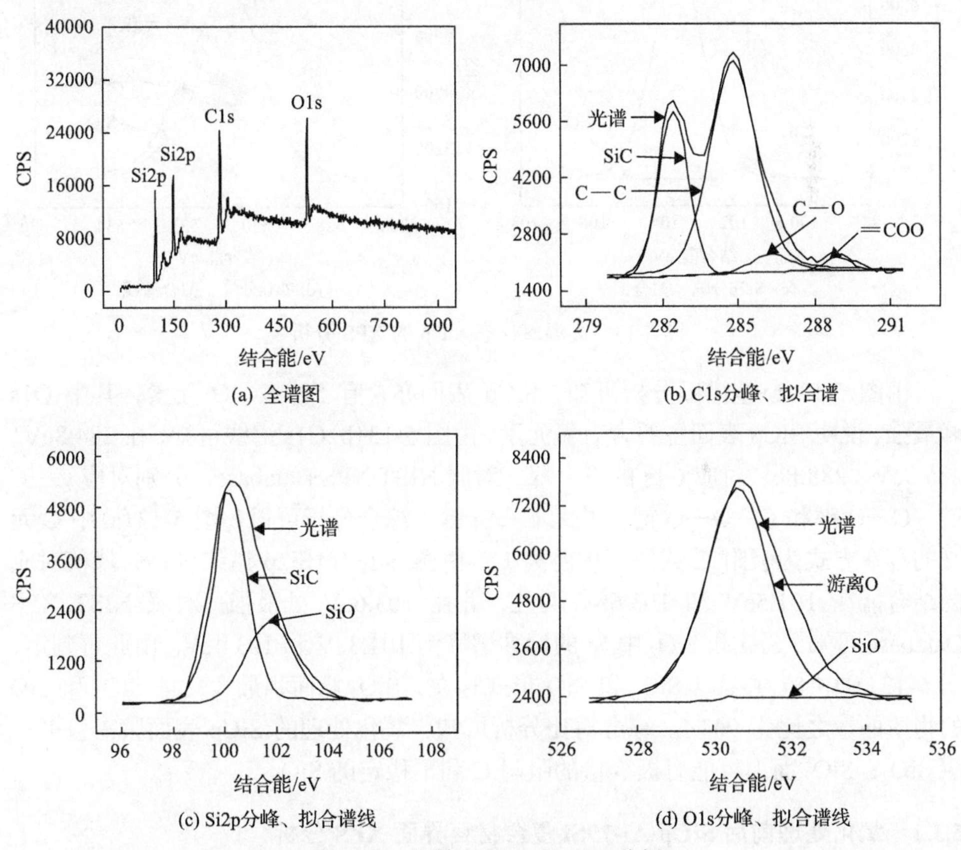

图 5-12　原始态 SiCp 的 XPS 分析

采用 XPS 对 1000℃氧化 6h 的 SiCp 进行检测和表征。首先对其进行全组分分析，然后分别对 Si、C、O 元素谱线单独进行分峰、拟合。使用 Multipak 分峰、拟合软件处理数据，然后用 Origin 作图，结果分析如图 5-13 所示。

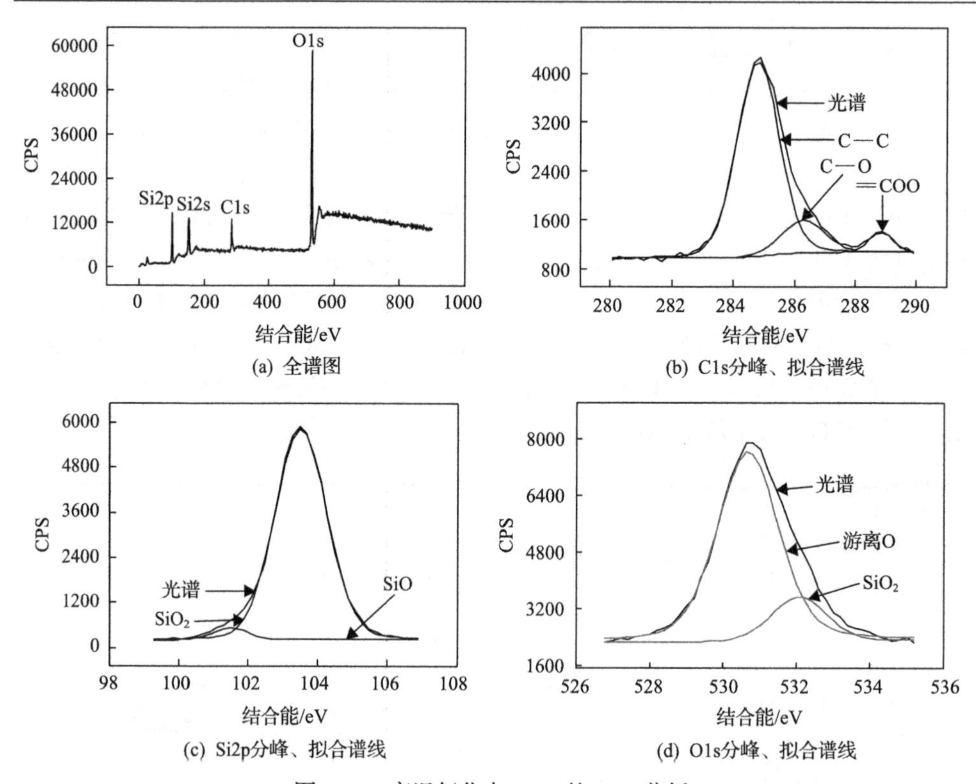

图 5-13　高温氧化态 SiCp 的 XPS 分析

由图 5-13(a)全谱图分析可知，SiCp 表面亦含有 Si、C、O 元素，其中 O1s 峰最强，说明 SiCp 表面主要含有氧元素。由图 5-13(b)C1s 谱线可知，在 284.8eV、286.3eV、288.8eV 对应 C1s 的三个峰，对照 NIST XPS Database，分别对应 C—C 键、C—O 键和 C—O—O 键，并无 C—Si 键。综合分析可得，图 5-13(a)中 C 元素的存在方式为吸附 C 或空气中游离 C。由图 5-13(c)Si2p 谱线可知，峰值对应的结合能在 101.5eV 和 103.6eV 两处，并在 103.6eV 处最强；对照 NIST XPS Database 可知，SiO 和 SiO_2 中 Si 的标准谱峰为 101.3eV 和 103.4eV。由此可判定，图 5-13(a)中 Si 主要以 SiO_2 和 SiO 形式存在，SiO_2 峰面积最大；且 SiO_2 和 SiO 的物质的量之比为 96∶4。综合对比分析可知，氧化处理的 SiCp 表面紧密包裹一层 SiO_2；SiO_2 面上可能有极少量的吸附 C 和不稳定的 SiO。

5.3.2　氧化处理前后 SiCp/Al-19Si 复合材料界面 XPS 分析

TEM 对复合材料的界面物质化学状态及存在形式的分析有一定的局限性，故为更好地探究界面处微观形貌的形成机理及复合材料结合机制，采用精准检测的 XPS 对复合材料界面处的物质进行表征。对试验样品进行线切割加工成标准 XPS 试样形式，在真空室中打断，露出新鲜断口；再于高真空度下进行复合材料断口界面的全组分 XPS 测试，检测分析其主要元素 Al、Si、C、O、Mg 的化学状态，进而判定复合材料界面处的物质存在形式，结果分析见图 5-14。

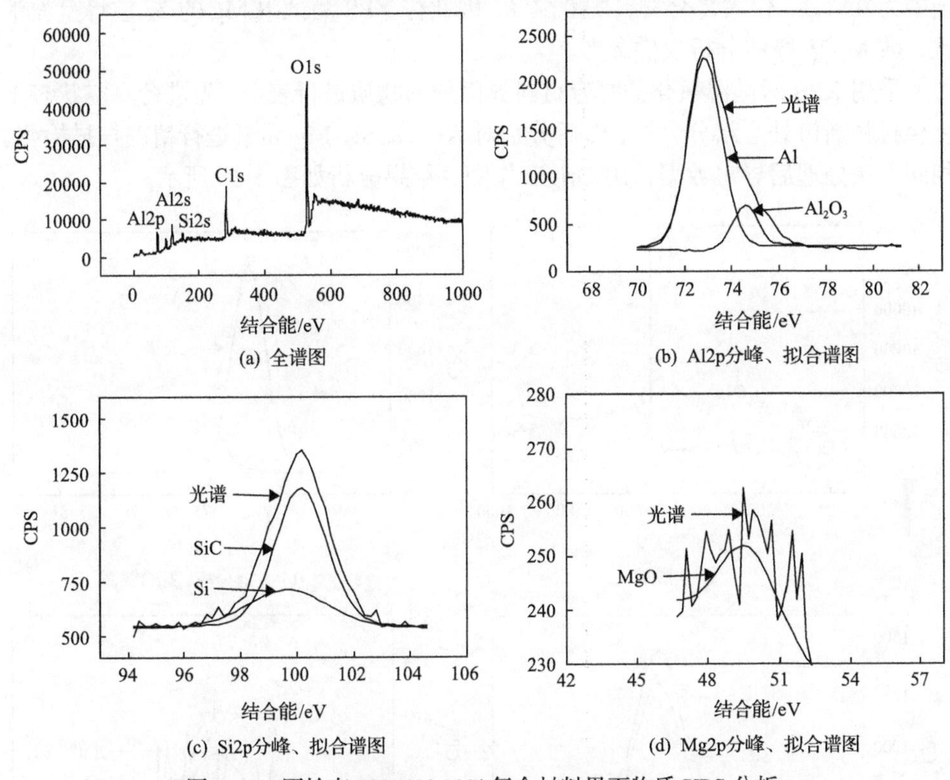

图 5-14 原始态 SiCp/Al-19Si 复合材料界面物质 XPS 分析

由图 5-14(a)原始态 SiCp/Al-19Si 复合材料全谱图可知，复合材料断口界面处有 Al、Si、C、O。Mg 元素相对较少，故没有检测到 Mg 元素的能量谱峰。由图 5-14(b)Al2p 分峰、拟合图可知，在 72.8eV 和 74.6eV 有两个谱峰，对照 NIST XPS Database，分别对应 Al(2p 结合能为 72.65eV)和 Al_2O_3(2p 结合能为 74.39eV)的结合能。XPS 测试对材料表面化学状态可定性分析，含量可半定量分析，可知其中 Al 和 Al_2O_3 的比例为 91∶9；基本都是以 Al 单质形式存在，很少一部分的是 Al_2O_3。Al 的 2p 分峰、拟合图未见脆性相 Al_4C_3(其 Al 的 2p 峰结合能为 73.60eV)，可能是因为粉末冶金法制备时烧结温度低，未产生有害界面反应。根据图 5-11(a)原始态 SiCp 表面 TEM 和图 5-14(c)、(d)XPS 分析可知，原始态复合材料中 SiCp 表面没有含 O 元素的物质存在，则此 Al_2O_3 中的 O 元素可能来自基体的 Al-19Si 合金粉，并不是界面的化学反应。由图 5-14(c)Si 的 2p 分峰、拟合图可知，在 99.9eV 和 100.4eV 有两个谱峰，分别与 Si(2p 结合能为 99.8 eV)和 SiC(2p 结合能为 100.4eV)的相应结合能对应，即可知 Si 元素的存在形式是单质 Si 和化合物 SiC。

由图 5-14(d)Mg 元素的精确扫描的 2p 分峰、拟合图可知，在 50.8 eV 有谱峰，此结合能与 MgO(其 2p 结合能为 50.8eV)对应。试验中 Mg 含量相当少(Al-19Si 合金中为 0.8%)，仅占复合材料的 0.64%，因此在 XPS 测试中 Mg 的 2p 波峰呈波浪状，故 Mg2p 峰的分析仅供参考。

采用 XPS 对高温氧化的复合材料界面处的物质进行表征。先进行真空状态下复合材料断口处全组分分析，然后分别对 Al、C、Si、Mg 元素进行精确扫描检测。相同方法处理后导出数据，用 Origin 作图，结果分析如图 5-15 所示。

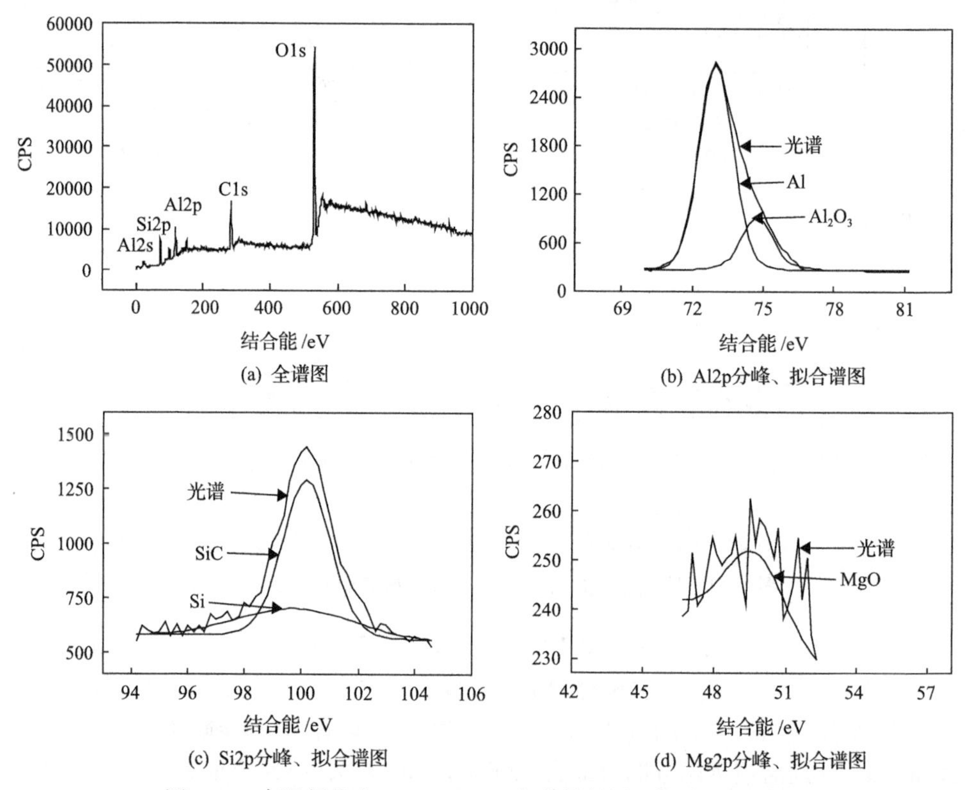

图 5-15 高温氧化态 SiCp/Al-19Si 复合材料界面物质 XPS 分析

由图 5-15(a)全谱图可知，高温氧化态 SiCp/Al-19Si 复合材料界面主要元素有 Al、Si、C、O。由图 5-15(b)Al2p 谱线可知，数据拟合后有谱峰 74.8eV 和 73.0eV，对照 NIST XPS Database，Al_2O_3 中 Al 的标准结合能为 74.39eV，而 Al 的 2p 标准结合能为 72.65eV，即高温氧化态 SiCp/Al-19Si 复合材料界面 Al 元素的存在形式为 Al 单质和 Al_2O_3。由半定量分析可知，高温氧化的复合材料界面处 Al 和 Al_2O_3 含量比约为 83∶17；故对比图 5-14(b)和图 5-15(b)峰的强度可得，高温氧化处理的 SiCp/Al-19Si 复合材料界面 Al_2O_3 的量明显增多，可知 SiCp 的高温氧化处理可以改变复合材料界面处物质。

图 5-15(b)中未见可能存在的界面反应物 $MgAl_2O_4$(Al 的 2p 峰结合能为 75.65eV)，可能是因为其含量与 Al 和 Al_2O_3 相比过少，故 XPS 未检测到。由图 5-15(c)中复合材料 Si 的 2p 精确扫描谱线可知，两峰值对应的结合能值在 100.5eV 和 99.9eV 两处；分别对应 SiC 中 Si 的标准谱峰为 100.4eV 及 Si 的 2p 标准结合能为 99.8eV。由此可知，图 5-15(c)中 Si 主要以 SiC 和 Si 单质形式存在。图中未见图 5-13(c)所检测到的高温氧化的 SiCp 表面的 SiO_2。根据相关研究可知，SiO_2 与界面处的 Al 和 Mg 发生化学反应。由图 5-15(d)中 Mg 元素精确扫描的 2P 分峰、拟合图可知，在 50.8eV 有谱峰，此结合能与 MgO(其 2p 结合能为 50.81eV)对应，而是否有 $MgAl_2O_4$ 的产生还需进一步验证。

5.3.3　氧化处理前后 SiCp/Al-19Si 复合材料界面形貌

图 5-16 为粉末冶金法制备的原始态 20%SiCp/Al-19Si 复合材料界面形貌及界面处两相的衍射花样。SiC/Al 界面基本分为两种类型：一种是干净、平直的干净型界面，如图 5-16(a)和(b)所示；这种界面在原始态 SiCp/Al-19Si 复合材料 SiC/Al

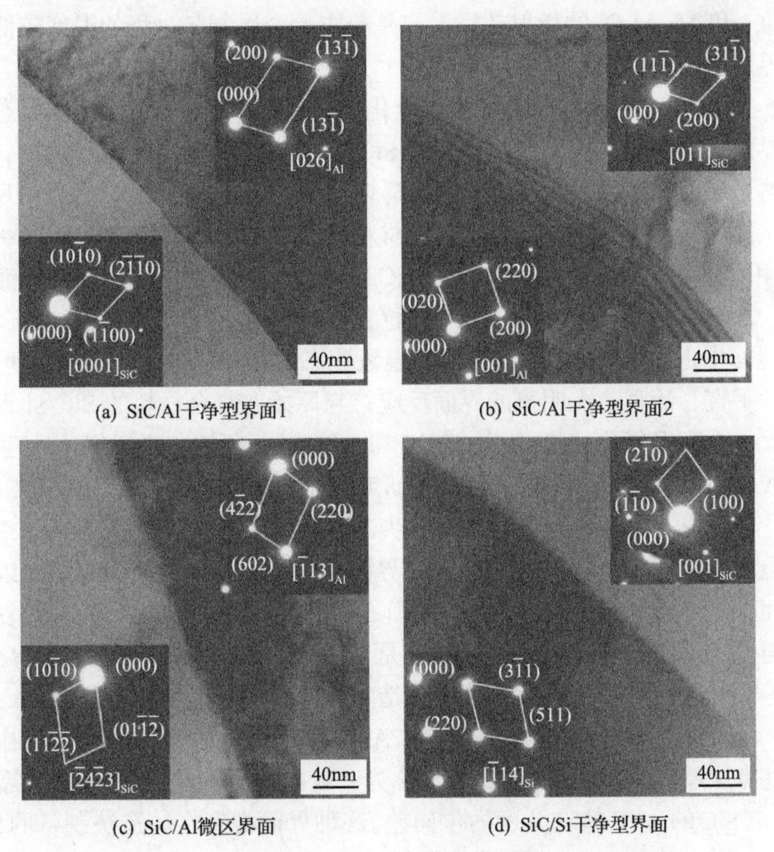

(a) SiC/Al干净型界面1　　(b) SiC/Al干净型界面2

(c) SiC/Al微区界面　　(d) SiC/Si干净型界面

图 5-16　原始态 SiCp/Al-19Si 复合材料的 TEM 分析

界面中占绝大多数。另一种为少数的反应型界面，在基体和增强体之间存在宽度为几纳米的界面微区，如图 5-16(c)所示。由复合材料界面处的物质化学状态[图 5-14(b)]分析得到原始态复合材料界面处有 Al_2O_3。

常温下 SiCp 的热膨胀系数为 4.7×10^{-6}℃$^{-1}$, Al 的热膨胀系数为 25×10^{-6}℃$^{-1}$；SiCp 与 Al 之间热膨胀系数的巨大差异导致临近 SiCp 的 Al 基体中有高密度位错。复合材料制备过程中，热挤压时的巨大变形(挤压比为 15∶1)，或者制备过程中温度冷却到室温时的巨大温差，Al 与 SiCp 之间将会产生热错配应力，热错配应力超过基体的屈服强度时，便会向 Al 合金中释放位错环，形成大量位错[14]。图 5-16(b)界面处 Al 中出现了等厚条纹，Al 基体比 SiCp 塑性好，TEM 试验制备过程中形成试样微区的微小变化，试样微区的不同厚度导致出现界面处 Al 的等厚条纹。复合材料烧结时，基体 Al-19Si 中过饱和固溶的 Si 元素会从基体中析出，形成 Si 相，出现部分 SiC 与 Si 界面，如图 5-16(d)所示。观察图 5-16(d)可知，SiC 与 Si 界面干净、平直、清晰，无明显的界面反应。原始态 SiCp/Al-19Si 复合材料的 SiC/Al 界面中未发现文献[15]所述的界面反应物 Al_4C_3 和 $MgAl_2O_4$ 的衍射花样，或是粉末冶金法制备过程的温度较低，未发生此类界面反应，抑或是物质含量特别少，有待进一步分析验证。

图 5-17 为粉末冶金法制备的高温氧化态 SiCp/Al-19Si 复合材料 T6 态的界面形貌及界面处两相物质的衍射花样。其 SiC/Al 界面小基本分为两种类型：一种是存在几纳米界面微区的、有元素扩散溶解现象的微区界面，如图 5-17(a)所示，这种界面在高温氧化态 SiCp/Al-19Si 复合材料的 SiC/Al 界面中占多数。另一种如图 5-17(b)和(c)所示，基体 Al 和增强体 SiC 之间出现几十纳米、有明显界面反应区的界面，为明显反应型界面；这种界面在高温氧化态 SiCp/Al-19Si 复合材料的 SiC/Al 界面中占少数。由图 5-17(d)高温氧化态复合材料的 SiC/Si 界面可知，界面干净、平直、清晰，无明显的界面反应；与原始态复合材料的 SiC/Si 界面相比变化不大。由高温氧化的 SiCp 的 TEM 和 XPS 分析可知，高温氧化处理使 SiCp 表面形成厚约 50nm 的 SiO_2。根据现有研究资料报道，SiO_2 膜可以改善 SiC 与 Al 的润湿性，形成有利于界面结合的镁铝尖晶石[16]。

高温氧化处理后复合材料的 SiC/Al 界面类型由干净型界面为主变为以存在几纳米界面微区的微区界面类型为主。如图 5-17(d)所示，高温氧化处理对复合材料的 SiC 与 Si 界面结构影响甚小，界面亦是干净、平直、清晰，无明显的界面反应。隋贤栋等[17]利用机械搅拌并采用离心铸造和挤压铸造成型，制备了 SiCp/Al-Si 复合材料。利用 TEM 观察复合材料的 SiC/Al 界面，发现在 SiC 与 Al 界面中间，靠近 SiC 处有层厚度小于 1 μm 的铝带，称为“亚晶铝带”。这种界面相紧靠 SiC 表面，与远离 SiC 的 Al 基体有几度的位向差。这种界面类型在铸造法制备的 SiCp/Al 复合材料中普遍存在。“亚晶铝带”与试验所得微区界面类似，由复合材料界面处 XPS 分析可知，“亚晶铝带”和微区界面处的物质可能就是 Al_2O_3，这种界面的形成可能与界面处的残余应力有关，对 SiCp/Al 复合材料的界面性能将起关键性作用。

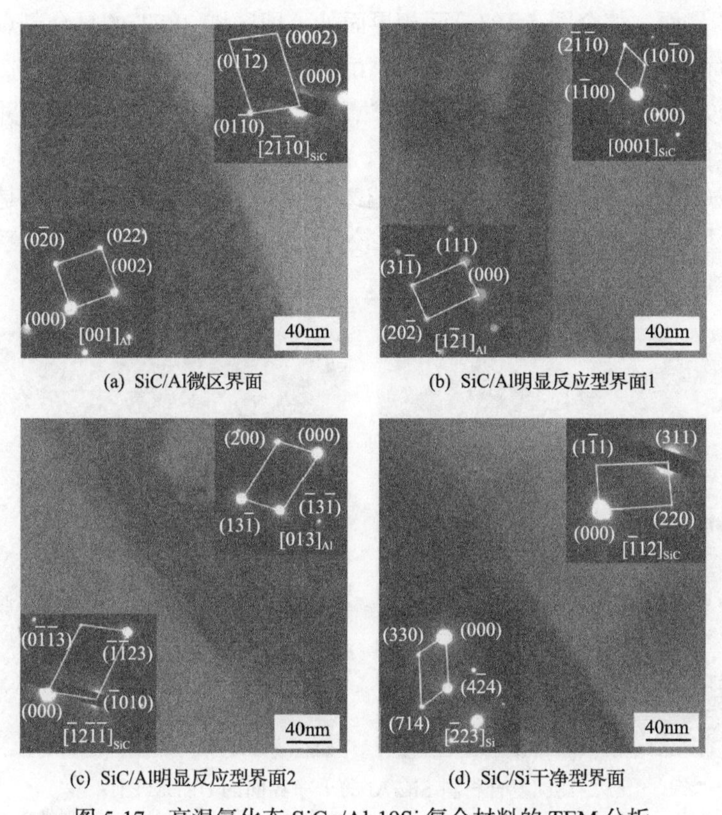

(a) SiC/Al微区界面　(b) SiC/Al明显反应型界面1

(c) SiC/Al明显反应型界面2　(d) SiC/Si干净型界面

图 5-17　高温氧化态 SiCp/Al-19Si 复合材料的 TEM 分析

5.4　氧化态 SiCp/Al-19Si 复合材料界面

5.4.1　氧化态复合材料的 SiC/Al 干净型界面

图 5-18 为原始态 SiCp/Al-19Si 复合材料众多 SiC/Al 干净型界面中的一个 HREM 图像，可以清楚地看到界面非常干净，没有其他物质生成，SiC 和 Al 排列紧密，界面结合良好。利用 Digital Micrograph 软件对图 5-18(a)中 HRTEM 像中区域 1～3 进行 FFT，得到相应选区处电子衍射斑点，分别对应图 5-18(b)～(d)。其衍射斑点与 TEM 所得电子衍射花样进行分析、比对、标定可知：图 5-18(b)对应点阵常数为 a=4.359Å，面心立方结构的 β-SiC，入射方向为[001]；图 5-18(d)对应点阵常数为 a=4.050Å 的面心立方结构的 Al 晶体，入射方向为

$[\bar{1}11]$。对图 5-18(a)中区域 2 处进行 FFT 和 IFFT，得到界面处原子结构排列的清晰 HRTEM 像，如图 5-18(e)所示。图 5-18(e)中左上方晶面间距为 0.218nm，对应的是 SiC 的(020)晶面，与此平行的右下方晶面间距是 0.286nm，对应的是 Al 的(110)晶面。综合图 5-18(a)两相界面处，即区域 2FFT 的复合斑点分析，有晶体学位向关系为：$[\bar{1}11]_{Al}$//$[001]_{SiC}$。$(020)_{SiC}$//$(110)_{Al}$。有关搅拌铸造法制备的 SiCp/ZL109 复合材料的界面研究表明[18]，SiC/A1 及 SiC/Si 界面之间并无固定的晶体学位向关系，但存在优先平行关系，如$(1103)_{SiC}$//$(111)_{Al}$，$[1120]_{SiC}$//$[110]_{Al}$；$(1101)_{SiC}$//$(111)_{Si}$，$[1120]_{SiC}$//$[112]_{Si}$。该试验中复合材料的制备采用的是粉末冶金法，混料过程是随机的，制备温度相对较低，并未发现晶体学位向关系有相关择优取向现象。

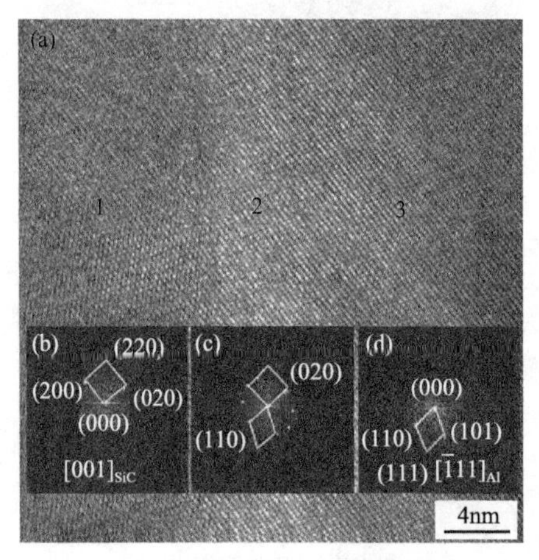

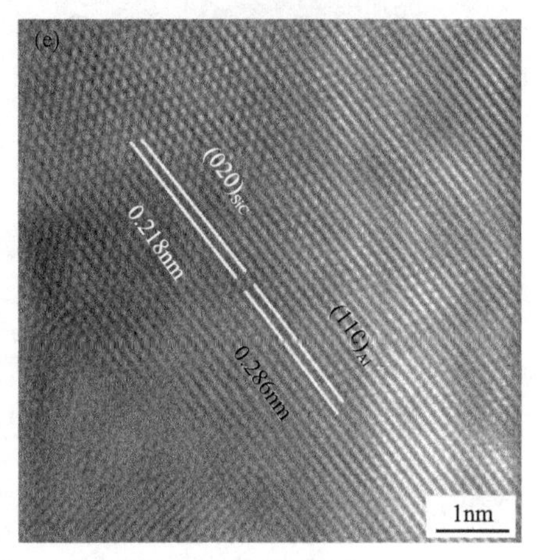

图 5-18　复合材料 SiC/Al 的干净界面的 HREM 图像

(a)HRTEM 像；(b)～(d)图(a)中区域 1～3 的 FFT；(e)图(a)中区域 2 的 IFFT 高分辨图像

5.4.2　氧化态复合材料的 SiC/Al 非晶界面

图 5-19 为复合材料其中一个 SiC/Al 的微区界面结构的 HREM 像，两相中间有非常明显的约 5nm 的微区界面层。对图 5-19(a)HRTEM 像中方框区域 1～3 进行 FFT，得到相应选区处电子衍射斑点，分别为图 5-19(b)～(d)。对图 5-19(b)比对、分析及标定可得，其对应图 5-19(a)中区域 1，为 Al 晶体，入射方向为[001]。对图 5-19(d)比对、分析及标定可得，其对应图 5-19(a)中区域 3，为 6H-SiC$[4\bar{5}13]$方向的 α-SiC。而图 5-19(c)为图 5-19(a)界面相即区域 2 处的 FFT 像，呈晕环状，具有明显的非晶特征。这种非晶界面主要存在于高温氧化处理的 SiC/Al-19Si 复合材料中，在原始态复合材料中出现得少(4.3.2 节)。由图 5-15(b)高温氧化态 SiCp/Al-19Si 复合材料的界面 XPS 测试的 Al 的 2p 分峰、拟合曲线得知，界面处

有 Al_2O_3，即可知非晶相成分为 Al_2O_3。故此种界面类型的产生与 SiCp 表面状态有关，表面改性后颗粒表面有厚约 50nm 的氧化层；烧结或热挤压的温度接近基体合金固相线温度，这都可能会使基体与增强体颗粒氧化层形成其他相。

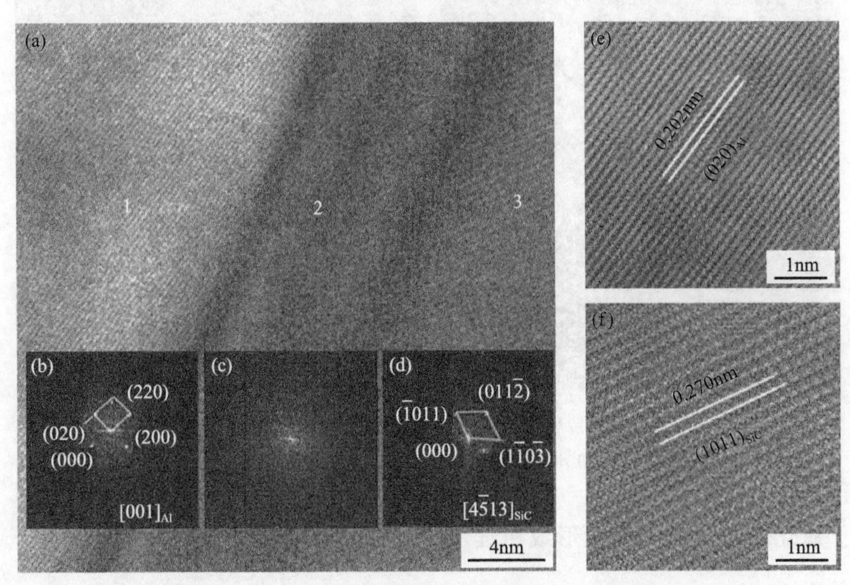

图 5-19　复合材料 SiC/Al 非晶界面的 HREM 图像

(a)高分辨像；(b)～(d)图(a)中区域 1～3 的 FFT 像；(e)图(a)中区域 1 的 IFFT 像；(e)图(f)中区域 1 的 IFFT 像

5.4.3　氧化态复合材料的 SiC/Al 反应型界面

高温氧化态复合材料中出现的另一种 SiC/Al 界面类型，称为反应型界面，其 HREM 图像、FFT 衍射斑点及 IFFT 像，如图 5-20(a)所示。对图 5-20(a)中区域 1 和 2 之间、区域 2 及区域 2 和 3 之间进行 FFT，得到对应衍射斑点如图 5-20(b)～(d)所示，分别为明显不同的三种晶体，可见反应型界面确实有新晶体相形成。对图 5-20(a)中区域 1 进行 FFT，衍射花样标定结果为六方结构的 α-SiC，入射方向为$[1\bar{2}10]$。图 5-20(c)为图 5-20(a)中界面相，即由选区 2 的 FFT，可知界面反应物为立方结构的 $MgAl_2O_4$，入射方向为$[\bar{2}33]$。SiC 与 $MgAl_2O_4$ 的晶体学位向关系为：$[1\bar{2}10]_{SiC}//[\bar{2}33]_{MgAl_2O_4}$，$(10\bar{1}3)_{SiC}//(02\bar{2})_{MgAl_2O_4}$。对图 5-20(a)中区域 3 进行 FFT，衍射花样标定结果如图 5-20(d)所示，为立方结构的 Al 基体，入射方向为[001]；其与 $MgAl_2O_4$ 的晶体学位向关系为 $[001]_{Al}//[\bar{2}33]_{MgAl_2O_4}$，$(022)_{Al}//(02\bar{2})_{MgAl_2O_4}$。图 5-20(e)为图 5-20(a)中中间界面物质的 IFFT 像，使用软件工具测量得晶面间距为 0.286nm，对应 $MgAl_2O_4$ 的入射方向为$[\bar{2}33]$，晶面指数为$(02\bar{2})$；垂直此面的晶面间距是 0.244nm 的(311)晶面。$MgAl_2O_4$ 与 SiC 之间和与 Al 之间均能形成半共格界面[19]，可作为中间媒介很好地连接增强体 SiC 和 Al 基体，提高复合材料界面结合强度，进而提高复合材料的整体综合性能。

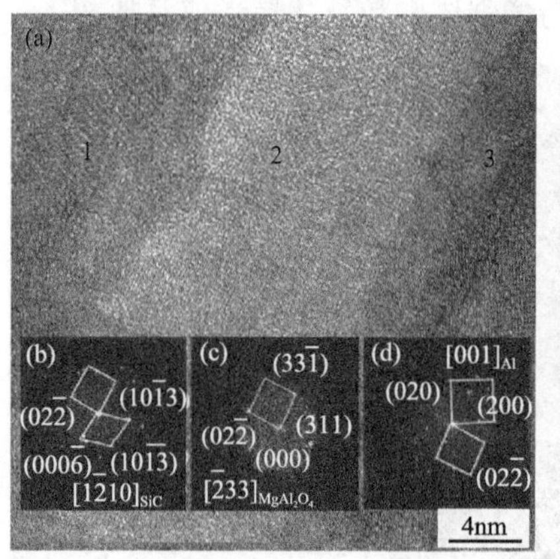

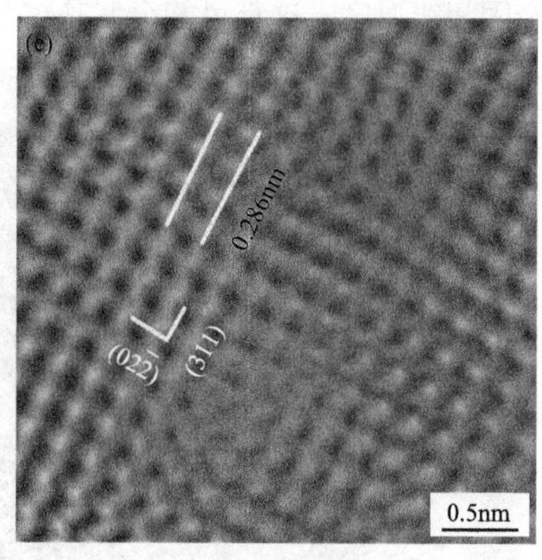

图 5-20　复合材料的 SiC/Al 反应型界面的 HREM 图像

(a)高分辨像；(b)～(d)图(a)中区域 1～3 的 FFT 像；(e)图(a)中区域 2 的 IFFT 像

5.4.4　氧化态复合材料界面形成机理

对 SiCp 进行 1000℃保温 6h 的高温氧化处理，使其表面改性，颗粒表面会含有厚约 50nm 的 SiO_2 氧化层；经计算后表面改性的 SiCp 氧含量为 3.5687%。该试验复合材料的烧结温度为 560℃，接近基体合金固相线温度；故制备过程中会可能有少量液相存在。从浸润和扩散原理分析[20,21]：Mg 元素会偏聚在界面处，表面处理后 SiCp 表面有 SiO_2，两者与基体 Al 会有一定的反应；其化学反应方程式以及反应过程吉布斯自由能见表 5-3。由表 5-3 可知，试验温度下反应式(1)～(5)的吉布斯自由能均为负值，故理论上这些反应是可以自发发生的；而反应式(6)和(7)的吉布斯自由能是正值，而知该种反应不会自发进行，复合材料的 XRD、TEM 及 XPS 试验中亦未检测到 Al_4C_3。试验条件下表 5-3 中反应式(1)～(4)的吉布斯自由能分别约为–725.5kJ/mol、–511.3kJ/mol、–649.4kJ/mol、–297.1kJ/mol，因此从热力学的角度证实非晶界面和反应型界面的可存在性。因此，高温氧化处理使 SiCp 表面形成致密氧化层，其表面几十纳米的 SiO_2 层以及制备过程中 Al 元素扩散、Mg 元素富集等，促进了基体 Al 与 SiCp 的良好结合，改善了增强体颗粒与基体的润湿性，增强复合材料界面结合强度，提高复合材料的综合性能。高温氧化态的 20%SiCp/Al-19Si 复合材料经计算含氧量为 0.7137g，完全生成 $MgAl_2O_4$ 则需要含氧量 0.1338g；故在理想条件下复合材料中增强体颗粒表面的氧化膜可以完全反应掉，由此可以解释高温氧化的 SiCp/Al-19Si 复合材料 Si 的 XPS[图 5-15(c)]分析中并未出现 SiO_2 的结合能。

表 5-3　复合材料中可能发生的化学反应及吉布斯自由能[22-24]

编号	化学反应方程式	吉布斯自由能 ΔG^0/(J/mol)	ΔG^0(560℃)/(J/mol)
(1)	$2MgO(s)+4Al(l)+3SiO_2(s)=2MgAl_2O_4(s)+3Si(l)$	$-790467+77.96T$	−725514.53
(2)	$2SiO_2(s)+2Al(l)+Mg(l)=MgAl_2O_4(s)+2Si(l)$	$-558519+56.69T$	−511287.85
(3)	$3SiO_2(s)+4Al(l)=2Al_2O_3(s)+3Si(l)$	$-719292+83.90T$	−649390.9
(4)	$SiO_2(s)+2Mg(l)=2MgO(s)+Si(l)$	$-326570+35.42T$	−297060.2
(5)	$Si(l)=Si(s)$	$-50630+30.08T$	−25568.85
(6)	$SiC(s)=Si(l)+C(s)$	$123470-37.57T$	92168.55
(7)	$3SiC(s)+4Al(l)=Al_4C_3(s)+3Si(l)$	$103900-16.48T$	90169.65

5.5　氧化态 SiCp/Al-19Si 复合材料强化机制

SiCp/Al 复合材料中，强化机制的影响因素有多种，且各种因素之间相互影响，产生了多种理论强化模型[25]。现阶段 SiCp/Al 的强化机制还没有统一的认识，较常见的有 Orowan 强化机制、析出相强化、热错配强化、载荷传递强化等。

5.5.1　Orowan 强化

在 SiCp/Al-19Si 复合材料制备过程中，SiCp 和基体巨大的热膨胀系数差异，将导致复合材料中出现大量位错；而位错绕过 SiCp 继续运动时所产生的强化作用即称为 Orowan 强化[26]。若复合材料屈服强度的增量为 $\Delta\sigma_1$，则 SiCp/Al-19Si 复合材料的 Orowan 强化的强度增加量可用式(5-27)计算：

$$\Delta\sigma_1 = \frac{4GB\sqrt[3]{\dfrac{V_S}{\pi}}}{l_a} \tag{5-27}$$

式中，G 为 Al-19Si 合金的剪切模量；B 为 Al-19Si 合金的伯格斯矢量；V_S 为 SiCp 的体积分数；l_a 为 SiCp 的平均粒径。可计算得到 $\Delta\sigma_1$ 为 0.13MPa。可知 Orowan 强化对平均粒径为 5μm 的质量分数为 20%的 SiCp/Al-19Si 复合材料不是主要强化机制。

5.5.2　析出相强化

复合材料制备过程中，烧结或热挤压时受热应力作用，原始粉体中过饱和的合金元素将产生少量微米级的析出相。如果析出相弥散分布于复合材料中，也可以阻碍位错运动对复合材料产生弥散强化。因此，复合材料的析出相强化的强度增加量 $\Delta\sigma_2$ 为[27]

$$\Delta\sigma_2 = M\frac{0.4GB}{\pi(1-\nu)^{1/2}}\frac{\ln(d/b)}{\lambda} \tag{5-28}$$

式中，M 为常量(对 Al 可取 3.06)；G 为基体合金的剪切模量(纯 Al 为 2.5×10^4MPa)；B 为伯格斯矢量(纯 Al 为 2.86nm)；ν 为泊松比(0.33)；d 和 λ 分别为析出相的有效直径和平均间距；b 为析出相的平均直径；则可计算析出相强化对复合材料的强化增量。图 5-21 中黑色圆球状物质为复合材料中的析出相。对于 SiCp/Al- 19Si 复合材料，由于 Mg 和 Cu 含量较少(Al-19Si 合金中仅为 0.8%和 0.64%)，析出相较少，但对复合材料有一定的强化作用。

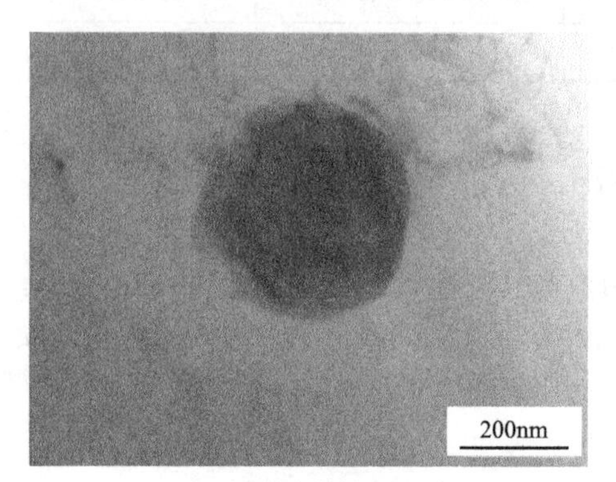

(a) 基体中的析出相

(b) 界面处的析出相

图 5-21 SiCp/Al-19Si 复合材料中的析出相

5.5.3 载荷传递强化

复合材料外力作用时，载荷先是作用在基体上，然后基体与增强体之间的界面物相把部分载荷传递给增强体，使增强体颗粒成为载荷的主要承载体。在不考虑界面结合的情况下，复合材料的载荷传递强化增量可由式(5-29)[28]计算：

$$\Delta\sigma_3 = 0.5V_S\sigma_A \tag{5-29}$$

式中，σ_A 为基体的屈服强度；V_S 为增强体在复合材料中的体积分数。载荷传递强化对于中高体积分数的 SiCp/Al 复合材料属于主要的强化机制。

剪滞理论[29]认为，复合材料单向受载时，由于基体合金和增强体两者的弹性不匹配，在平行于增强体轴向的平面内产生剪切应力，此剪切应力起到将应力从基体传递给增强体的作用，故复合材料中基体合金和增强体界面的结合情况对复合材料的强化至关重要。若界面结合强度较高，界面物相则能较好地完成应力传递的工作；若界面结合弱，增强体/基体界面方向将产生裂纹，即发生增强体局部界面脱黏现象，这种现象将严重削弱复合材料的强度。可知载荷传递强化机制是

SiCp/Al-19Si 复合材料强化机制中较重要的强化机制。由图 5-22 可知，对 SiCp 进行高温氧化的表面改性处理明显改善了复合材料的 SiC/Al 界面结合情况，使两者间的界面物相含量增多；界面相能较好地发挥剪切应力作用，将应力从基体传递给 SiCp；因此高温氧化的 SiCp/Al 复合材料的抗拉强度、延伸率、致密度等都得到很大程度的提高。

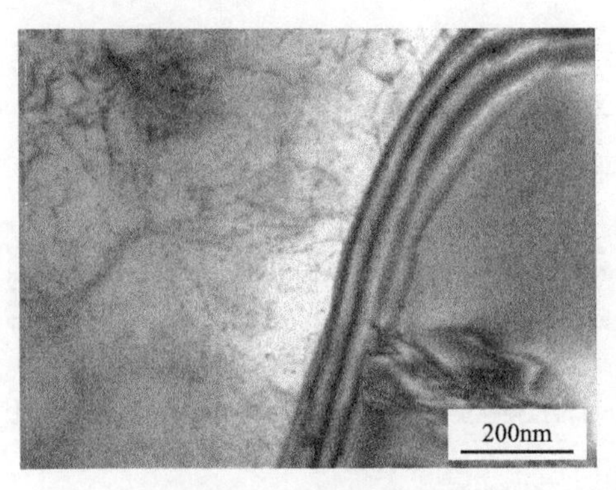

(a) 原始态复合材料的SiC/Al界面

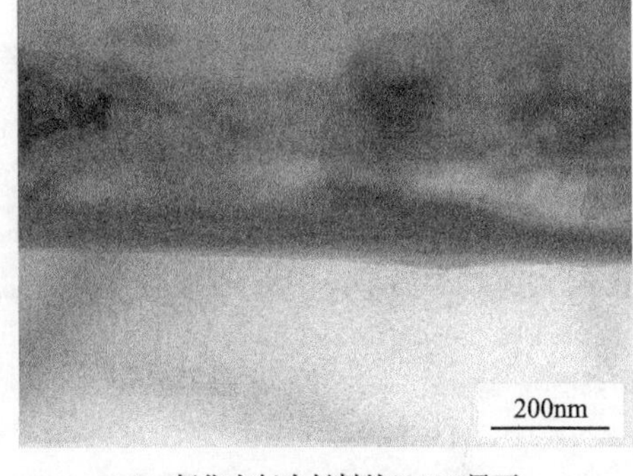

(b) 氧化态复合材料的SiC/Al界面

图 5-22　SiCp/Al-19Si 复合材料 SiC/Al 界面

因影响复合材料强化的因素较多，故通常采用综合强化模型来解释 SiCp/Al 复合材料的强化机理，就是把这些强化机制对复合材料的强化影响进行叠加。Orowan 强化机制一般对 SiCp 小于 1μm 的复合材料影响较大；而 SiCp/Al-19Si 复合材料的析出 Si 相较多，故适合平均粒径为 5μm、质量分数为 20%的 SiCp/Al-19Si 复合材料的主要强化机制是载荷传递强化、析出相强化及 Orowan 强化。SiCp 的高温氧化处理正是通过改善载荷传递机制提高了 SiCp/Al-19Si 复合材料的整体性能。

5.5.4　热错配强化

复合材料在制备过程中，增强体与基体之间存在巨大的热膨胀系数差异，因此复合材料在冷却过程中会产生很大的热错配应变，当热错配应变超过基体的屈服强度时，便会以向基体中释放位错环的形式松弛。复合材料基体中存在高密度位错，研究表明复合材料中位错密度通常比未增强铝合金的位错密度高 10~100 倍。由于颗粒与基体之间热错配差产生的位错密度增量 $\Delta\rho$ 和由此产生的强化作用可以表示为[30]

$$\Delta\rho = \frac{12\Delta C\Delta T V_{\mathrm{p}}}{B d_{\mathrm{p}}} \tag{5-30}$$

$$\Delta\sigma_{y,dis} = \alpha GB\sqrt{\rho} \tag{5-31}$$

式中，ΔC 为复合材料中增强体与基体的热膨胀系数差($23.7\times10^{-6}K^{-1}$)；ΔT 为热压烧结温度与室温之差；α 为位错强化系数(对于 SiCp/Al 复合材料取 1.4)；V_p 为 SiC 颗粒体积分数；B 为伯格斯矢量；d_p 为 SiC 颗粒粒径；$\Delta\sigma_{y,dis}$ 为位错增殖引起的屈服强度增量；G 为基体剪切模量。

参 考 文 献

[1] 焦付军, 张立华. SICP/7050Al 复合材料制备中的 SICP 预处理工艺[J]. 特种铸造及有色合金, 2013, 33(11): 1038-1041.

[2] SLIPENYUK A, KUPRIN V, MILMAN Y, et al. Properties of P/M processed particle reinforced metal matrix composites specified by reinforcement concentration and matrix-to-reinforcement particle size ratio[J]. Acta Materialia, 2006, 54(1): 157-166.

[3] 郝世明, 谢敬佩, 王行, 等. 微米级 SiCp 对铝基复合材料拉伸性能与强化机制的影响[J]. 材料热处理学报, 2014, 35(2): 13-18.

[4] 刘俊友, 刘英才, 刘国权, 等. SiC 颗粒氧化行为及 SiCp/铝基复合材料界面特征[J]. 中国有色金属学报, 2002, 12(5): 961-966.

[5] 王荣旗, 谢敬佩, 吴文杰, 等. SiC 颗粒预处理对 SiC_p/Al-Si 复合材料组织及性能的影响[J]. 粉末冶金工业, 2014, 24(6): 33-36.

[6] 吴文杰, 王爱琴, 谢敬佩, 等. 时效 Al-30Si 微晶合金的组织演变及性能[J]. 材料热处理学报, 2015, 36(4): 56-61.

[7] 金鹏, 刘越, 李曙, 等. 碳化硅增强铝基复合材料的力学性能和断裂机制[J]. 材料研究学报, 2009, 23(2): 211-214.

[8] 朱庆山, 邱学良, 马昌文. SiC 高温氧化的热力学研究[J]. 计算机与应用化学, 1996, 13(2): 91-96.

[9] 梁英教, 车荫昌. 无机物热力学数据手册[M]. 沈阳: 东北大学出版社, 1994: 455-485.

[10] 李玉海, 黄晓莹, 王承志, 等. SiC 颗粒的高温氧化动力学[J]. 材料研究学报, 2009, 23(6): 582-586.

[11] 高瑛. Sialon/Si3N4-SiC 系材料中高温氧化行为的研究[D]. 西安: 西安建筑科技大学, 2007.

[12] 霍玉柱, 商庆杰, 潘宏菽. SIC 高温氧化的研究[J]. 半导体技术, 2010, 35(10): 980-982.

[13] 王传廷, 马立群, 尹明勇, 等. SiCp 氧化处理对 SiCp/Al 复合材料润湿性和界面结合的影响[J]. 特种铸造及有色合金, 2010, 30(11): 1062-1065.

[14] 晏义伍. 颗粒尺寸对 SiCp/Al 复合材料性能的影响规律及其数值模拟[D]. 哈尔滨: 哈尔滨工业大学, 2007.

[15] 邹爱华, 吴开阳, 周贤良, 等. 氧化态 SiCp/5052Al 复合材料的界面及热导性能[J]. 稀有金属材料与工程, 2015, 44(12): 3130-3135.

[16] 崔霞, 周贤良, 欧阳德来, 等. 不同 SiCp 预处理的 SiCp/Al 复合材料界面特征及耐蚀性[J]. 材料热处理学报, 2015, 36(6): 5-9.

[17] 隋贤栋, 罗承萍, 欧阳柳章, 等. SiCp/Al-Si 复合材料中 SiC/Al 界面处亚晶铝带的研究[J]. 材料工程, 2000, 3(1): 8-10.

[18] 隋贤栋, 罗承萍, 欧阳柳章, 等. SiCp/ZL109 复合材料中 SiC 的界面行为[J]. 复合材料学报, 2000, 17(1): 65-70.

[19] LIU P, WANG A Q, XIE J P, et al. Characterization and evaluation of interface in SiCp/2024Al composite[J]. Transactions of Nonferrous Metals Society of China, 2015, 25(5): 1410-1418.
[20] 隋贤栋, 罗承萍. SiC 颗粒增强 Al-Si 复合材料中的 SiC 及其界面[J]. 电子显微学报, 2000, 19(1): 49-53.
[21] WEI H M, XU H Y, GENG L, et al. Formation of SiC-Al interface in SiC whisker reinforced Al composite[J]. Advanced Materials Research, 2011, 306-307: 857-860.
[22] 王文明, 潘复生. SiCp/Al 复合材料界面反应研究现状[J]. 重庆大学学报(自然科学版), 2004, 27(3): 108-113.
[23] 梁英教, 车荫昌. 无机物热力学数据手册[M]. 沈阳: 东北大学出版社, 1994: 455-485.
[24] 李国彬, 孙继兵, 郭全梅, 等. 20wt%SiO_2/Al-Mg 复合材料的界面反应及其微结构[J]. 复合材料学报, 2003, 20(2): 41-46.
[25] 董尚利, 杨德庄, 江中浩. 短纤维增强铝基复合材料强化机制评述[J]. 材料科学与工程, 2000, 18(1): 121-130.
[26] 才庆魁, 贺春林, 赵明久, 等. 亚微米级 SiC 颗粒增强铝基复合材料的拉伸性能与强化机制[J]. 金属学报, 2003, 39(8): 865-869.
[27] 李炯利, 厉沙沙, 樊建中. 低温球磨制备超高强度块体纳米晶纯铝[J]. 中国有色金属学报, 2013, 23(5): 1182-1188.
[28] GOH C S, WEI J, LEE L C, et al. Properties and deformation behaviour of Mg-Y_2O_3 nanocomposites[J]. Acta Materialia, 2007, 55: 5115-5121.
[29] 罗冬梅, 谢永东, 朱文亮. 含脱黏界面纤维增强复合材料应力传递的理论分析[J]. 纤维复合材料, 2010, 3(4): 12-16.
[30] 武高辉. 金属基复合材料性能设计——创新性思维的尝试[J]. 中国材料进展, 2015, 34(6): 432-438.

第6章　稀土强化 SiCp/Al-19Si 复合材料的微观组织及性能

稀土是元素周期表中镧系元素以及与镧系元素性质相近的同族钇、钪元素共17个元素的总称，称为“工业维生素”，是研发新材料不可或缺的重要战略资源。稀土元素由于化学活性高，几乎能与所有元素相互作用形成化合物。稀土铈因具有丰富的储量而广泛应用于冶金和铸造行业中作为脱气剂、形核剂和变质剂，净化合金熔体、细化晶粒、改善组织、提高性能[1, 2]。铸造铝硅合金时，加入微量的稀土元素就可以使合金组织中的初生硅相由粗大不规则的块状转变成棱角钝化的多角形，并使针状的共晶硅变质为纤维状或颗粒状，铝硅合金的室温性能大大提高。而稀土氧化物由于熔点较高，适量的稀土氧化物可以明显提高铝硅合金的高温力学性能[3]。粉末冶金法制备 SiCp/Al-19Si 复合材料时，基体原材料通常采用快速凝固 Al-19Si 合金粉体，烧结过程中 Si 元素自过饱和的铝基体中脱溶析出并逐渐长大形成 Si 颗粒[4]，加入稀土后，复合材料组织中析出 Si 相细化，基体中形成稀土化合物强化相，复合材料的力学性能提高。随着机械装备高性能化、轻量化的快速发展，轻质、低膨胀、高强度、高耐磨性的 SiCp/Al-Si 复合材料的需求日益增长，稀土在铝硅基复合材料中的强化作用越来越受到人们的重视。本章采用粉末冶金法制备 CeO_2 改性 20%SiCp/Al-19Si(质量分数)复合材料，研究不同 CeO_2 添加量的复合材料的组织和性能，优化其加入量，并探讨 CeO_2 对复合材料组织的影响机理。

6.1　CeO_2 加入 SiCp/Al-19Si 复合材料的组织

关于粉末冶金法制备的以铝硅合金为基体的复合材料中稀土氧化物的存在形式及其对材料组织与性能的影响等方面尚缺乏系统深入的研究。本节以雾化法制备的平均粒径为 10μm 的 Al-19Si-1.5Cu-0.6Mg 合金粉末为基体，平均粒径为 10μm 的 α-SiCp 作为增强相，质量分数分别为 0%、0.15%、0.3%、0.6%、1.2%、1.8%的高纯 CeO_2 粉体作为添加剂，采用粉末冶金法制备了不同 CeO_2 含量的 20%SiCp/Al-19Si 复合材料，利用 XRD、SEM、TEM 分析了 CeO_2 加入 SiCp/Al-19Si 复合材料的组织。

6.1.1　复合材料的 XRD 结果及分析

图 6-1 为加入不同质量分数 CeO_2 的 20%SiCp/Al-19Si 复合材料的 XRD 图谱。从图中可以看出，复合材料的主体相为基体 α-Al、Si 和 SiC 相。CeO_2 含量为 0.3% 和 0.6%时，复合材料中硅的衍射峰增宽，硅相细化。CeO_2 质量分数为 1.8%的复合材料中有 CeO_2 的衍射峰，但由于添加量较少，并且 CeO_2 的衍射峰与硅的衍射峰存在重叠现象，其衍射峰强度较弱。

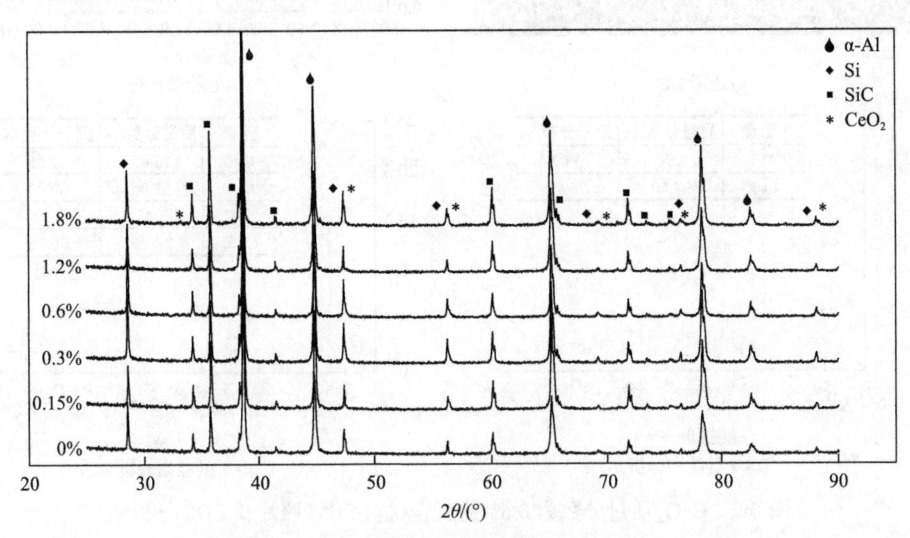

图 6-1　不同 CeO_2 含量的复合材料 XRD 图谱

6.1.2　复合材料组织的 SEM 分析

图 6-2 为加入 CeO_2 质量分数为 0.6%的 20%SiCp/Al-19Si 复合材料的微观组织和能谱分析。从图 6-2(a)可以看出，CeO_2 添加复合材料的基体中主要存在三种相：深灰色的颗粒相、浅灰色的颗粒相和白色颗粒相。分别对基体中的三种相进行能谱分析，结合图 6-1 中的 XRD 分析可以得出，深灰色颗粒相为 SiC，浅灰色颗粒相为析出硅，白色的颗粒相为 CeO_2。三种颗粒相总体分布比较均匀，复合材料中存在少量孔洞，材料整体比较致密。

6.1.3　CeO_2 含量对复合材料组织的影响

图 6-3 为加入不同质量分数 CeO_2 的 20%SiCp/Al-19Si 复合材料的 SEM 照片。从图 6-3 中可以观察到，随着 CeO_2 质量分数的增加，CeO_2 的团聚现象逐渐加重。当 CeO_2 含量不超过 0.6%时，CeO_2 呈颗粒状分布，且 CeO_2 颗粒尺寸随着其含量的增加逐渐增大；当 CeO_2 含量超过 0.6%后，CeO_2 主要呈团状分布。

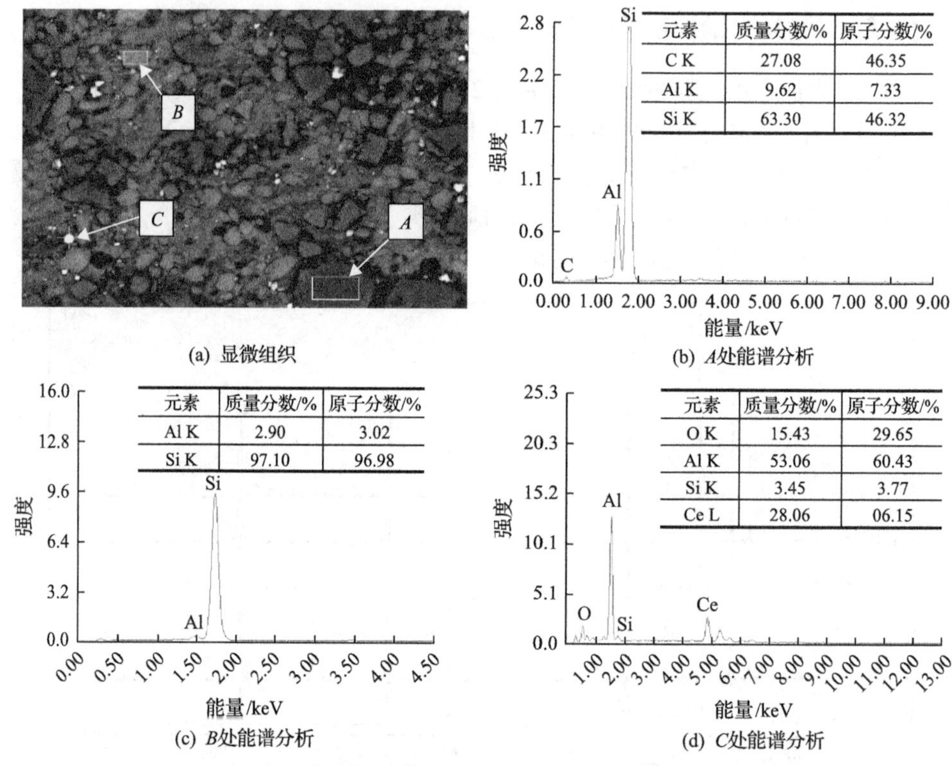

(a) 显微组织　(b) *A*处能谱分析

(c) *B*处能谱分析　(d) *C*处能谱分析

图 6-2　CeO_2 质量分数为 0.6%的复合材料 SEM 照片及 EDS 分析

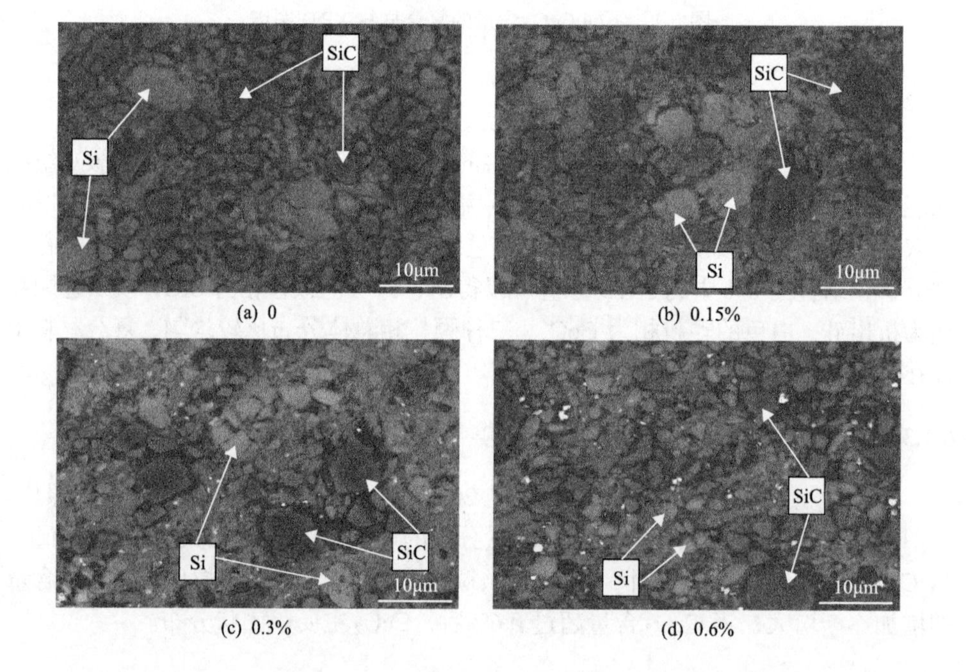

(a) 0　(b) 0.15%

(c) 0.3%　(d) 0.6%

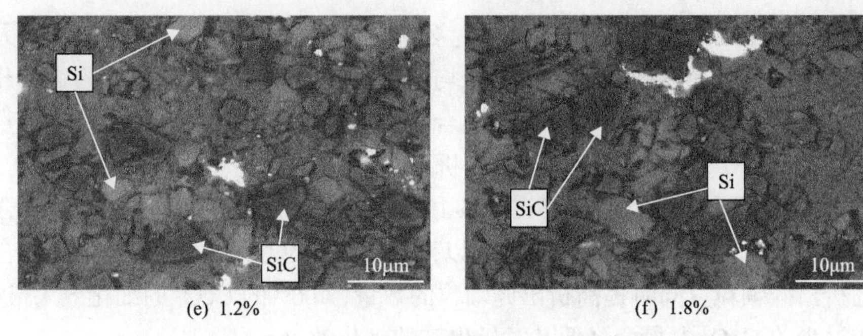

(e) 1.2%　　(f) 1.8%

图 6-3　不同 CeO_2 含量的复合材料 SEM 照片

通过比较可以得出：当 CeO_2 含量小于 0.6%时，析出硅颗粒的平均尺寸随着 CeO_2 含量的增加逐渐减小，且析出硅颗粒的数量呈逐渐增多的趋势；当 CeO_2 含量大于 0.6%时，析出硅颗粒的平均尺寸又开始逐渐增大，同时析出硅颗粒的数量开始逐渐减少；当 CeO_2 含量为 0.6%时，复合材料中的析出硅颗粒的平均尺寸最小，且数量最多。不同 CeO_2 含量的复合材料中析出硅颗粒的形态差别较小，均为不规则颗粒状，这说明 CeO_2 含量对析出硅颗粒的形态影响较小。

由于 SiC 的平均原子序数与 Si 的原子序数比较接近，所以两者的衬度差较小，不利于观察。为进一步确定 CeO_2 含量对复合材料中析出硅颗粒平均尺寸的影响规律，该试验利用图像分析软件 Image Pro-plus 测定不同 CeO_2 含量的复合材料中析出硅颗粒的平均等积圆直径。不同 CeO_2 含量的复合材料中的析出硅颗粒的平均等积圆直径如图 6-4 所示。

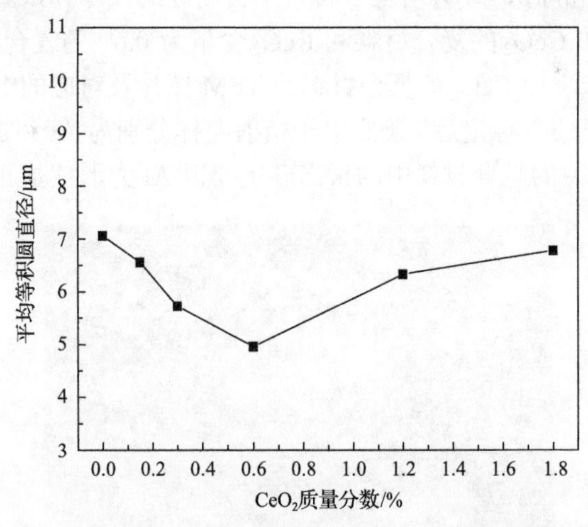

图 6-4　不同 CeO_2 含量的复合材料中的硅颗粒平均尺寸

从图 6-4 的结果可见，未添加 CeO_2 的复合材料中的析出硅颗粒的平均尺寸最大，适量的 CeO_2 可以明显细化析出硅。当 CeO_2 含量小于 0.6%时，复合材料中析出硅颗粒的平均等积圆直径随着 CeO_2 含量的增加逐渐减小；当 CeO_2 含量大于 0.6%时，复合材料中的析出硅颗粒的平均等积圆直径随着 CeO_2 含量的增加开始逐渐增大；当 CeO_2 含量为 0.6%时，复合材料中的析出硅颗粒的平均等积圆直径达到最小值。这个结果与微观组织的分析是一致的。

通过分析不同 CeO_2 含量的 SiCp/Al-19Si 复合材料的微观组织，并测定复合材料中析出硅颗粒的平均等积圆直径，可以得出：适量的 CeO_2 可以有效细化复合材料中的析出硅颗粒，同时提高析出硅颗粒的数量，0.6%的 CeO_2 的细化效果最好，过多或过少的 CeO_2 含量会降低其对析出硅的细化效果。

6.1.4　CeO_2 对复合材料组织影响机理的分析

试验所采用的 Al-19Si-1.5Cu-0.8Mg 合金粉为快速凝固法制备的过饱和固溶体，是一种处于亚稳定状态的铝硅合金。固溶硅在烧结中的析出过程为固态相变过程，过饱和固溶在铝基体中的硅原子受热激活能的影响，发生扩散运动来进行析出过程，析出过程包含形核与长大两个阶段。

研究表明[5]，大多数固态形核为非均匀形核，晶界、层错、夹杂物和空位，这些不平衡缺陷因其能量较高，都是有利于形核的位置。分析认为，该试验中未添加 CeO_2 的复合材料中的析出硅主要以 Al 为形核基底，当添加 CeO_2 后，复合材料中的一部分析出硅以 CeO_2 为形核基底，CeO_2 提高了析出硅的形核率，从而细化了析出硅颗粒的尺寸。

为进一步研究确认 CeO_2 对复合材料中析出硅的尺寸和数量的影响机理，本试验分别对未添加 CeO_2 的复合材料和 CeO_2 含量为 0.6%的复合材料进行了 TEM 分析。图 6-5 为未添加 CeO_2 的复合材料的 TEM 照片及对应的电子衍射花样，经辅助软件 MDI Jade 5.0 标定后，确定电子衍射花样分别为 Al 和析出硅。由此可以得出，未添加 CeO_2 的复合材料中的析出硅主要以 Al 为形核基底。

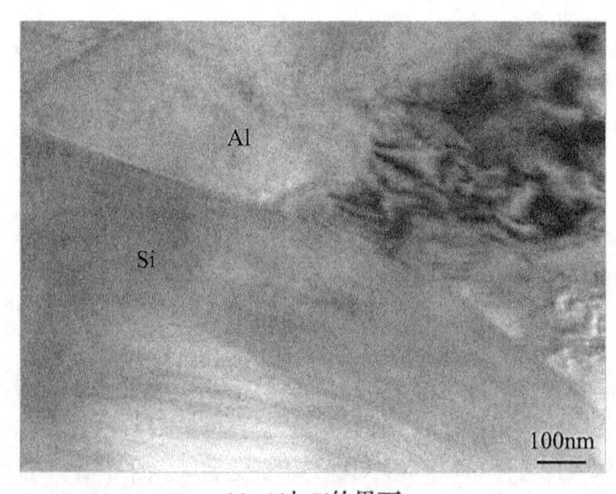

(a) Al与Si的界面

(b) Si的电子衍射花样

(c) Al的电子衍射花样

图 6-5　未添加 CeO_2 的复合材料的 TEM 照片及对应的电子衍射花样

图 6-6 为 CeO_2 含量为 0.6%的复合材料的 TEM 照片及相应的电子衍射花样，

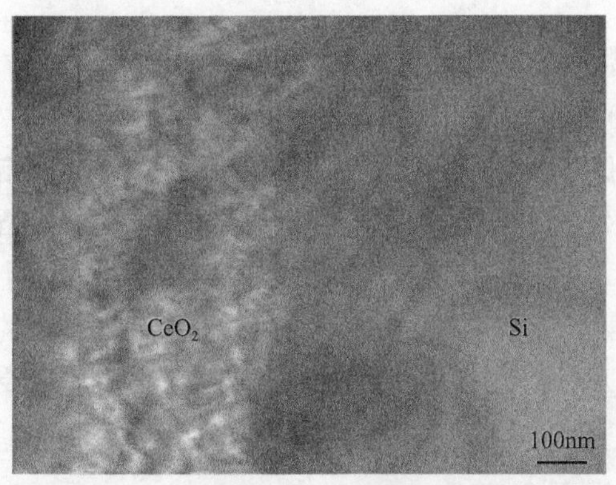

(a) CeO_2与Si的界面

(b) CeO_2的电子衍射花样

(c) Si的电子衍射花样

图 6-6　CeO_2 含量为 0.6%的复合材料的 TEM 照片及对应的电子衍射花样

经辅助软件 MDI Jade 5.0 标定后，确定电子衍射花样分别为 CeO_2 和析出硅。可以得出，添加有 CeO_2 的复合材料中的一部分析出硅以 CeO_2 为形核基底。

根据对复合材料的 TEM 照片及其对应的电子衍射花样的分析，可以确定 CeO_2 可以作为析出硅的形核基底，从而提高析出硅的形核率，细化析出硅颗粒的尺寸。根据点阵错配理论[6]，基底与形核相之间的错配度越小，基底与形核相之间的晶格就越匹配，界面处由点阵错配引起的能量就越小，即基底与形核相之间的界面能越小，而界面能是硅相形核的阻力，界面能越小，形核阻力越小，所需的形核功就越小，硅相的形核率越高。Al 为面心立方结构、Si 是金刚石立方结构、CeO_2 为萤石(CaF_2)型结构，但三者都属于立方晶系、面心立方点阵，所以三者的晶体结构均为面心立方，可用一维错配度来反映基底 Al、CeO_2 对硅相的形核效果，一维点阵错配度计算公式为

$$\delta = \frac{|\alpha_{\mathrm{s}} - \alpha_{\mathrm{n}}|}{\alpha_{\mathrm{n}}} \tag{6-1}$$

式中，α_{s} 为基底的晶格常数；α_{n} 为形核相的晶格常数。立方晶系 Al、Si、CeO_2 的晶格常数分别为 0.4050nm、0.5430nm、0.5411nm，代入式(6-1)，可得 Al 基底与 Si 相的一维错配度为 δ_1=0.254，CeO_2 基底与 Si 相间的一维错配度为 δ_2=0.0035，两者相差两个数量级，δ_2 远小于 δ_1。根据界面结构与点阵错配度 δ 和界面能之间的关系(表 6-1)可知，Al 基底与硅相的界面属非共格界面，而 CeO_2 基底与硅相之间的界面为共格界面，非共格界面的界面能要大于共格界面的界面能，即以 CeO_2 作为 Si 的基底比以 Al 为基底形核阻力要小，异质形核效果要好。

表 6-1 界面结构与错配度及界面能之间的关系[7]

界面结构	错配度 δ	界面能/(J/m^2)
共格界面	$\delta \leqslant 0.05$	0.1
半共格界面	$0.05 < \delta \leqslant 0.25$	0.5
非共格界面	$\delta > 0.25$	1.0

综上所述，当 CeO_2 含量小于 0.6%时，其细化效果随着含量的增多逐渐增强，这是因为作为析出硅形核基底的 CeO_2 越来越多，并且逐渐增多的 CeO_2 阻碍析出硅长大的能力逐渐增强；当 CeO_2 含量大于 0.6%且继续增大时，其细化效果逐渐减弱，这是因为含量过高造成严重的团聚现象，致使作为析出硅形核基底的 CeO_2 数量减少，同时分布在基体中的 CeO_2 颗粒减少，其阻碍析出硅长大的能力减弱，降低了细化效果；当 CeO_2 含量为 0.6%时，复合材料中的 CeO_2 颗粒最多，对析出硅的细化效果最好。

6.1.5　析出硅形核率的计算

根据固态相变的基本理论[8]，析出硅以 CeO_2 和 Al 为基底形核的过程均属于非均匀形核，与均匀形核相比，非均匀形核将增加一项缺陷能 ΔG_{di}，这将导致形核功降低，促进形核，所以两种形核方式的体系自由能变化的表达通式为

$$\Delta G_i = -V\Delta G_v + A\gamma_i + V\Delta G_{si} - \Delta G_{di} \tag{6-2}$$

式中，i=1 和 2 分别代表析出硅以 Al 和 CeO_2 为形核基底形核；ΔG_v 为析出硅的单位体积自由能；V 为析出硅晶核的体积；γ_i 为相应形核方式的析出硅与形核基底之间的单位面积界面能；A 为界面面积；ΔG_{si} 为相应形核方式的弹性应变能。

式(6-2)中，$V\Delta G_v$ 为形核驱动力，$A\gamma_i + V\Delta G_{si}$ 为形核阻力，ΔG_{di} 为不平衡缺陷处的表面能，其贡献给形核功，起促进形核的作用。通常在非均匀形核中，晶核与基底的界面面积小于晶核的表面积，本节主要比较析出硅以两种形核基底形核的形核率大小，为了便于研究，本节假设晶核与形核基底的界面面积等于晶核的表面积，所以 ΔG_{di} 可表示为

$$\Delta G_{di} = A\sigma_i \tag{6-3}$$

式中，σ_i 为相应形核方式对应的形核基底的单位面积表面能。将式(6-3)代入式(6-2)，其系统自由能的变化可表示为

$$\Delta G_i = -V\Delta G_v + A\gamma_i + V\Delta G_{si} - A\sigma_i \tag{6-4}$$

仿照液-固转变，可得出析出硅固态形核的临界晶核尺寸 r_k 和临界晶核形成功 ΔG_k 的表达式为

$$r_{ki} = \frac{2(\gamma_i - \sigma_i)}{\Delta G_v - \Delta G_{si}} \tag{6-5}$$

$$\Delta G_{ki} = \frac{16\pi(\gamma_i - \sigma_i)^3}{3(\Delta G_v - \Delta G_{si})^2} \tag{6-6}$$

析出硅的形核率通式可表示为

$$N_i = N_0 \exp\frac{-\Delta G_{ki}}{KT} \exp\frac{-\Delta G_A}{KT} \tag{6-7}$$

式中，N_i 为相应形核方式的形核率；K 为玻尔兹曼常数；T 为热力学温度；ΔG_A 为硅原子从铝基体中析出时要克服的能垒(常称为扩散激活能)；N_0 为单位体积复合材料中析出硅的原子数。将式(6-6)代入式(6-7)，可以得出两种形核方式的形核

率表达通式

$$N_i = N_0 \exp\frac{-\frac{16\pi(\gamma_i - \sigma_i)^3}{3(\Delta G_{\mathrm{v}} - \Delta G_{si})^2}}{KT} \exp\frac{-\Delta G_{\mathrm{A}}}{KT} \tag{6-8}$$

运用上述公式便可定量分析比较析出硅以 Al 和 CeO_2 为基底形核时形核率的差别，可以看出析出硅与形核基底的界面能和形核基底的表面能是影响析出硅形核率的两个主要因素。参考相关文献[9, 10]，可以得出关于析出硅形核的物理参数值，见表 6-2。

表 6-2 析出硅形核的物理参数值

物理参数	Al-19Si 形核	CeO_2-Si 形核
ΔG_{v} / (J/cm^3)	10^4	10^4
ΔG_{A} /J	2.19×10^{-19}	2.19×10^{-19}
ΔG_{s} / (J/cm^3)	0	15
γ / (J/cm^2)	4×10^{-6}	6×10^{-6}
σ / (J/cm^2)	10^{-4}	5×10^{-5}
k / (J/K)	1.38×10^{-23}	1.38×10^{-23}
h / (J · s)	6.62×10^{-34}	6.62×10^{-34}
T/K	823	823

在烧结过程中，复合材料基体中过饱和硅原子充分析出，对于 1cm^3 的 SiCp/Al-19Si 复合材料，析出硅的原子数 N_0=3.94×10^{21}，将相应数值分别代入式(6-8)中，计算可得

$$N_1 = 3.33\times10^{12}(\mathrm{s}\cdot\mathrm{cm}^3)^{-1} \tag{6-9}$$

$$N_2 = 4.66\times10^{12}(\mathrm{s}\cdot\mathrm{cm}^3)^{-1} \tag{6-10}$$

可以得出 $N_2 > N_1$，所以析出硅以 CeO_2 为基底形核时的形核率大于以 Al 为衬底形核时的形核率。

综合上述计算，可以得出：添加 CeO_2 不仅可以给析出硅提供更多的形核基底来提高析出硅的形核率，从而细化析出硅颗粒尺寸并提高析出硅颗粒的数量，而且析出硅以 CeO_2 为基底形核时的形核率要大于析出硅以 Al 为基底形核时的形核率，进一步提高了 CeO_2 的细化效果。同时，CeO_2 可以阻碍硅原子的扩散，从而阻碍析出硅的长大，进一步细化析出硅颗粒。

6.2　CeO_2加入 20%SiCp/Al-19Si 复合材料的性能

对 SiCp/Al-19Si 复合材料而言，SiC 与析出硅作为增强相，其尺寸、数量和形貌对复合材料的性能具有十分明显的影响。添加 CeO_2 后的 SiCp/Al-19Si 复合材料中的析出硅颗粒在尺寸和数量方面发生了明显的变化，不同含量的 CeO_2 对析出硅的影响效果不同，造成不同 CeO_2 含量的复合材料在性能上有所差异，同时分布在基体中的 CeO_2 也会对复合材料的性能产生一定的影响。此外，热处理可以改善消除界面处的残余应力、改善析出相形态，从而提高复合材料的力学性能。

因此，本节测定了不同 CeO_2 含量的复合材料的致密度、热膨胀系数、硬度及抗拉强度，分析了 CeO_2 含量对复合材料相应性能的影响。同时，对 CeO_2 含量为 0.6%的复合材料进行了热处理，测定了热处理前后 CeO_2 含量为 0.6%的 20%SiCp/Al-19Si 复合材料的硬度、抗拉强度与延伸率，研究了热处理前后复合材料的断裂行为。

6.2.1　CeO_2 含量对复合材料物理性能的影响

1. CeO_2 含量对复合材料致密度的影响

表 6-3 为不同 CeO_2 含量 20%SiCp/Al-19Si 复合材料的致密度随 CeO_2 含量的变化。从表中可以看出，当 CeO_2 含量小于 0.6%时，复合材料的致密度随着含量增加逐渐升高；当 CeO_2 含量大于 0.6%时，复合材料的致密度随着含量增加开始逐渐减小；当 CeO_2 含量为 0.6%时，复合材料的致密度达到最大值。

表 6-3　不同 CeO_2 含量的复合材料的致密度

质量分数/%	实测值/(g/cm^3)	理论密度/(g/cm^3)	致密度/%
0	2.620	2.72	96.32
0.15	2.648	2.73	97.00
0.3	2.681	2.74	97.85
0.6	2.720	2.76	98.55
1.2	2.729	2.80	97.46
1.8	2.747	2.84	96.73

分析认为，粗大不规则状的析出硅颗粒作为硬脆相，容易割裂基体，不能与基体紧密地结合，降低了复合材料的致密度，同时粗大的析出硅颗粒较易与 SiC 颗粒相依而形成孔隙，进一步降低复合材料的致密度。当 CeO_2 含量不超过 0.6%时，复合材料中析出硅颗粒的平均尺寸随着 CeO_2 含量的增多逐渐减小，细小的析

出硅颗粒与基体的结合状态比较紧密，减少了材料中的孔隙，所以复合材料的致密度随着 CeO_2 含量的增加逐渐提高；当 CeO_2 含量超过 0.6%继续增大时，复合材料中的析出硅颗粒的平均尺寸开始逐渐增大，恶化了析出硅颗粒与基体的结合状态，致使孔隙增多，所以复合材料的致密度逐渐降低。

2. CeO_2 含量对复合材料热膨胀系数的影响

传统的铝合金材料虽然具有低密度和良好的热传导性能，但其热膨胀系数较大，在温度变化比较大的环境中使用时，材料受热变形现象严重，易导致装配件失效。由于硅的热膨胀系数较低，常温下约为 $2.5\times10^{-6}K^{-1}$，析出硅颗粒的含量和尺寸对复合材料的热膨胀行为具有重要的影响，对 SiCp/Al-19Si 复合材料中的析出硅进行尺寸和数量优化，不仅能够提高复合材料的力学性能，还能够降低复合材料的热膨胀系数。

该试验利用 Turner 模型[11]和 Kerner 模型[12]计算复合材料热膨胀系数的理论值。

Turner 模型的表达式为

$$\alpha_c = \frac{\sum \alpha_i K_i V_i}{\sum K_i V_i}, \qquad i = 1,2,3 \tag{6-11}$$

Kerner 模型的表达式为

$$\alpha_c = \sum \alpha_i V_i + \frac{4G_1}{\sum K_i V_i}\left[\sum \frac{\sum K_i V_i - K_i}{4G_1 + 3K_i}(\alpha_1 - \alpha_i)V_i\right], \qquad i = 1,2,3 \tag{6-12}$$

式中，α_c 为复合材料的热膨胀系数；α_i 为相 i 在 100℃的热膨胀系数；K_i 为相 i 的体积弹性模量；V_i 为相 i 的体积分数。

根据式(6-11)和式(6-12)计算添加不同 CeO_2 含量的 20%SiCp/Al-19Si 复合材料的热膨胀系数，将两种模型的计算值与复合材料在 100℃下的实测值进行对比，结果如图 6-7 所示。从图中可以看出，通过三种方法得到的热膨胀系数随着 CeO_2 含量增加而变化的趋势一致，但热膨胀系数的实测值大于 Turner 模型的计算值而小于 Kerner 模型的计算值。这是因为 Turner 模型假定复合材料中的应力均为均匀静应力，而 Kerner 模型假定复合材料的增强相均为球形颗粒，但该试验的复合材料内部存在复杂的非均匀应力，且复合材料中的 SiC 颗粒和析出硅颗粒均为不规则颗粒状，因此两模型计算值与实测值存在一定偏差。

从图 6-7 中复合材料的热膨胀系数随 CeO_2 含量增加的变化曲线可以看出，复合材料的热膨胀系数随着 CeO_2 含量的增加先降低后升高，当 CeO_2 含量为 0.6%时，复合材料的热膨胀系数达到最低值。分析认为，20%SiCp/Al-19Si 复合材料的热膨

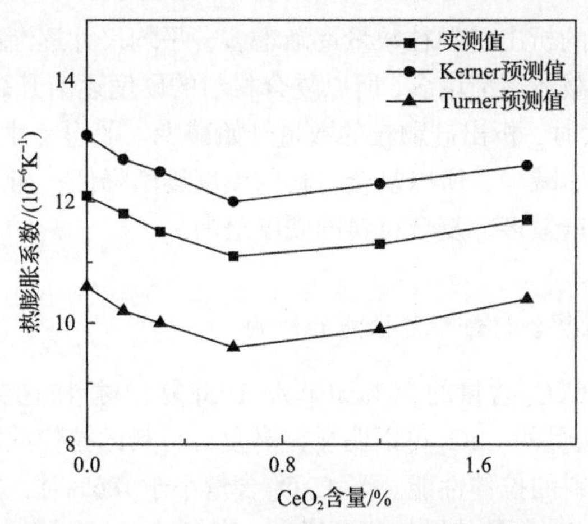

图 6-7　不同 CeO_2 含量的复合材料的热膨胀系数

胀性能主要受 Al 基体、SiCp 及析出硅颗粒热膨胀性能的影响，同时还与复合材料的致密度有关。结合表 6-3 可知，当 CeO_2 含量较高或较低时，复合材料致密度较低，组织相对疏松，存在较多孔洞，原子受热振动时有更多的空间，从而抑制了复合材料的热变形能力，降低了材料的热膨胀系数，但此时复合材料中的析出硅颗粒数量较少，导致析出硅颗粒与大尺寸 SiC 颗粒协同限制基体合金受热膨胀的作用降低，从而提高了复合材料的热膨胀系数。根据试验结果可以得出，析出硅颗粒的数量对复合材料热膨胀系数的影响程度较大，所以当 CeO_2 添加量为 0.6% 时，复合材料的热膨胀系数最低。

6.2.2　CeO_2 含量对复合材料力学性能的影响

1. CeO_2 含量对复合材料硬度的影响

硬度是颗粒增强铝硅基复合材料主要的力学性能指标。表 6-4 为加入不同 CeO_2 含量的 20%SiCp/Al-19Si 复合材料的硬度。从表中可以看出，复合材料的硬度随着 CeO_2 含量的增加呈先升高后下降的趋势，当 CeO_2 含量为 0.6%时，复合材料的硬度达到最大值。

表 6-4　不同 CeO_2 含量的 20%SiCp/Al-19Si 复合材料的硬度

CeO_2 含量/%	0	0.15	0.3	0.6	1.2	1.8
硬度(HBW)	98.2	103.5	107	113.7	104.3	101

对于颗粒增强铝硅基复合材料，硬质相的含量对于复合材料的硬度有重要影响，当复合材料受到外界压力作用时，析出硅作为硬质增强相，能够有效承担载荷，从而提高复合材料的硬度。分析认为，当 CeO_2 含量小于 0.6%时，随着含量

增加，复合材料中的析出硅颗粒数量逐渐增多，平均尺寸逐渐减小，复合材料中单位面积上的有效载体逐渐增多，所以复合材料的硬度逐渐升高；当 CeO_2 含量大于 0.6%并继续增大时，析出硅颗粒的数量开始减少，平均尺寸变大，复合材料单位面积上的有效载体减少，所以复合材料的硬度逐渐降低；当 CeO_2 含量为 0.6%时，析出硅颗粒数量最多，复合材料的硬度最高。

2. CeO_2 含量对复合材料拉伸性能的影响

图 6-8 为不同 CeO_2 含量的 20%SiCp/Al-19Si 复合材料的抗拉强度与延伸率。从图中可以看出，适量的 CeO_2 可以明显提高复合材料的拉伸性能，但过多的 CeO_2 反而降低了复合材料的拉伸性能。当 CeO_2 含量小于 0.6%时，复合材料的抗拉强度和延伸率随着 CeO_2 含量的增加逐渐增大；当 CeO_2 含量大于 0.6%后，复合材料的抗拉强度和延伸率急剧降低；当 CeO_2 含量为 0.6%时，复合材料的抗拉强度与延伸率分别达到极值 250MPa 和 6.13%。

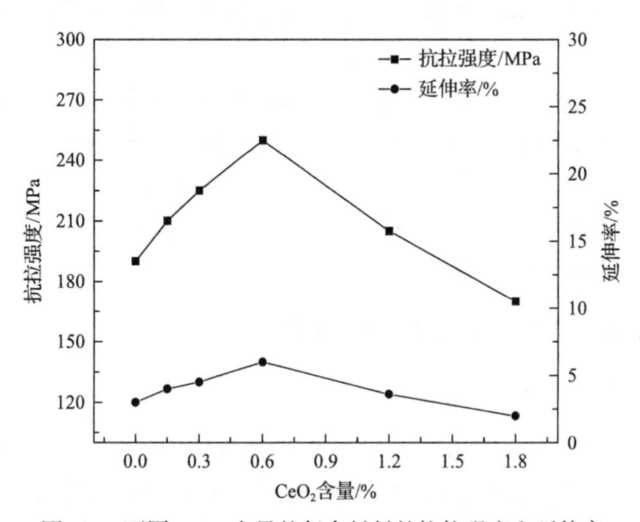

图 6-8 不同 CeO_2 含量的复合材料的抗拉强度和延伸率

复合材料的拉伸性能主要与强化相颗粒的数量、形态、尺寸与分布状况等密切相关。颗粒增强复合材料强度的提高可以归纳为：①Orowan 强化，复合材料产生位错时，第二相颗粒增大了位错运动的阻力，若位错线不能绕过第二相颗粒，位错线将发生弯曲，材料的强度提高；②位错强化，增强体颗粒与基体材料之间的热膨胀系数相差很大，导致复合材料在热挤压过程中产生热错配应变而产生大量位错环来松弛。颗粒增强复合材料的位错密度可以表示为[13]

$$\rho = 12\Delta T \Delta C \frac{V_f}{Bd} \tag{6-13}$$

式中，ΔT 为复合材料热挤压时的温度差；ΔC 为增强体颗粒与基体材料的热膨胀系数差；V_f 和 d 分别为增强体颗粒的体积分数和尺寸；B 为位错的伯格斯矢量。位错产生的强化可以表示为

$$\Delta\sigma = \lambda GB\rho^{1/2} \tag{6-14}$$

式中，λ 为常数；G 为基体的剪切模量。由式(6-13)与式(6-14)可以得出，增强体颗粒的强化作用与增强体颗粒的数量呈正相关关系，而与增强体颗粒的尺寸呈负相关关系。复合材料中的增强体颗粒越多，尺寸越小，则复合材料的位错密度越高，增强体产生的强化效果越强。分析认为，当 CeO_2 含量为 0.6%时，复合材料中的析出硅颗粒数量最多，尺寸最小，大量细小的析出硅颗粒不仅增大了位错运动的阻力，还提高了复合材料中的位错密度，从而提高了复合材料的强度；当 CeO_2 含量较低或较高时，复合材料中的析出硅颗粒数量较少，尺寸较大，析出硅颗粒的强化作用降低，导致复合材料的强度降低。

颗粒增强复合材料的塑性主要与基体的塑性、增强体颗粒的含量和增强相与基体的界面结合状况有关。显然，当 CeO_2 含量为 0.6%时，复合材料延伸率的提高主要是因为析出硅颗粒尺寸较小，改善了其与基体的界面结合状况。当 CeO_2 含量较低或较高时，粗大不规则状的析出硅颗粒相容易割裂基体，形成孔隙，降低析出硅与基体的结合强度，导致材料在外力作用下，沿孔隙尖端引起应力集中而发生脆性断裂，从而降低复合材料的塑性。

同时，当 CeO_2 含量超过 0.6%后，CeO_2 出现了严重的团聚现象，呈团状分布的 CeO_2 易成为断裂源，从而导致复合材料的拉伸性能急剧下降。

3. CeO_2 含量对复合材料断口形貌的影响

断裂是工程材料的主要失效形式之一，由于断裂通常具有突发性的特点，其比磨损和腐蚀的危害更大。断口形貌是材料发生断裂后的重要微观特征，通过断口形貌来研究材料的断裂特征和断裂机理对于预防工程材料发生断裂失效具有重要意义。材料的断裂过程包括裂纹产生和裂纹扩展两个过程。颗粒增强铝基复合材料的断裂可以分为属于脆性断裂的解理断裂、属于韧性断裂的韧窝断裂以及混合型断裂。解理断裂是沿特定界面发生的脆性穿晶断裂，解理断裂的出现表明材料的塑性较低。韧性断裂是材料经过明显塑性变形后发生的断裂，有一个缓慢撕裂的过程。

图 6-9 为不同 CeO_2 含量的 20%SiCp/Al-19Si 复合材料的断口形貌。由图 6-9(a)可以看出，不含 CeO_2 的复合材料拉伸断口存在较多的脆性平坦区，且韧窝较少，其断裂形式为准解理加部分韧窝的混合型断裂。这主要是因为未添加 CeO_2 的复合材料中的析出硅颗粒尺寸较大，粗大不规则状的析出硅颗粒较易割裂基体，降低

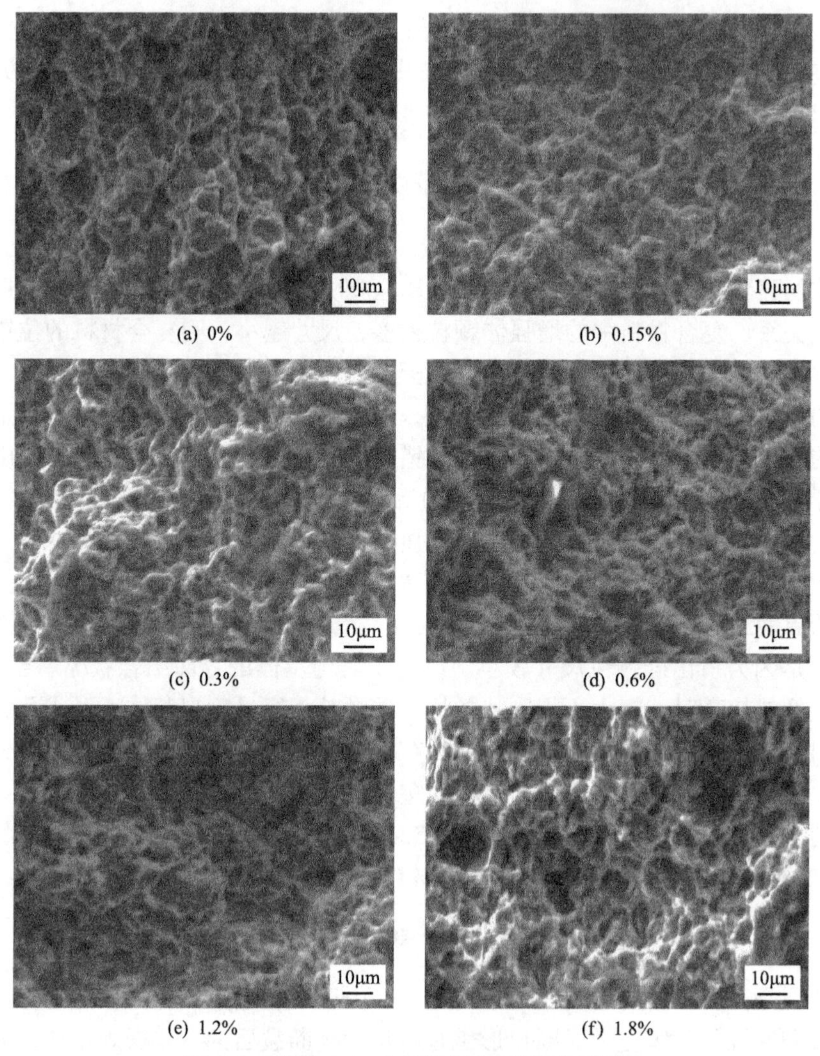

(a) 0%　(b) 0.15%　(c) 0.3%　(d) 0.6%　(e) 1.2%　(f) 1.8%

图 6-9　不同 CeO_2 含量的复合材料断口形貌

其与基体的结合强度，造成了其混合型的断裂。从图 6-9(b)、(c)和(d)可以看出，随着 CeO_2 含量的增加，复合材料拉伸断口上的解理断裂特征逐渐减弱，脆性平坦区逐渐减少，而韧窝断裂特征逐渐增强，韧窝数量逐渐增多。图 6-9(d)的拉伸断口存在密集而均匀的韧窝，韧窝数量最多，脆性平坦区极少，复合材料在断裂前发生了明显的塑性变形，具有典型的韧窝断裂特征。这是因为当 CeO_2 含量为 0.6%时，复合材料中的析出硅颗粒尺寸最小、数量最多，析出硅颗粒的细化降低了其对基体的割裂作用，提高了析出硅颗粒与基体的结合强度。从图 6-9(e)和(f)可以看出，当复合材料中的 CeO_2 含量超过 0.6%继续增加时，复合材料拉伸断口上的解理特征开始增强，脆性平坦区逐渐增多，并且材料局部出现了较大孔洞。分析认为，造成这种现象的原因有两点：①当 CeO_2 含量过多时，复合材料中的析出硅颗粒尺寸增大，降低了增强相与基体的结合强度，导致孔隙增多，提高了脆性断裂发生的概率；②当 CeO_2 含量过多时，复合材料中的 CeO_2 团聚现象比较严重，呈团状分布的 CeO_2 容易在拉伸过程中脱落，形成孔洞。复合材料拉伸断口的形貌随 CeO_2 含量增加的变化与拉伸性能随 CeO_2 含量增加的变化是一致的。

6.2.3　热处理对复合材料力学性能的影响

1. 热处理对复合材料硬度与拉伸性能的影响

表 6-5 为热处理前后 CeO_2 含量为 0.6%的 20%SiCp/Al-19Si 复合材料的硬度、抗拉强度和延伸率。由表可知，经过热处理后，复合材料的硬度与抗拉强度得到大幅度提高，但其延伸率与热处理前相比略有降低。

表 6-5　热处理对 20%SiCp/Al-19Si 复合材料力学性能的影响

处理条件	硬度(HBW)	抗拉强度/MPa	延伸率/%
未热处理	113.7	250	6.13
T6 热处理	130.3	317	5.47

分析认为，由于复合材料的基体中含有过饱和固溶元素 Cu、Mg，在烧结过程中形成了粗大的合金相，对复合材料的力学性能产生了不利的影响，通过固溶与时效处理，复合材料中粗大的铜镁金属间化合物重新溶解析出，变成了大量细小的合金强化相，这些合金相弥散分布在基体中，增加了位错运动的阻力，起到了弥散强化的作用，因此提高了复合材料的硬度和强度。同时在晶界位置析出的合金相破坏了基体的连续性，使复合材料的塑性下降。

图 6-10 为 CeO_2 含量为 0.6%的复合材料热处理前后的 TEM 照片及对应的电子衍射花样。从图 6-10(a)中可以看出，热处理前，基体中含有粗大的合金相，在更高倍数下观察图 6-10(a)中的 *A* 区域[图 6-10(c)]，图 6-10(d)为合金相的电子衍射花样，结合辅助软件 MDI Jade 5.0 标定后，确定电子衍射花样为 Al_2Cu。从图 6-10(b)中可以看出，通过热处理，复合材料基体中的粗大合金相减少，且弥散分布着大量尺寸细小的合金相，这些合金相有效强化了复合材料。

2. 热处理对复合材料断裂行为的影响

图 6-11 为热处理前后 CeO_2 含量为 0.6%的 20%SiCp/Al-19Si 复合材料的拉伸断口形貌。从图中可以看出，热处理前后复合材料断口形貌均呈现出大量密集均匀的韧窝特征，但热处理后复合材料断口组织的韧窝明显变浅。

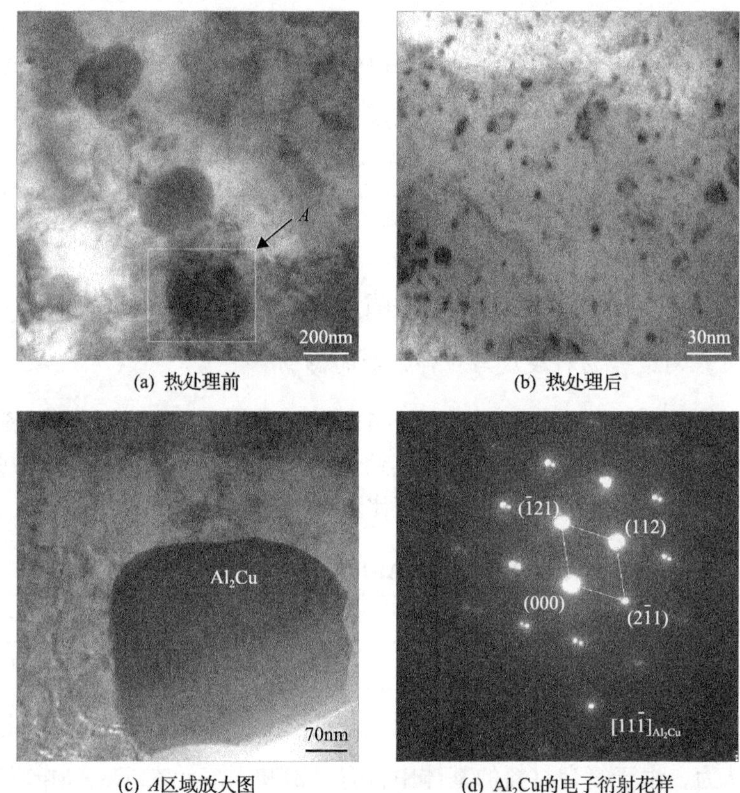

(a) 热处理前　(b) 热处理后

(c) *A*区域放大图　(d) Al_2Cu的电子衍射花样

图 6-10　热处理前后复合材料的 TEM 照片及对应的电子衍射花样

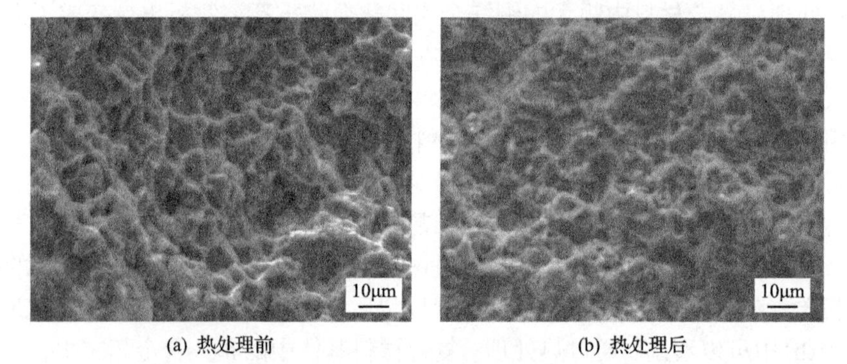

(a) 热处理前　(b) 热处理后

图 6-11　热处理前后复合材料的断口形貌

分析认为，未经热处理的复合材料中的基体合金强度较低，当界面附近产生的应力集中超过基体的剪切强度时，裂纹首先在界面附近的基体中产生并沿基体扩展。热处理后复合材料的基体合金强度较高，界面附近的应力集中会导致部分增强相开裂，从而提高复合材料的强度。热处理后，复合材料拉伸断口上的韧窝变浅说明增强相的强化作用得到增强。

6.3　CeO_2 加入 20%SiCp/Al-19Si 复合材料的摩擦磨损性能

摩擦磨损是造成机械零件失效的重要原因，对机械零件的效率、精确度、寿命及可靠性有极大的影响，对工程材料也会造成极大的消耗。为提高易磨损部件长时间工作的稳定性，需要制备出具有良好耐磨性能的材料。与传统的耐磨材料相比，20%SiCp/Al-19Si 复合材料不仅具有传统耐磨材料的高耐磨性和高强度等特点，还具有低密度和良好的热传导性等特点，是一种能够应付各种复杂工况的耐磨材料。

颗粒增强复合材料的摩擦磨损性能受增强体颗粒的种类、尺寸、含量以及增强体颗粒与基体结合状况的影响；此外，载荷、速度、摩擦配副及环境介质等因素也对复合材料的摩擦磨损性能有重要的影响[14]。不同含量的 CeO_2 对复合材料中的析出硅颗粒的尺寸和数量有明显不同的影响，而析出硅颗粒作为硬质相，其尺寸和数量对复合材料的摩擦磨损性能有重要的影响，本节系统地研究添加不同含量 CeO_2 的 20%SiCp/Al-19Si 复合材料的摩擦磨损性能，探讨 CeO_2 对复合材料摩擦磨损性能的影响机理。

6.3.1　CeO_2 含量对复合材料摩擦磨损性能的影响

1. CeO_2 含量对复合材料摩擦系数和摩擦力的影响

图 6-12 为室温条件下不同 CeO_2 含量的 20%SiCp/Al-19Si 复合材料在 550N 载荷下以 100r/min 的转速摩擦 5min 后得到的摩擦系数及摩擦力的变化曲线。从图中曲线可以看出，磨损试样均经一定时间跑合后进入稳定磨损阶段。复合材料的摩擦系数和摩擦力随着 CeO_2 含量的增加先增大后减小，当 CeO_2 含量为 0.6%时，复合材料的摩擦系数和摩擦力最大，但总体来说相差不大。另外，不同 CeO_2 含量的复合材料随着摩擦过程的进行，其相应的摩擦系数和摩擦力的变化曲线的波动幅度随 CeO_2 含量的增加先减小后增大，当 CeO_2 含量为 0.6%时，复合材料的摩擦系数和摩擦力变化曲线的波动幅度最小。

分析认为，析出硅颗粒作为硬质相，具有较高的耐磨性，当析出硅颗粒尺寸变小、数量增多时，单位面积上与摩擦配副接触的析出硅颗粒就会增多，在摩擦剪切力作用时，承受摩擦力的硅颗粒增多，单个硅颗粒承受的力变小，析出硅颗粒不易脱落，所以摩擦系数和摩擦力较高。同时，当析出硅颗粒尺寸较小且数量较多时，硅颗粒在基体中的分布更加均匀，且与基体的结合强度更高，所以摩擦系数和摩擦力的变化曲线波动较弱，摩擦平稳性较好。已经得出，随着 CeO_2 含量的增加，复合材料中的析出硅尺寸先减小后增大，数量先增多后减少，所以复合材料的摩擦力和摩擦系数随着 CeO_2 含量的增加先增大后减小，当 CeO_2 含量为

0.6%时，复合材料的摩擦力与摩擦系数最大，且摩擦平稳性最好。

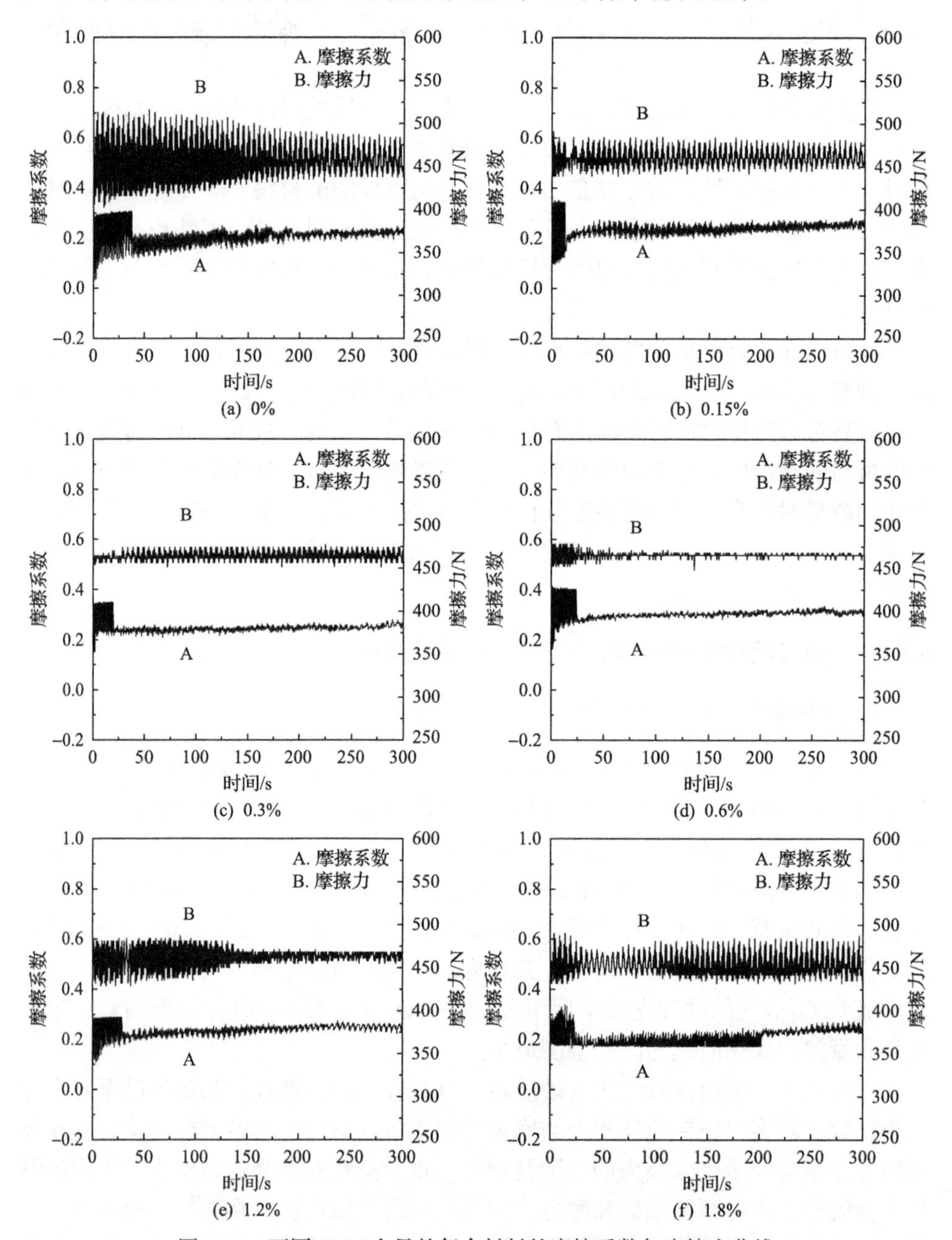

图 6-12　不同 CeO_2 含量的复合材料的摩擦系数与摩擦力曲线

2. CeO_2 含量对复合材料磨损量的影响

图 6-13 为不同 CeO_2 含量的 20%SiCp/Al-19Si 复合材料磨损后的磨损量。由

磨损量变化曲线可以看出，当 CeO_2 的含量小于 0.6%时，复合材料的磨损量随着 CeO_2 含量的增加逐渐减小；当 CeO_2 含量大于 0.6%时，复合材料的磨损量随着 CeO_2 含量的增加快速增大；当 CeO_2 含量为 0.6%时，复合材料的磨损量最小。这是因为当 CeO_2 含量不超过 0.6%时，随着 CeO_2 含量的增加，复合材料中的析出硅颗粒数量逐渐增多，尺寸逐渐变小，在摩擦过程中，承受摩擦力的硬质颗粒增多，复合材料的耐磨性提高，所以磨损量逐渐减小；当 CeO_2 含量超过 0.6%继续增加时，复合材料中的析出硅颗粒尺寸逐渐增大，数量逐渐减少，复合材料的耐磨性降低，同时 CeO_2 的团聚现象严重，团状分布的 CeO_2 组织疏松，与 Al 基体相比，在磨损中更易脱落，造成磨损量快速增加。

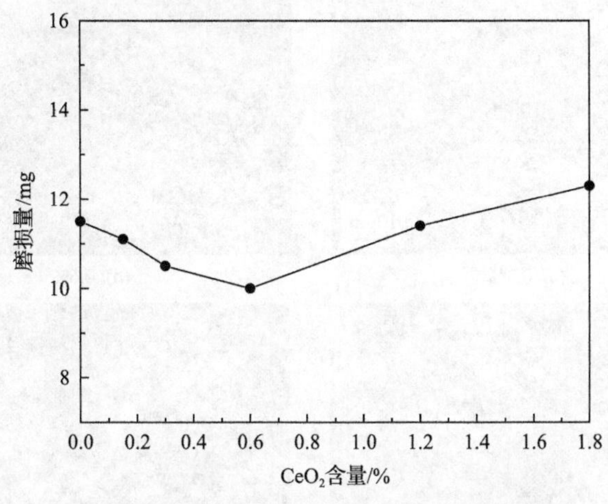

图 6-13　不同 CeO_2 含量的复合材料的磨损量

3. CeO_2 含量对复合材料磨损面的影响

图 6-14 为不同 CeO_2 含量 20%SiCp/Al-19Si 复合材料经摩擦试验后的磨损面形貌及能谱分析。可以看出，复合材料的磨损面都有不同程度的犁沟，同时基体发生氧化现象，相应的氧化物与析出硅黏结在磨损表面，这些犁沟是磨粒磨损的典型特征。当 CeO_2 含量不超过 0.6%时，随着 CeO_2 含量的增加，磨损面上的犁沟越来越规则、整齐，且犁沟的宽度逐渐变窄，数量逐渐增多，复合材料磨损面上的破坏现象逐渐减轻；当 CeO_2 含量超过 0.6%时，随着 CeO_2 含量的增加，磨损面的犁沟数量减少、宽度变大，复合材料磨损面的磨损破坏现象越来越严重。分析认为，上述现象主要与复合材料中析出硅颗粒的尺寸及数量有关。在磨损过程中，硅颗粒在载荷和摩擦力的作用下脱落并混入摩擦配副与磨损面之间，这些颗粒作为硬质点继续参与磨损并对磨损面造成磨粒磨损。当 CeO_2 含量较少或较多时，复合材料中的硅颗粒数量较少且尺寸较大，硅颗粒在磨损过程中较易脱落，少量大尺寸的硅颗粒在磨损过程中对磨损面造成的破坏现象比较严重；当 CeO_2 含量在

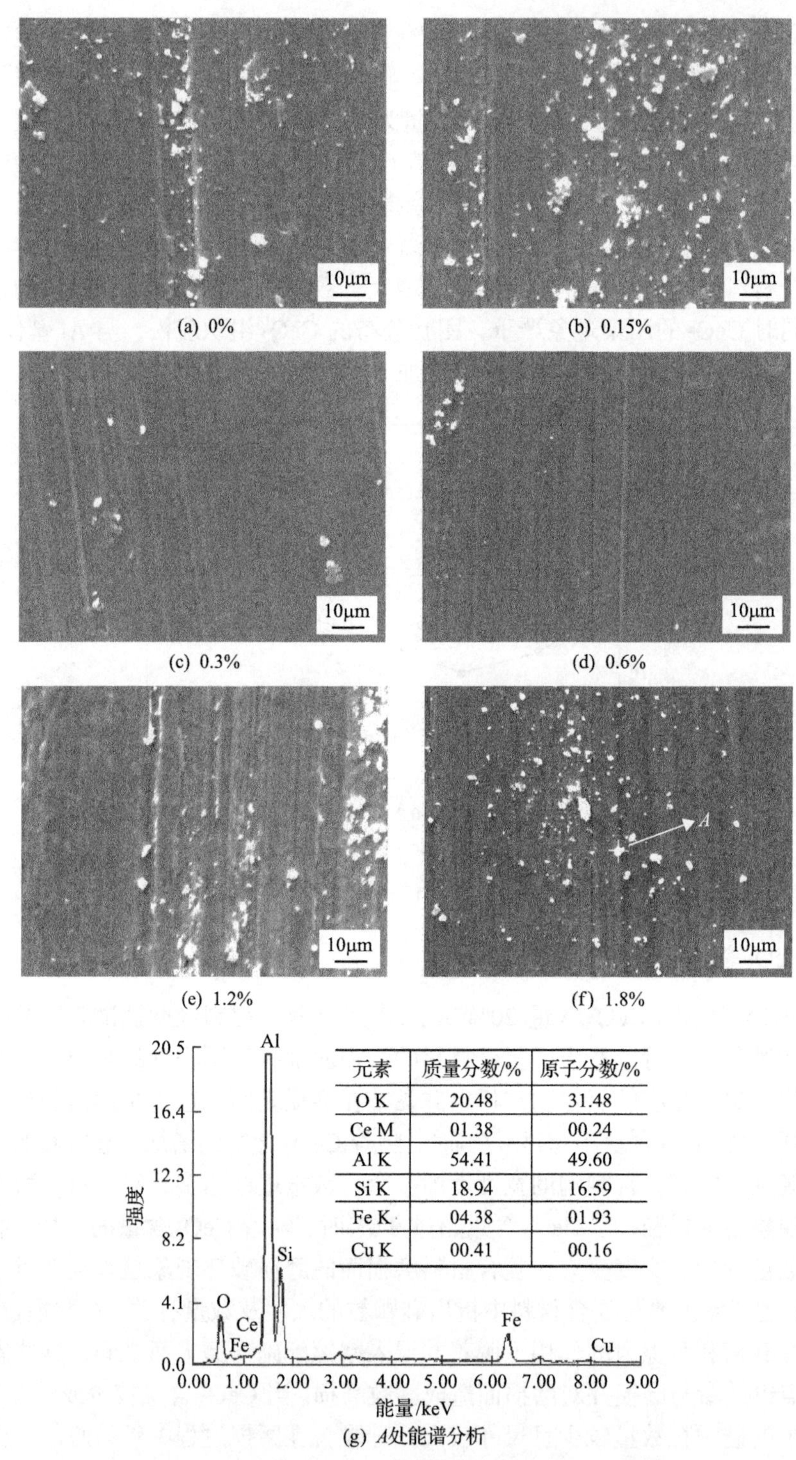

元素	质量分数/%	原子分数/%
O K	20.48	31.48
Ce M	01.38	00.24
Al K	54.41	49.60
Si K	18.94	16.59
Fe K	04.38	01.93
Cu K	00.41	00.16

(g) *A*处能谱分析

图 6-14　不同 CeO_2 含量的复合材料的磨损面及标注部分的能谱分析

0.6%附近时，虽然硅颗粒不易脱落，但复合材料中的硅颗粒数量较多，导致脱落的硅颗粒数量相对较多，且其尺寸较小，所以这些硅颗粒对磨损面的磨损比较均匀，造成犁沟数量较多且犁沟尺寸细小，磨损面最为光滑平整。

6.3.2　载荷对复合材料摩擦磨损性能的影响

1. 载荷对复合材料磨损率及摩擦系数的影响

由摩擦磨损引起的材料损失量称为磨损量，可通过测量长度、体积或质量的变化而得到，单位时间或单位距离内的磨损量为磨损率。试验考察了 CeO_2 含量为 0.6%的 20%SiCp/Al-19Si 复合材料在不同载荷下的磨损率及平均摩擦系数的变化，用每米的质量损失作为试样磨损率的表示形式，磨损率的计算公式如下：

$$W = \frac{\Delta W}{n\pi D} \tag{6-15}$$

式中，ΔW 为单个磨损试样的磨损损失质量；n 为摩擦磨损试验实际磨损的总圈数；D 为磨盘有效磨损的直径；W 的单位为 mg/m。复合材料的平均摩擦系数的计算公式如下：

$$\mu = \frac{F}{f} \tag{6-16}$$

式中，F 为试验时设定的额定载荷；f 为磨损后摩擦磨损试验机自动得出的平均摩擦力。

图 6-15 为 CeO_2 含量为 0.6%的复合材料的磨损率及平均摩擦系数随载荷增

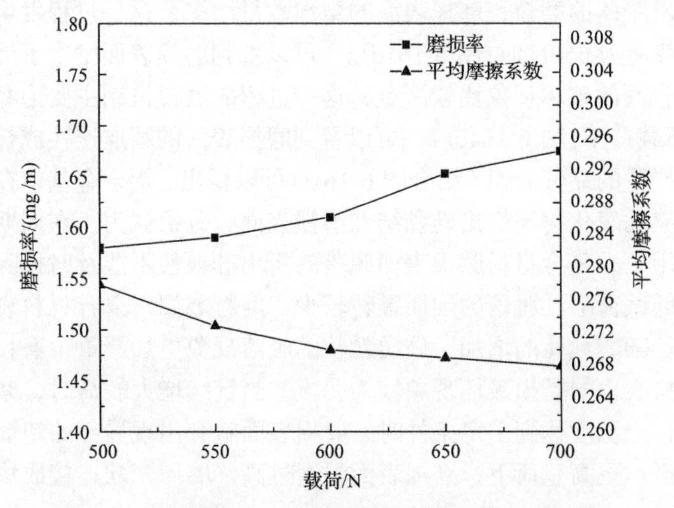

图 6-15　磨损率与平均摩擦系数随载荷增大的变化曲线

大的变化曲线。复合材料分别在 500N、550N、600N、650N 和 700N 载荷下磨损 5min，转速为 100r/min，磨损时间为 5min。

从图中可以看出，复合材料磨损率的变化曲线分为三个阶段：当载荷在 500～600N 和 650～700N 区间时，复合材料的磨损率随着载荷的增大以较低速率增大；当载荷在 600～650N 区间时，复合材料磨损率增大的速率明显加快。从图 6-15 中复合材料平均摩擦系数的变化曲线可以看出，复合材料平均摩擦系数的变化曲线分为两个阶段，分界点在 600N。当载荷未超过 600N 时，复合材料的平均摩擦系数随载荷的增大快速降低；当载荷超过 600N 后，复合材料的平均摩擦系数随着载荷的增大而降低的速率明显减慢，趋于稳定。分析认为，上述现象是因为当载荷增大到 600N 后，摩擦过程产生的热量增多，这些热量因不能及时散失而使磨损面局部温度升高，磨损表面发生塑性变形现象，出现黏着磨损，致使磨损率快速增大，摩擦系数快速降低。

2. 载荷对复合材料磨损表面形貌的影响

图 6-16 为 CeO_2 含量为 0.6%的 20%SiCp/Al-19Si 复合材料在载荷为 500N、550N、600N、650N 和 700N 五种情况下的磨损面形貌的显微照片及标注部分的能谱分析。可以看出，当载荷为 500N 时[图 6-16(a)]，磨损面分布着大量细小的磨屑，犁沟表面分布有少量的磨粒，脱落分离的磨粒进一步对复合材料产生磨粒磨损，加速了材料的磨损，这一过程的磨损机制主要为氧化磨损与磨粒磨损；当载荷为 550N 时[图 6-16(b)]，磨粒的脱落现象比较严重，磨损表面分布着较多的磨粒，磨粒在磨损过程中对磨损面造成了磨粒磨损，犁沟比较明显，这一过程的磨损机制主要为磨粒磨损；当载荷增大到 600N 时[图 6-16(c)]，可以看到磨损表面分布着大量脱落的磨粒，磨损表面的犁沟数量增多，这一过程发生了严重的磨粒磨损；当载荷为 650N 时[图 6-16(d)]，可以看到磨损表面发生了局部塑性变形现象，磨损表面的破坏现象比较严重，这一过程的磨损机制主要为黏着磨损；在 700N 的更高载荷下[图 6-16(e)]，可以看到磨损表面的磨屑连接成长块状，这一过程发生了严重的黏着磨损。结合图 6-16(f)可以得出，铝合金基体在磨损过程中被氧化，相应的氧化物与析出硅黏结在磨损表面。分析认为，在周期性的摩擦剪切应力的作用下，复合材料磨损表面脱落的析出硅颗粒不能及时排除将导致磨粒磨损。在较低载荷下，脱落的硬质颗粒较少，磨粒磨损对复合材料表面的磨损破坏程度较轻。随着载荷的增加，硬质颗粒的脱落现象更加严重，磨粒磨损程度加重，复合材料表面的磨损破坏现象较为明显。当继续增大载荷时，摩擦过程产生的热量增加，当温度达到一定条件时，磨损表面就会出现局部的塑性变形现象，发生黏着磨损。更高载荷下，磨损表面温度过高，磨屑变软连接成块，发生了严重的黏着磨损。

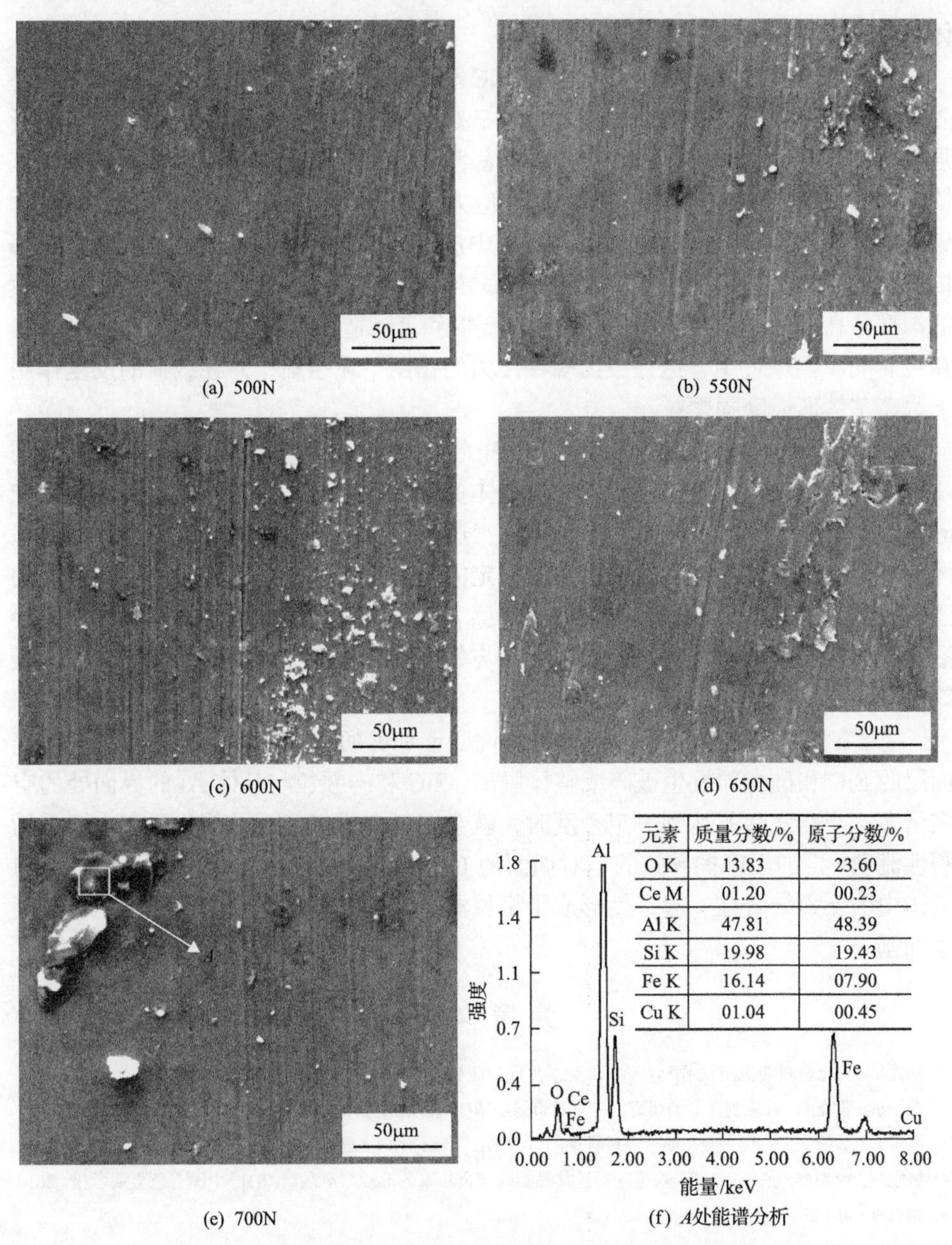

元素	质量分数/%	原子分数/%
O K	13.83	23.60
Ce M	01.20	00.23
Al K	47.81	48.39
Si K	19.98	19.43
Fe K	16.14	07.90
Cu K	01.04	00.45

图 6-16　复合材料在不同载荷下的磨损面及标注部分的能谱分析

6.3.3　CeO_2 加入 20%SiCp/Al-12Si 复合材料的磨损机理

添加 CeO_2 的 20%SiCp/Al-12Si 复合材料的磨损形式主要有磨粒磨损、黏着磨损和剥层磨损，可以认为复合材料的磨损是这几种磨损形式综合作用的结果，具体磨损机制可描述如下：

(1) 在复合材料摩擦磨损过程中，SiC 和硅硬质颗粒作为主要的承载相，主要受到正应力和剪应力的作用。当 SiC 和硅颗粒与铝基体界面结合强度大于其本身强度时，在应力作用下，SiC 和硅颗粒发生断裂或破碎；当 SiC 和硅颗粒与铝基体界面结合强度小于其本身强度时，在应力作用下，SiC 和硅颗粒发生整体剥离。破碎或剥离的 SiC 和硅颗粒在摩擦过程中进入摩擦副之间，构成磨粒磨损，在磨损表面形成划痕、沟槽；或排出摩擦副之外，对磨损不起作用。在基体表面产生的沟槽是在磨粒作用下，基体发生塑性变形和流动造成的，沟槽的边缘会突出峰。在之后的摩擦过程中，边缘突出峰在压力的作用下被压扁，并在载荷的反复作用下脱离基体形成磨损颗粒。

(2) SiC 和硅颗粒在复合材料摩擦表面上通过时，复合材料表面层将反复受到压缩、拉伸的应力作用，表面层的铝基体塑性好，容易发生塑性变形，而 SiC 和硅颗粒强度高硬度大，几乎不发生变形，这样裂纹便很可能在 SiC 和硅颗粒与基体的界面处形核。裂纹形核后，将沿一定方向发生扩展。由于表面层存在较大的压应力区，扩展的方向基本上平行于摩擦表面。这样，裂纹扩展到一定程度后会沿着相对薄弱的环节向表面扩展，或者与邻近的裂纹相结合形成更大的裂纹，最终形成磨屑。

(3) 在摩擦力的作用下，基体的塑性变形和剪切变形加剧，位于复合材料表面层的 SiC 和硅颗粒发生破碎或整体脱离，SiC 和硅颗粒与基体 Al 的界面处的空穴增多，当空穴数量达到一定程度时，就会在复合材料表面局部位置产生严重的塑性流动，再加上摩擦导致的钢对偶面的 Fe 元素进入塑性变形严重的基体中，与基体中的元素结合在一起，就形成了机械混合层。机械混合层的形成会使剥层磨损加剧。

参 考 文 献

[1] 刘光华. 稀土材料与应用技术[M]. 北京: 化学工业出版社, 2005: 38.

[2] 郑子樵, 张尚虎. 铈系列产品的研究、应用及市场展望[J]. 甘肃冶金, 2013, 35(3): 44-46.

[3] 欧阳志英. 稀土在铝硅合金变质处理过程中的行为[D]. 上海: 上海大学, 2003.

[4] 解立川, 彭超群, 王日初, 等. 快速凝固过共晶铝硅合金粉末的形貌与显微组织[J]. 中国有色金属学报, 2014, 24(1): 130-135.

[5] 石德珂. 材料科学基础[M]. 北京: 机械工业出版社, 2003: 296-301.

[6] 潘宁, 宋波, 翟启杰, 等. 钢液非均质形核触媒效用的点阵错配度理论[J]. 北京科技大学学报, 2010, (2): 179-182, 190.

[7] 宋韶杰. 扩散型固态相变动力学与热力学研究[D]. 西安: 西北工业大学, 2015.

[8] 刘峰, 刘欢欢, 马亚珠. 固态相变的动力学描述[J]. 西安工业大学学报, 2010, 30(2): 143-148.

[9] 齐玉骏. 对压力下结晶形核率的计算[J]. 金属学报, 1984, 20(6): 359-363.

[10] 陈勇. 暴露特定面的纳米氧化铈的可控合成与表征的研究[D]. 重庆: 重庆大学, 2013.

[11] TURNER P S. Thermal-expansion stresses in reinforced plastics[J]. Journal of research of the National Bureau of Standards, 1946, 37(4): 239-250.

[12] KERNER E. The elastic and thermo-elastic properties of composite media[C]//Proceedings of the Physical Society, 1956, 69:808.

[13] 金鹏, 刘越, 李曙, 等. 碳化硅增强铝基复合材料的力学性能和断裂机制[J]. 材料研究学报, 2009, 23(2): 211-214.

[14] 李卫, 王洪发, 周平安. 耐磨材料与磨损技术新进展[J]. 铸造, 2001, 50(1): 7-12.

第7章 纳米SiCp/Al-12Si复合材料的制备及组织性能

SiCp/Al 复合材料的组织和性能与 SiCp 的粒度有密切的联系，粗大的 SiCp 在受力时容易发生断裂破碎，且粗大的硬质 SiCp 割裂基体，弱化复合材料的力学性能。理论上，SiCp 粒度越细小，增强效果越显著。前期研究表明，复合材料的强度随 SiCp 粒度的增大而降低，因此减小 SiCp 的粒度可有效提高复合材料的力学性能。纳米 SiCp 颗粒不仅自身结构缺陷少，同时纳米颗粒使复合材料的位错强化机制增强，使纳米 SiCp/Al 复合材料表现出更加优异的物理性能和力学性能。目前，对 SiCp/Al 复合材料的报道较多，研究也很深入，但都局限于微米级的 SiCp/Al 复合材料，对于纳米级 SiCp/Al 复合材料的研究相对较少且较为基础。居志兰等[1]研究发现，SiCp 体积分数相同时，SiCp(130nm)/Al 复合材料的致密度、抗拉强度、延伸率均优于 SiCp(14μm)/Al 复合材料。田晓风等[2]对比研究了 1%纳米 SiCp/2024Al 和 15%(体积分数)微米 SiCp/2024Al 复合材料，发现纳米颗粒增强复合材料的抗拉强度、屈服强度、塑性明显优于微米颗粒增强复合材料，并且纳米复合材料还有良好的高温力学性能。Wang 等[3]采用粉末冶金法制备出 5%纳米 SiCp/Al 复合材料，其抗拉强度达到 215MPa；Kollo 等[4]借助高能球磨与热挤压的方法制备出纳米 SiCp/Al 复合材料，在纳米 SiCp 体积分数仅为 1%时，极限抗拉强度达到 205MPa±18MPa，延伸率为 17%±3%；复合材料中加入少量的纳米 SiCp 即表现出强烈的强化效应[5]，同时，由于加工制备过程中的颗粒尺度效应，纳米复合材料的热变形行为相对于微米复合材料发生了显著变化，因此研究纳米 SiCp/Al 复合材料组织性能及热变形行为具有重要的理论意义和实用价值。

本章采用粉末冶金法制备了纳米 SiCp 体积分数分别为 1%、2%、3%、4%的 SiCp/Al-12Si 复合材料，并与粉末冶金烧结制备的 Al-12Si 合金基体进行对比，研究纳米 SiCp 体积分数对复合材料微观组织及性能的影响，优化了最佳纳米 SiCp 添加量；并在 Gleeble-1500D 热模拟试验机上对纳米 2%(体积分数)SiCp/Al-12Si 复合材料进行高温热压缩试验，绘制出复合材料的真应力-真应变曲线，结合曲线的变化规律详细分析该复合材料的流变行为，通过一元线性回归方法求出复合材料在变形条件下的材料常数，求解出热变形激活能，引入温度补偿因子 Z 参数建立该复合材料的双曲正弦本构方程，在动态材料模型的基础上建立复合材料的热加工图，为实际加工提供参考依据；通过 TEM 分析纳米 SiCp/Al-12Si 复合材料在等温热压缩过程中不同变形条件下的微观组织，研究其变化规律，并探究 $\ln Z$ 值对位错组织、亚晶组织变化的影响，分析复合材料的动态软化机制。

7.1 纳米颗粒增强复合材料的制备方法

由于纳米 SiCp 比表面积大，纳米颗粒极易团聚而导致增强颗粒粒径增大，在复合材料基体中难以分布均匀，产生严重的应力集中现象从而影响增强效果，由此解决纳米 SiCp 的团聚问题，提高纳米 SiCp 在 SiCp/Al 复合材料基体中的分散均匀性是制备优异性能纳米复合材料的重点。目前，主要制备技术有搅拌铸造法和粉末冶金法制备。

7.1.1 搅拌铸造法

搅拌铸造法按搅拌温度的不同可分为液相法和液固两相法。搅拌手段主要有机械搅拌法和物理场搅拌法，通过强力搅拌实现复合材料中 SiCp 的均匀分布。机械液相搅拌法容易引入气体，且 SiCp 需要通过表面处理提高其与基体的润湿性[6, 7]；文献[8]报道将纳米 SiCp 和 Al 粉球磨后形成复合粉体再将其加入 Al-Si 合金熔体中，可使复合材料中 SiCp 分布均匀性进一步提高；液固两相半固态铸造法可以通过制备半固态铝硅合金浆料提高纳米 SiCp 的均匀性；物理场干预的搅拌铸造法制备的复合材料中纳米 SiCp 分布最佳，采用附加电磁搅拌或高能超声搅拌工艺实现纳米 SiCp/Al-Si 复合材料宏观及微观组织均匀性及无缺陷制备。

搅拌铸造法制备的复合材料相对于粉末冶金法其基体晶粒尺寸较粗大，复合材料的综合性能相对较低。

7.1.2 粉末冶金法

粉末冶金法制备工艺，首先利用球磨实现纳米 SiCp 与 Al-12Si 基体粉末均匀混合，随后将混合粉体装入模具中进行预压成形，继而加热到固相线以下温度进行真空热压或气体保护烧结，然后进行致密化。粉末冶金法的优点在于可以根据实际要求任意调控 SiCp 的含量，较为准确、方便地控制成分比例；烧结温度较低，无不良界面反应；且基体晶粒细小，复合材料性能优异；但粉末冶金法工艺复杂，生产周期长。

试验采用混合粉体球磨湿混—单向压制—气体保护烧结—热挤压的粉末冶金工艺，制备了纳米 SiCp 体积分数分别为 1%、2%、3%、4%增强的 Al-12Si 复合材料，对复合材料的微观组织进行了表征，对其性能进行了检测。

复合材料所用的基体为惰性气体雾化制粉得到的 Al-12Si 合金粉，平均粒度为 7μm，基体主要化学组分见表 7-1，其形貌如图 7-1 所示。由图 7-1(a)可知，合金粉末颗粒近似球形或椭球形，有少部分尖角等不规则形状。

表 7-1　Al-12Si 粉体的化学组分(质量分数)　　(单位：%)

元素	Si	Cu	Mg	Fe	Al
含量	11.0～13.0	0.7～1.0	0.7～0.9	0～0.7	余量

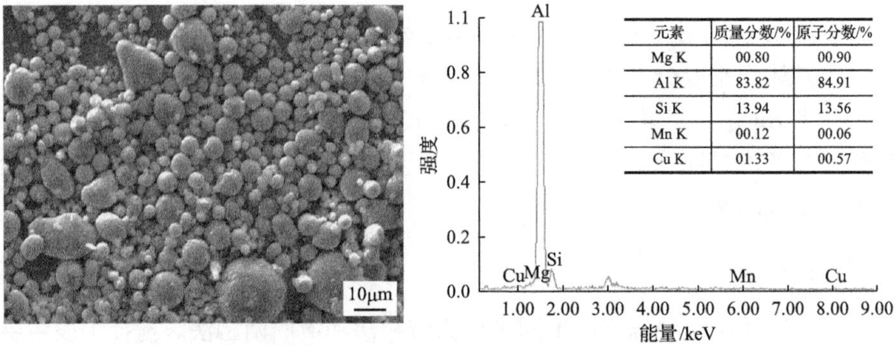

10μm
Al
Cu
Mg
Si
Mn
Cu
强度
能量/keV
1.1
0.8
0.6
0.4
0.2
0.0
1.00 2.00 3.00 4.00 5.00 6.00 7.00 8.00 9.00
元素 质量分数/% 原子分数/%
Mg K 00.80 00.90
Al K 83.82 84.91
Si K 13.94 13.56
Mn K 00.12 00.06
Cu K 01.33 00.57

(a) Al-12Si粉体SEM像　　(b) Al-12Si粉体的EDS分析

图 7-1　Al-12Si 合金粉体的形貌及能谱

增强体为采用化学气相沉积法制备的 SiCp，平均粒度为 80nm，其形貌如图 7-2(a)所示，SiCp 大多数为不规则多边形颗粒。图 7-2(b)为其 XRD 分析图谱，从图中可以看出，所用 SiCp 为β-SiC，空间群为 F-43m(216)，晶格常数为 a = 0.4385nm，堆垛次序为 ABCABC…。

100nm
♥ β-SiC
20 30 40 50 60 70 80 90
2θ/(°)

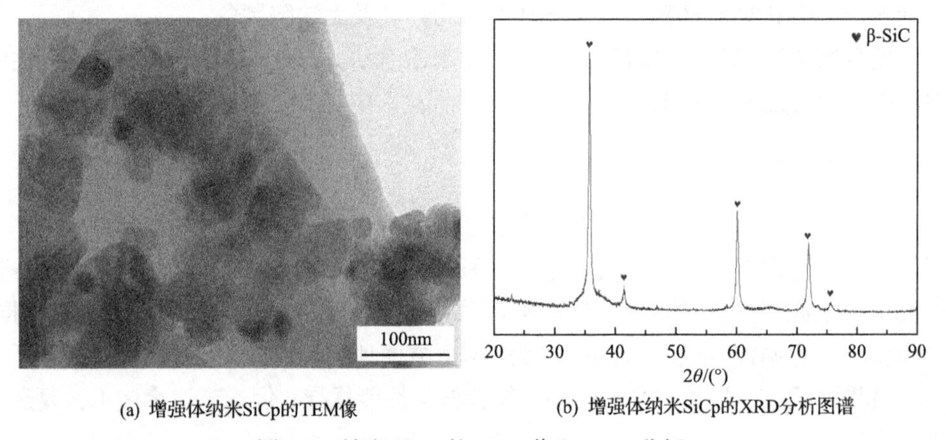

(a) 增强体纳米SiCp的TEM像　　(b) 增强体纳米SiCp的XRD分析图谱

图 7-2　纳米 SiCp 的 TEM 像和 XRD 分析

7.2　不同体积分数纳米 SiCp/Al-12Si 复合材料微观组织

7.2.1　纳米 SiCp/Al-12Si 复合材料金相组织

图 7-3 为纳米 SiCp/Al-12Si 复合材料金相显微组织。可以看出，热挤压后复

合材料的晶粒沿挤压方向变形拉长。由于所用 Al-12Si 基体实质是 Al-Si 合金，采用雾化快速凝固法制得，在烧结和热挤压过程中随着温度的升高，Si 元素会从固态 Al 中过饱和析出，形成细小颗粒弥散在基体上，因此组织中分布着块状析出的 Si 颗粒。与图 7-3(a)所示 Al-12Si 基体相比，复合材料的晶粒明显细化，Si 颗粒也被细化。这是由于在烧结和热挤压过程中，纳米 SiCp 的存在会成为非均质形核的核心，从而增大基体中初生晶核的形核率，同时增强颗粒的加入也会作为钉扎

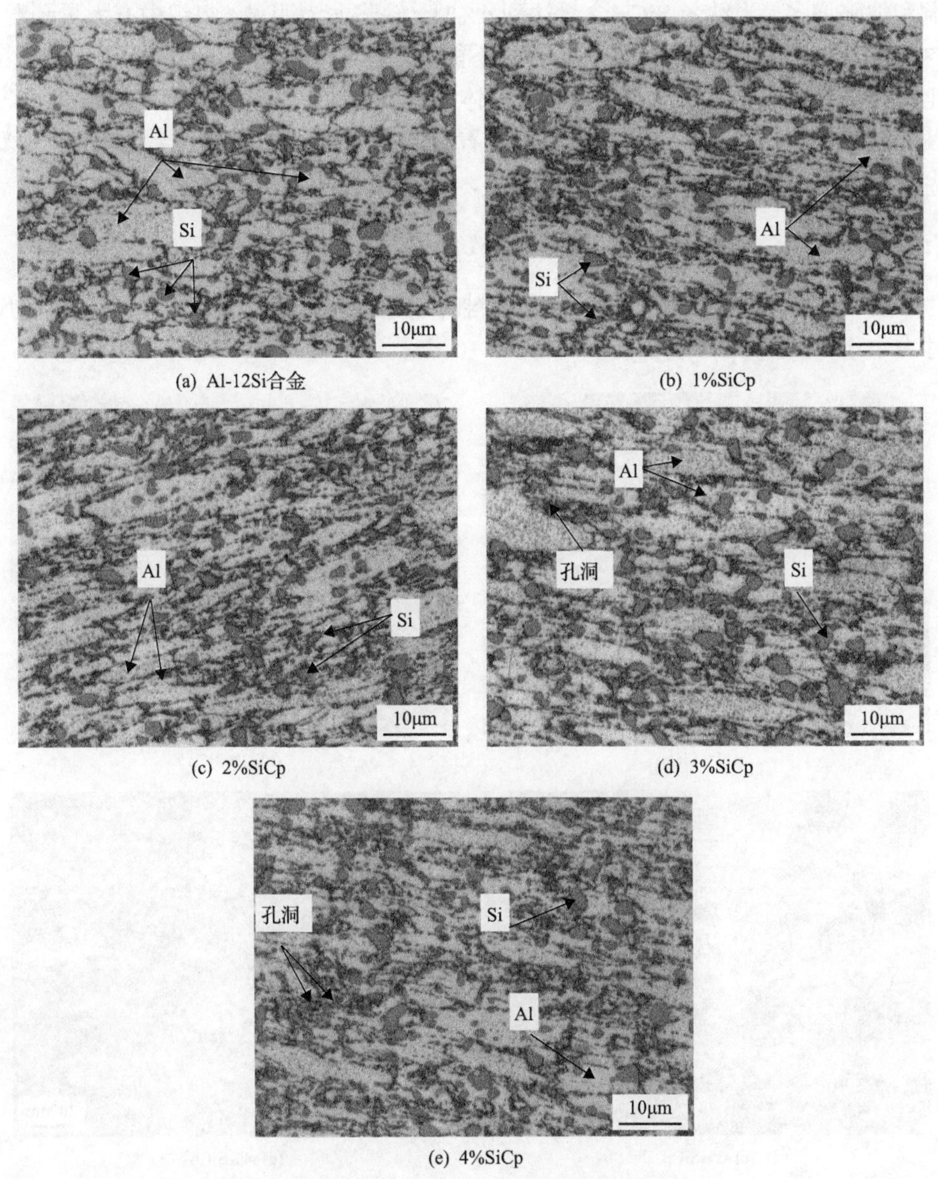

(a) Al-12Si合金　(b) 1%SiCp

(c) 2%SiCp　(d) 3%SiCp

(e) 4%SiCp

图 7-3　纳米 SiCp/Al-12Si 复合材料的金相显微组织

粒子，在很大程度上阻碍晶粒的长大并诱发再结晶，从而使得复合材料的晶粒尺寸得到细化。晶粒越细，单位体积内的晶粒数目越多，在受到外力发生塑性变形时，可分散在更多的晶粒内进行，受力较均匀，依据 Hall-Petch 关系，材料的强度和硬度随晶粒尺寸的增大而降低，可预见纳米 SiCp/Al-12Si 复合材料的性能要优于 Al-12Si 基体合金。

从图 7-3(b)～(e)可以看出，随着纳米 SiCp 体积分数的增加，复合材料的孔洞和缺陷增多，当纳米 SiCp 含量达到 4%时，缺陷尤为明显，组织中有大量孔洞，这可能是由于纳米 SiCp 达到一定量时不能在基体中均匀分布，包裹在 Al 粉颗粒上，在烧结过程中，增强颗粒聚集在基体的晶界上，影响基体合金的烧结融合[9]，使晶界上产生孔洞缺陷。通过比较可以看出，当纳米 SiCp 体积分数为 2%时，复合材料晶粒较细，孔洞与缺陷相对略少，组织较好。

7.2.2 纳米 SiCp/Al-12Si 复合材料 TEM 组织

图 7-4 为纳米 SiCp/Al-12Si 复合材料的 TEM 组织，可以看到组织中分布着尺寸大小不一的 SiCp 和析出相。

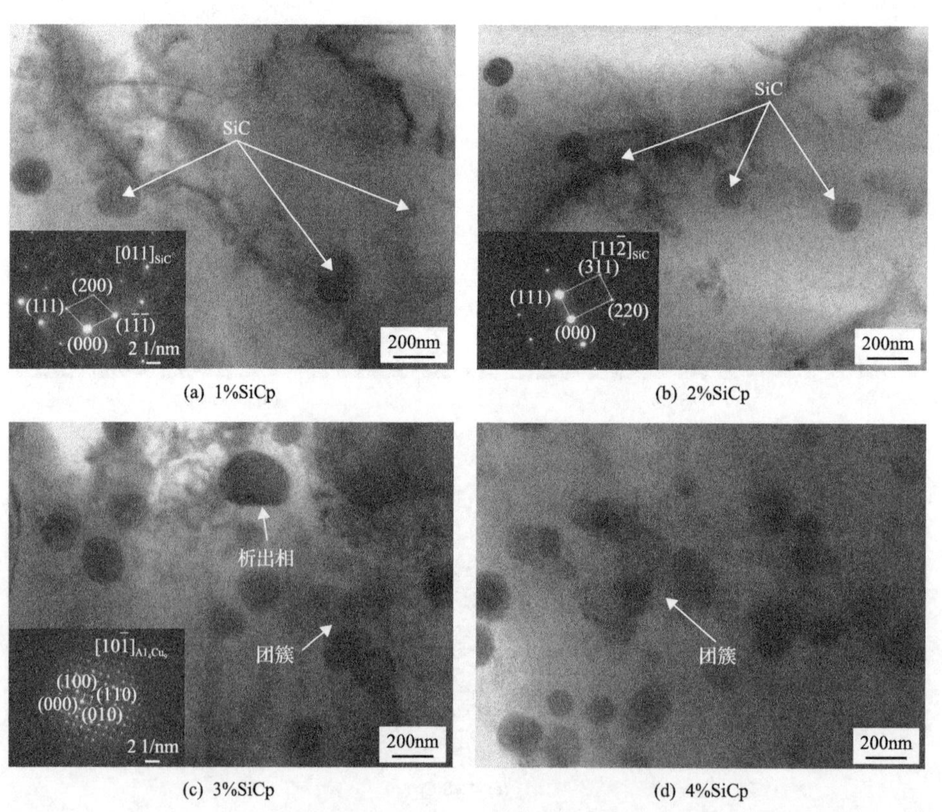

(a) 1%SiCp　(b) 2%SiCp

(c) 3%SiCp　(d) 4%SiCp

图 7-4 纳米 SiCp/Al-12Si 复合材料的 TEM 组织

观察图 7-4(a)、(b)可以发现，纳米 SiCp 含量为 1%和 2%时，SiCp 分布较为均匀，视场内几乎没有出现颗粒的团聚现象，颗粒与 Al 基体结合较好。在 SiCp 附近存在较多位错，这是由于 SiCp 与 Al 基体的热膨胀系数存在差异，温度的变化会使基体与增强体产生热错配，继而产生塑性残余应力，位错密度得到提高，起到强化作用[10]，纳米颗粒含量为 2%时的颗粒间距要比含量为 1%时更为平均，分散性更好；从图 7-4(c)、(d)可以看出，纳米颗粒含量为 3%、4%时的微观组织明显不同于纳米颗粒含量为 1%、2%时，可以看到明显的团聚现象，团聚体呈偏长型，尺寸接近 1μm，可以根据相关参考文献推测此时对复合材料强化作用不明显[11]。

7.3　纳米 SiCp/Al-12Si 复合材料性能

7.3.1　纳米 SiCp/Al-12Si 复合材料密度

图 7-5 为纳米 SiCp/Al-12Si 复合材料的相对密度变化曲线。从图中可以看出，复合材料的相对密度大体上随纳米 SiCp 体积分数的增加先增加后降低，纳米 SiCp 体积分数从 0%增加到 2%时，相对密度逐渐增加，在 2%时达到最大，为 98%，这是因为 SiCp 密度大于 Al 基体，复合材料的密度随 SiCp 含量的增加必然增加[9]；体积分数继续增加到 3%时，复合材料的相对密度开始下降。这是因为纳米颗粒的比表面能较大，化学活性较高，极易吸附大量气体和其他固体杂质，含量较高时在压制过程中容易形成孔隙，烧结时气体排出后形成孔洞和缺陷，从而影响复合材料的相对密度；同时纳米颗粒随体积分数的增加团聚现象明显，不能够均匀地分散于铝基体中，烧结过程中粉末颗粒间的相互黏结和孔隙填充都需要物质的迁

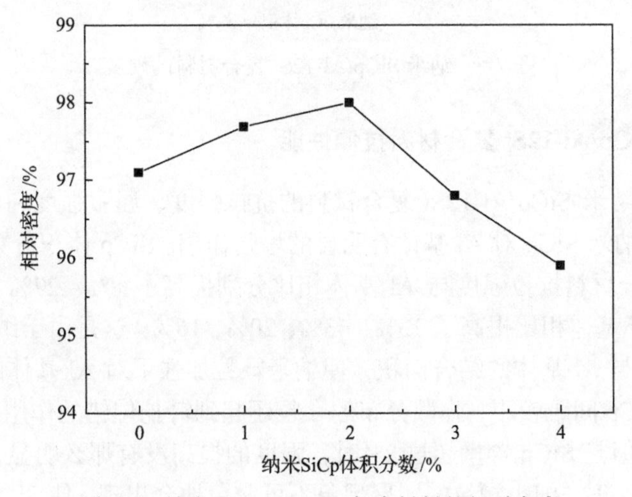

图 7-5　纳米 SiCp/Al-12Si 复合材料的相对密度

移[12]，而团聚现象弱化了在烧结过程中纳米颗粒对物质的迁移阻力，从而导致复合材料相对密度降低。

7.3.2 纳米 SiCp/Al-12Si 复合材料硬度

图 7-6 为纳米 SiCp/Al-12Si 复合材料的硬度变化折线图。从图中可以看出，随着纳米 SiCp 体积分数的增加，复合材料的硬度先增加后降低，当纳米颗粒含量较少(<2%)时，硬度逐渐增加，这是由于纳米 SiCp 对 Al 基体起到了弥散强化的作用，微小的硬质相颗粒弥散分布在基体中，能够有效地承受载荷。当纳米 SiCp 体积分数为 2%时，硬度达到 102HV，比 Al 基体提高了 34%；但是当纳米 SiCp 体积分数超过 2%时，复合材料的硬度开始减小，这是由于纳米颗粒在达到一定体积分数时会出现团聚现象，成为尺寸略大的增强体，不能有效发挥细小颗粒的弥散强化作用，因此导致硬度呈现降低趋势。

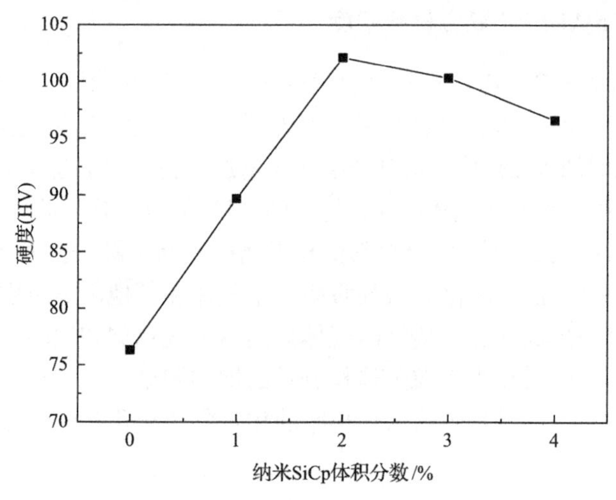

图 7-6 纳米 SiCp/Al-12Si 复合材料的硬度

7.3.3 纳米 SiCp/Al-12Si 复合材料拉伸性能

表 7-2 为纳米 SiCp/Al-12Si 复合材料的抗拉强度、屈服强度和延伸率。从表中可以得出，纳米 SiCp 对 Al 基体有明显的增强作用。SiCp 体积分数为 1%、2%、3%、4%的复合材料抗拉强度与 Al 基体相比分别提高了 8%、27%、14%、9%；屈服强度与 Al 基体相比提高了 13%、43%、20%、16%；这是由于纳米 SiCp 表面积大，增大了与 Al 基体的结合面积，使纳米颗粒加强了对 Al 基体的约束作用；此外，纳米 SiCp 间距较小，弥散分布的颗粒还起到钉扎位错的作用，因而材料强度明显提高。但是 SiCp 含量超过 2%时，强度的提高没有那么明显，这是因为纳米颗粒含量较高时，细小颗粒的团聚现象不可避免地会出现，使 SiCp 的强化作用

大打折扣。从表中还可看出，延伸率随着纳米颗粒的增加而降低，这可能是因为纳米颗粒的加入有效地促进了 Al 基体与 SiCp 之间的界面形成，容易导致裂纹的萌发和扩展[13]，致使延伸率降低。

表 7-2　纳米 SiCp/Al-12Si 复合材料的抗拉强度、屈服强度和延伸率

纳米 SiCp 体积分数/%	抗拉强度/MPa	屈服强度/MPa	延伸率/%
0	276	160	6.2
1	297	181	3.0
2	348	229	2.8
3	316	192	1.9
4	301	186	1.6

7.3.4　纳米 SiCp/Al-12Si 复合材料断口形貌

图 7-7 为纳米 SiCp/Al-12Si 复合材料的拉伸断口形貌。由图可知，不同成分复合材料的断口形貌有一定差异。如图 7-7(a)所示，未加 SiCp 的 Al-12Si 基体中

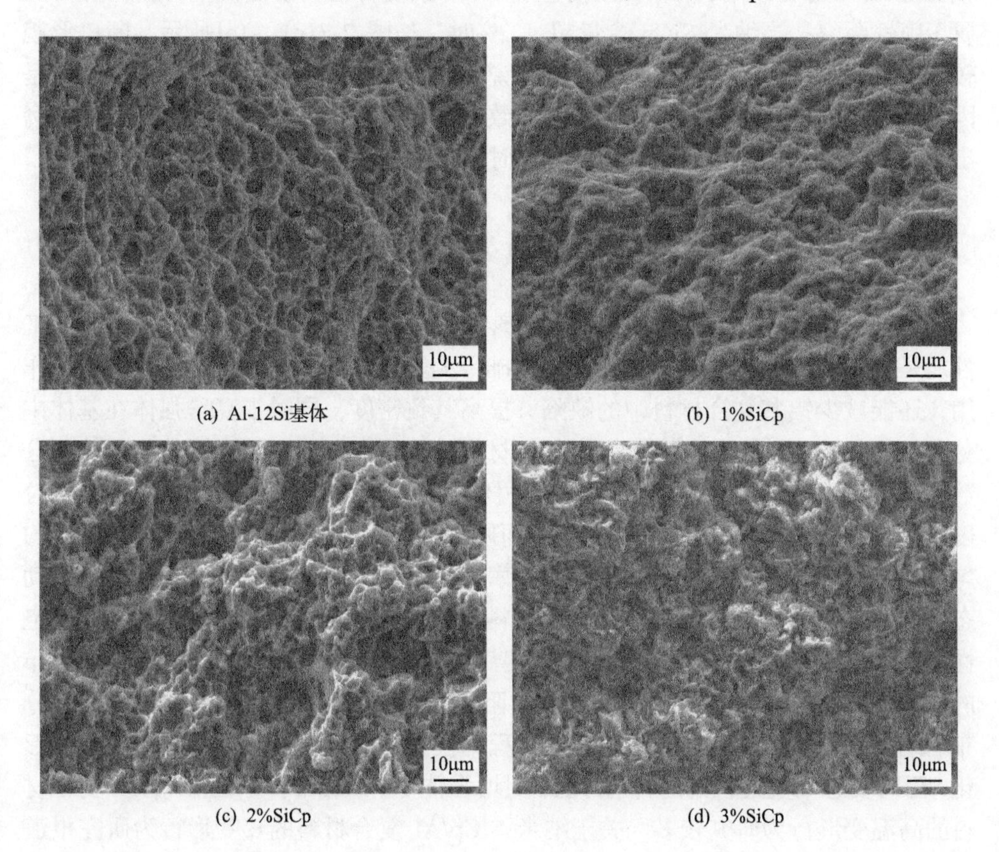

(a) Al-12Si基体　(b) 1%SiCp

(c) 2%SiCp　(d) 3%SiCp

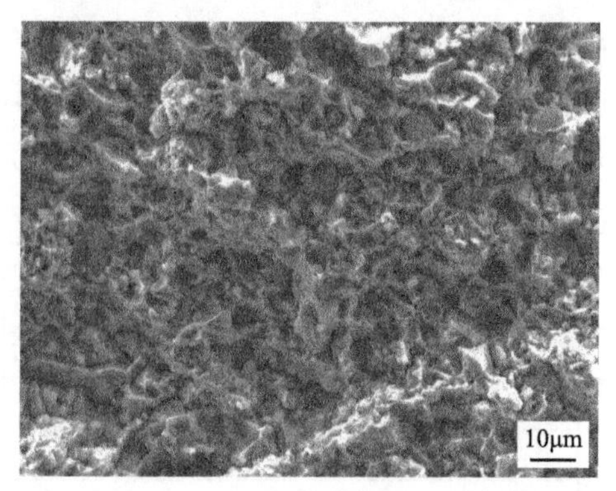

(e) 4%SiCp

图 7-7 纳米 SiCp/Al-12Si 复合材料的断口形貌

塑性变形相对较大，撕裂棱较窄，断口中分布有一些韧窝，有一定韧性断裂的特征；图 7-7(b)、(c)为添加 1%SiCp 和 2%SiCp 的复合材料，断口形貌中主要分布着浅而小的韧窝，有少许塑性变形区域，但存在一些孔洞，这主要是 SiCp 和 Si 颗粒与 Al 结合有缺陷，从颗粒处萌生裂纹，导致复合材料韧性较差，延伸率降低，属于脆性断裂；当纳米 SiCp 含量超过 2%时，如图 7-7(d)、(e)所示，断口形貌较为复杂，出现了明显的裂纹和孔洞，说明此时复合材料的界面结合不好，这是因为团聚体存在处易产生应力集中，导致裂纹出现概率增大，同时几乎没有韧窝出现，呈现类似冰糖状的形貌，说明此时塑性较低，属于脆性断裂。

7.4 纳米 SiCp/Al-12Si 复合材料的热变形行为

复合材料的二次加工对于提高和改善其使用性能非常重要，良好的二次加工性能是 SiCp/Al 复合材料推广应用的基础。大塑性变形不仅能起到细化晶粒的作用，还能减少铝基复合材料中的缺陷，提高其致密度，同时提高增强体在基体中分布的均匀性，从而大幅度地提高复合材料的强度和塑性。对不同粒度和体积分数 SiCp/Al 复合材料的研究发现，复合材料存在动态再结晶，SiCp 体积分数、粒度对复合材料的再结晶有重要影响。大而硬且间距宽的微米 SiCp 周围易出现不均匀的变形区，通过阻碍位错的交滑移和攀移运动而阻碍动态回复的进行，促使动态再结晶形核。而纳米 SiCp 提高复合材料基体合金形变时位错分布均匀性和稳定性，使亚晶间平均取向差减小，不利于甚至抑制动态再结晶形核；而且弥散分布的纳米 SiCp 钉扎晶界，阻碍晶界迁移，阻碍动态再结晶晶粒长大。同时，弥散分布的纳米 SiCp 钉扎位错影响热变形过程中位错的相互对消和重新排列及多边形化，阻碍动态回复过程的进行。目前，对增强体 10～40μm 体系的 SiCp/Al 复合材料的高温变形行为研究较多，关于纳米 SiCp/Al 复合材料的热变形行为研究报道较少。

本节采用 Gleeble-1500D 热模拟试验机对体积分数为 2%的纳米 SiCp/Al-12Si 复合材料的圆柱体试样进行等温热压缩试验，通过测试得到热变形过程中流变应力、应变等大量数据，绘制复合材料的真应力-真应变关系曲线，利用双曲正弦本构关系对热变形时复合材料的流变应力同变形温度和应变速率三者之间的关联性进行研究，计算复合材料的热变形激活能，获得本构方程，绘制热加工图，以期为复合材料的制备提供理论依据。

7.4.1　复合材料热变形的真应力-真应变曲线

真应力-真应变曲线能够直接反映出流变应力与变形条件之间的关系，并从宏观上反映出材料的显微组织变化。图 7-8 所示为体积分数 2%纳米 SiCp/Al-12Si 复合材料在应变速率为 $0.1s^{-1}$、$1s^{-1}$、$5s^{-1}$、$10s^{-1}$，变形温度为 460℃、480℃、500℃、520℃时的真应力-真应变曲线。从图 7-8 可以看出，在该试验研究条件下，流变应力曲线随着应变量的增加呈现先升高后降低再平缓的趋势，具有典型的动态再结晶特性。

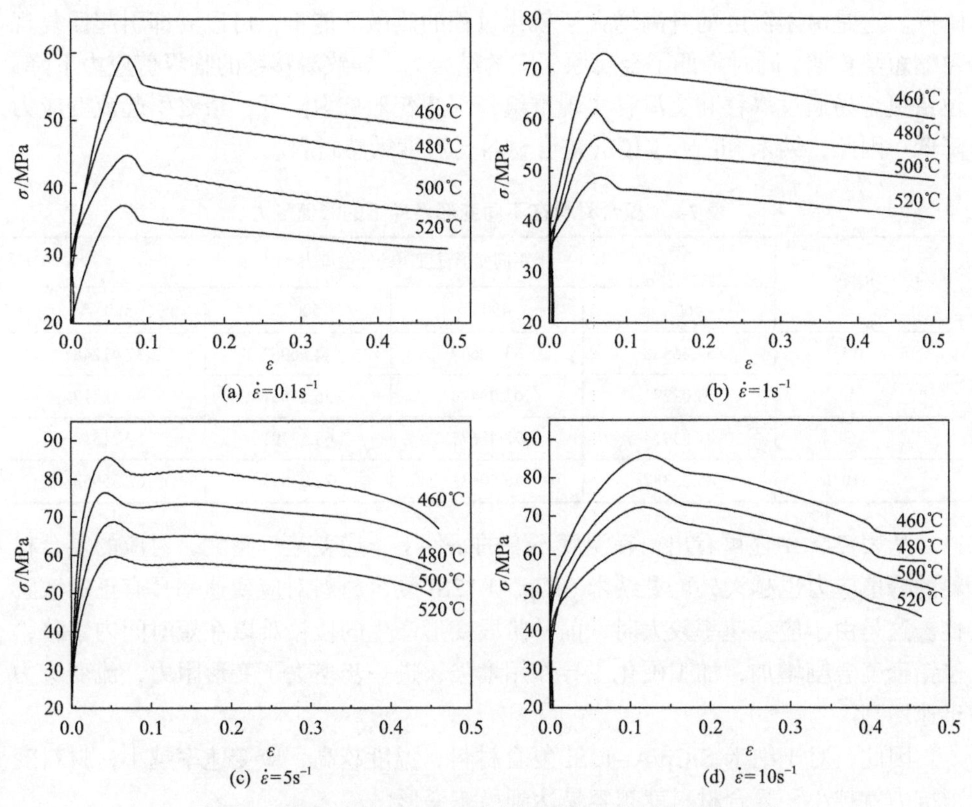

图 7-8　纳米 SiCp/Al-12Si 复合材料的真应力-真应变曲线

在变形初始阶段位错持续增殖，位错密度随着变形量的增加迅速增大，缠结、重叠、堆积的位错相互作用，使位错运动需要克服更大的阻力，产生加工硬化，反映到真应力-真应变曲线中即为流变应力一直持续增加达到峰值，而该阶段应变量很小，形变储存能较低，没有足够的驱动力发生动态回复，不足以克服位错增殖带来的硬化，因此在到达峰值应力前加工硬化起主要作用。随着应变量的增大，材料内部晶格畸变达到饱和，晶内形变储存能增大，空位浓度也提高，位错开始发生交滑移和攀移运动，介入动态软化作用，即发生动态回复和动态再结晶[14]。反映到真应力-真应变曲线上即为流变应力随应变量的增大逐渐降低，此时加工硬化作用开始被动态软化作用抵消。当应变进一步增大时，由动态回复引起的位错湮灭速率和由加工硬化引起的位错增殖速率不相上下，此时动态软化作用与加工硬化作用达到平衡，真应力-真应变曲线降速减慢并趋于平缓，进入稳态流变阶段。

材料变形过程中的最大应力值称为峰值应力，是评估材料在热加工过程中变形能力的重要参数之一。表 7-3 所示为纳米 SiCp/Al-12Si 复合材料不同变形条件下的峰值应力。可以看出，在应变速率一定的条件下，流变应力随温度的升高而降低。这是由于温度的升高增大了软化过程的热激活能量，可以立即引起回复现象缩短孕育期，同时降低了金属原子间的结合力，导致滑移系的临界剪应力下降，位错更容易通过攀移和交滑移实现重组，因此变形抗力降低，最终引起流变应力降低。因此，纳米 SiCp/Al-12Si 复合材料是温度敏感材料。

表 7-3　复合材料在不同变形条件下的峰值应力

应变速率/s^{-1}	不同变形温度下的峰值应力/MPa			
	460℃	480℃	500℃	520℃
0.1	59.46588	53.88647	44.80962	37.41248
1	73.09291	62.03425	56.51651	48.62319
5	81.83914	72.48675	68.57791	59.71519
10	85.23387	76.50631	71.03693	62.35953

从表 7-3 中还可看出，在温度不变的条件下，应变速率越大，对应的复合材料的峰值应力也越大，可见纳米 SiCp/Al-12Si 复合材料对应变速率具有正的敏感性。这是由于应变速率较大时，前一阶段变形产生的位错难以在短时间内攀移，位错密度急剧增加，加工硬化主导作用增强，进一步增大了变形阻力，流变应力迅速增高。

因此，对于纳米 SiCp/Al-12Si 复合材料，温度越高，应变速率越小，材料变形抗力就越小，复合材料就越容易达到稳态变形。

7.4.2　纳米 SiCp/Al-12Si 复合材料的流变应力

1. 不同变形温度复合材料的流变应力

复合材料中加入了 SiCp，同时基体中存在初生硅颗粒，因此在变形初始阶段，Al 基体中的 SiCp、硅颗粒周围就会产生局部塑性变形，位错大量增殖，位错与位错之间，位错与 SiCp 及位错与硅颗粒之间相互作用，使得位错的运动受到阻碍而形成塞积，导致复合材料的变形抗力急剧增加，流变应力迅速增加，此时加工硬化起主导作用，在温度较低时，表现更加明显，流变应力的增加幅度更高，此时变形机理主要是位错的滑移、孪生、扭折带和变形带，温度较高时，热激活能的增大使位错的运动增强，可能出现新的滑移系，使变形容易进行，流变应力降低[15]。同时，动态回复和再结晶软化在高温时进行得更充分，高效修复变形过程中的缺陷，提高材料的塑性，使流变应力降低。从图 7-8 还可看出，在应变速率一定时，不同温度所对应的流变应力下降幅度都不同，流变应力的下降幅度随温度的升高而降低，这可认为是在特定应变速率下具有其所对应的特征温度，低于特征温度，温度的作用非常显著，此时软化作用还未完全开动，可见温度对软化作用的影响很大，越靠近特征温度，软化作用越明显，当达到软化温度时，软化作用能够全面进行，温度的升高对软化作用的影响达到极限，影响就不显著，因此流变应力的下降幅度降低。

2. 不同应变速率复合材料的流变应力

从图 7-8 可以看出，在变形温度相同的条件下，复合材料的流变应力随应变速率的增大而增大，这是由于应变速率越大，材料的塑性变形越不容易充分进行，弹性变形量增大导致流变应力增大；同时这也与材料内部的位错密度密切相关[16]。许多研究表明，流变应力增大是加工硬化引起的位错密度增加速率和动态回复引起的位错密度降低速率共同作用的结果，可以定性地用式(7-1)表示[17-19]：

$$\frac{\mathrm{d}\rho}{\mathrm{d}\varepsilon}=U-\Omega\rho \tag{7-1}$$

式中，U 为不可动位错的增殖速率；Ω 为不可动位错的回复概率；ρ 为位错密度。

对式(7-1)积分可得

$$\rho=\rho_0\exp(-\Omega\varepsilon)+(U/\Omega)[1-\exp(-\Omega\varepsilon)] \tag{7-2}$$

式中，ρ_0 为起始位错密度。

当 $\frac{\mathrm{d}\rho}{\mathrm{d}\varepsilon}=0$ 时，由加工硬化作用引起的外延饱和位错密度 $\rho_{\mathrm{s}}=\frac{U}{\Omega}$，所对应的饱

和应力 $\sigma_s = \alpha\mu B\sqrt{\dfrac{U}{\Omega}}$（$\alpha$ 为与位错密度相关的系数，一般取 0.5；B 为伯格斯矢量；μ 为剪切模量），根据经典应力-位错关系可以将其表示为[20]

$$\sigma = \left\{\sigma_0{}^2\exp(-\Omega\varepsilon) + (\alpha\mu B)^2(U/\Omega)\left[1-\exp(-\Omega\varepsilon)\right]\right\}^{0.5} \quad (7\text{-}3)$$

$$\text{或}\ \sigma = [\sigma_s{}^2 + (\sigma_0{}^2 - \sigma_s{}^2)\exp(-\Omega\varepsilon)]^{0.5} \quad (7\text{-}4)$$

式中，σ_0 为起始应力，$\sigma_0 = \alpha\mu B\sqrt{\rho_0}$。

由式(7-3)、式(7-4)可知，流变应力随不可动位错增殖速率的增大而增大，随不可动位错回复概率的增大而降低，在温度一定时，材料内部位错的增殖速率随应变速率的增大而增大，位错的回复速率随应变速率的增大而降低。

7.4.3 纳米 SiCp/Al-12Si 复合材料的本构方程

目前对流变应力的研究主要是通过建立不同变形条件下的本构方程。在材料热变形行为长期的研究进展中，众多学者对流变应力行为进行了探索归纳，并建立了许多相关数学模型，即材料的本构方程模型。目前，常用的模型主要有两种：一种是不考虑对变形过程中材料内部结构组成影响的因素，只描绘单调递增的简单应力-应变曲线，或者包含了加工硬化和动态软化的稍复杂的应力-应变曲线。一种是把材料内部结构对流变应力的影响考虑在内，当材料内部结构随变形条件发生变化时，就需要采用包含热变形激活能、晶粒尺寸、位错密度和数量的这种数学模型。

在本构方程的选择上，要结合实际情况确保模型的适用性、准确性及数据处理的简洁性。

1. 本构方程模型的选取

在热变形过程中，材料的稳态流变应力 σ 主要取决于两种因素：一是与材料自身有关的因素，如材料的化学成分 C、材料的内部微观组织 S 及材料的特性等；二是材料的变形条件，主要有应变速率 $\dot{\varepsilon}$、变形温度 T 和变形程度 ε 等。因此，在热变形过程中，常用的流变应力表达式为[21]

$$\begin{cases}\sigma = f(\dot{\varepsilon},\varepsilon,T,C,S)\\ \mathrm{d}S/\mathrm{d}t = g(T,\dot{\varepsilon},\varepsilon,C)\end{cases} \quad (7\text{-}5)$$

但是在实际热变形过程中，材料的化学成分基本不变，因此 C 可以看作特定的材料常数，且材料内部的显微组织结构会受到热变形条件限制，因此可以将式(7-5)简化为仅与变形条件相关的函数，即

$$\sigma = f_1(T)\cdot f_2(\dot{\varepsilon})\cdot f_3(\varepsilon) \quad (7\text{-}6)$$

在式(7-6)的基础上，许多学者建立了一系列数学关系模型以描述金属高温流变应力，目前应用较广泛的有 Garofalo 模型、Zuzin 和 Browman 半定量关系模型、Sellars 模型及涉及热激活的 Zener-Hollomon 参数等[22]，合理利用这些模型都可以较准确地表现材料的高温流动特性。根据本章所用试验材料及所得试验数据，将采用 Sellars 和 Tegart 修正的包含热变形激活能 Q 的 Arrhenius 关系，结合 Zener-Hollomon 参数采用统计回归法对复合材料的流变应力行为进行研究。

通过对材料在高温塑性变形下的试验数据研究可得，在低应力水平条件下，稳态流变应力与应变速率之间的关系可以用指数函数关系进行描述，其表达式为

$$\dot{\varepsilon} = A_1\sigma^{n'} \tag{7-7}$$

式中，A_1、n' 均为材料常数，与温度无关。

在高应力水平条件下，稳态流变应力与应变速率之间的关系采用幂指数关系进行表征，其表达式为

$$\dot{\varepsilon} = A_2 \exp(\beta\sigma) \tag{7-8}$$

式中，A_2 和 β 均为材料常数，与温度无关。

研究发现，材料在热加工变形过程中存在同高温蠕变过程一样的热激活过程，一般常用 Arrhenius 方程来表示蠕变速率与温度、应力之间的关系，其表达式为

$$\dot{\varepsilon} = A\left[\sinh(\alpha\sigma)\right]^n \exp\left(\frac{-\Delta H_0}{RT}\right) \tag{7-9}$$

式中，A、α、n 均为与温度无关的材料常数；R 为摩尔气体常数；T 为变形温度。

Sellars 和 Tegart 根据热加工变形过程和高温蠕变过程的类似性，结合式(7-9)，提出了修正了的包含热变形激活能的 Arrhenius 方程，用来表示热变形过程中流变应力与应变速率、变形温度之间的关系，其表达式为

$$\dot{\varepsilon} = A\left[\sinh(\alpha\sigma)\right]^n \exp\left(\frac{-Q}{RT}\right) \tag{7-10}$$

式中，$\dot{\varepsilon}$ 为应变速率；Q 为热变形激活能，表示材料在热变形时的力学性能参数，反映材料热变形难易程度，是衡量金属材料热塑性好坏的重要参数之一，也称为动态软化激活能。

当确定了材料的热变形激活能 Q 后，也可用 Zener-Hollomon 参数——温度补偿应变速率因子[23]，来描述变形条件和流变应力的关系，其表达式为

$$Z = \dot{\varepsilon}\exp\left(\frac{Q}{RT}\right) = A[\sinh(\alpha\sigma)]^n \tag{7-11}$$

对式(7-11)变形可得

$$\sinh(\alpha\sigma) = (Z/A)^{\frac{1}{n}} \tag{7-12}$$

根据双曲正弦函数的定义能够推出 σ 和 Z 参数的关系：

$$\sinh^{-1}(\alpha\sigma) = \ln\left[\left(\alpha\sigma + \alpha\sigma^2 + 1\right)^{\frac{1}{2}}\right] \tag{7-13}$$

$$\sigma = \frac{1}{\sigma}\ln\left\{(Z/A)^{\frac{1}{n}} + \left[(Z/A)^{\frac{2}{n}} + 1\right]^{\frac{1}{2}}\right\} \tag{7-14}$$

因此，式(7-14)同样能够用来表示流变应力。

对式(7-11)求偏导数可得

$$Q = R\frac{\partial\ln[\sinh(\alpha\sigma)]}{\partial(1/T)}\bigg|_{\dot{\varepsilon}} \cdot \frac{\partial\ln\dot{\varepsilon}}{\partial\ln[\sinh(\alpha\sigma)]}\bigg|_T = nRK \tag{7-15}$$

式中，$n = \frac{\partial\ln\dot{\varepsilon}}{\partial\ln[\sinh(\alpha\sigma)]}\bigg|_T$； $K = \frac{\partial\ln[\sinh(\alpha\sigma)]}{\partial(1/T)}\bigg|_{\dot{\varepsilon}}$。

综上所述，对于某一材料，可以通过试验研究获得 A、α、n 及 Q 等热变形材料常数，通过公式对材料在不同热变形条件下的流变应力进行计算，继而对材料在实际热加工过程中的流变应力的大小进行估算，从而为其他热加工工艺参数的控制和选择提供依据。

2. 复合材料流变应力本构方程参数求解

在前文推导的基础上结合热模拟压缩试验的数据，采用双曲函数模型来描述复合材料的峰值应力 σ、变形温度 T 和应变速率 $\dot{\varepsilon}$ 之间的关系[25]。首先将式(7-7)、式(7-8)根据不同情形简化。

在低应力水平下：

$$\dot{\varepsilon} = A_1\sigma^{n'}\exp\left(\frac{-Q}{RT}\right) \tag{7-16}$$

在高应力水平下：

$$\dot{\varepsilon} = A_2\exp(\beta\sigma)\exp\left(\frac{-Q}{RT}\right) \tag{7-17}$$

假设热变形激活能不随温度的变化而变化，对式(7-16)、式(7-17)、式(7-10)

两边同时做对数运算可得如下关系。

在低应力水平条件下：

$$\ln \dot{\varepsilon} = \ln A_1 + n' \ln \sigma - \frac{Q}{RT} \tag{7-18}$$

在高应力水平条件下：

$$\ln \dot{\varepsilon} = \ln A_2 + \beta\sigma - \frac{Q}{RT} \tag{7-19}$$

在所有应力水平条件下：

$$\ln \dot{\varepsilon} = \ln A - \frac{Q}{RT} + n' \ln[\sinh(\alpha\sigma)] \tag{7-20}$$

将不同变形条件下的峰值应力及其所对应的应变速率代入式(7-18)～式(7-20)，采用最小二乘法分别进行一元线性拟合处理，得到流变应力和应变速率的直接关系，如图 7-9 所示。

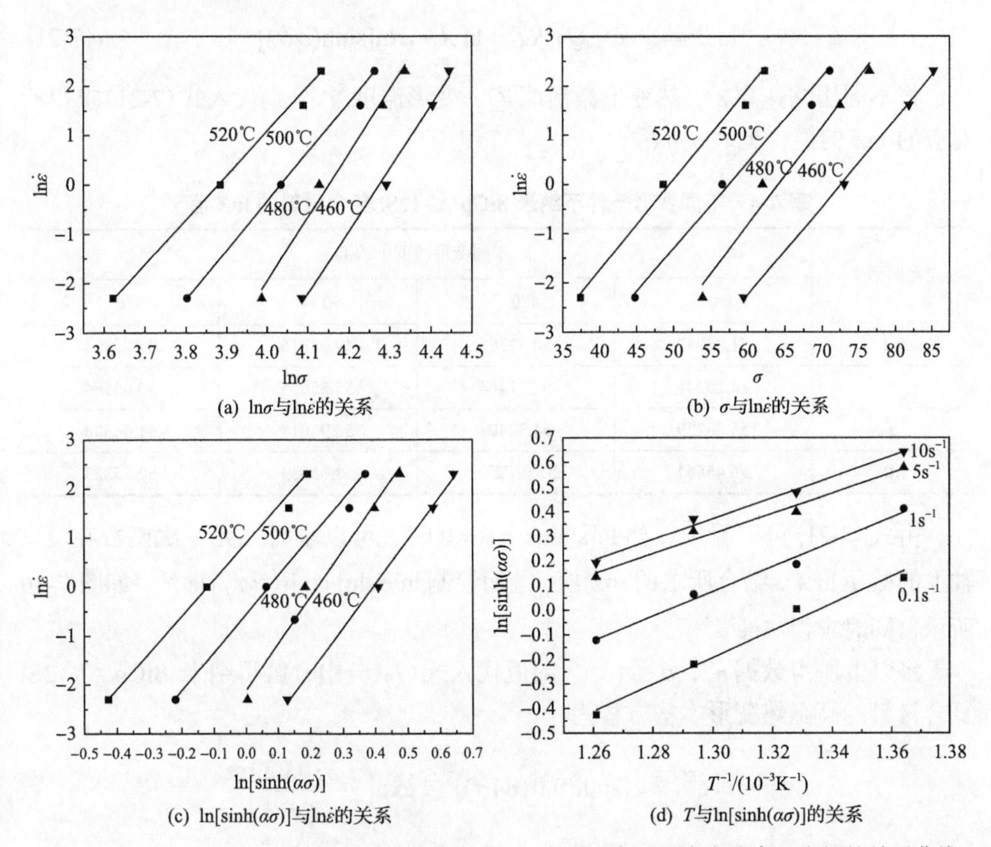

图 7-9 纳米 SiCp/Al-12Si 复合材料峰值应力 σ、变形温度 T 和应变速率 $\dot{\varepsilon}$ 之间的关系曲线

首先取σ为峰值应力及其对应的应变速率$\dot{\varepsilon}$，绘制$\ln\dot{\varepsilon}$-$\ln\sigma$、$\ln\dot{\varepsilon}$-σ关系图，如图 7-9(a)、(b)所示。设n和β分别为直线$\ln\dot{\varepsilon}$-$\ln\sigma$、$\ln\dot{\varepsilon}$-σ的斜率，做一元线性拟合获得n'及β。n'取 7-9(a)中 520℃、500℃、480℃、460℃四条直线斜率的平均值，n'=11.17；同理，β取图 7-9(b)中 520℃、500℃、480℃、460℃四条直线斜率的平均值，β=0.183；通过$\alpha=\dfrac{\beta}{n'}$计算得出α=0.0164。将α代入式(7-20)，利用线性回归绘制出$\ln\dot{\varepsilon}$-$\ln[\sinh(\alpha\sigma)]$关系图，如图 7-9(c)所示，重复以上步骤调整n'值，可以使获得的n'值更加精确，从而使所求得的热变形激活能和流变应力方程更加准确。取变形温度及其对应的峰值应力，采用最小二乘法拟合绘制$\ln[\sinh(\alpha\sigma)]$-$1/T$关系曲线，如图 7-9(d)所示。设K为图 7-9(d)的 4 条曲线的斜率平均值，可以得到n'=8.4411，K=4.7025。

根据式(7-15)，即可求出纳米 SiCp/Al-12Si 复合材料的热变形激活能Q=330.017 kJ/mol。

对式(7-11)两边同时取对数可得：

$$\ln Z = \ln\dot{\varepsilon} + Q/RT = \ln A + n\ln[\sinh(\alpha\sigma)] \tag{7-21}$$

将不同压缩速率$\dot{\varepsilon}$、热变形激活能Q、变形温度T分别代入式(7-21)求得所对应的$\ln Z$的值，见表 7-4。

表 7-4 不同变形条件下纳米 SiCp/Al-12Si 复合材料的 lnZ 值

应变速率/s^{-1}	不同变形温度下的 lnZ			
	460℃	480℃	500℃	520℃
0.1	51.85037	50.41205	49.04816	47.75306
1	54.15295	52.71464	51.35075	50.05564
5	55.76239	54.32407	52.96018	51.66508
10	56.45554	55.01722..	53.65333	52.35823

由式(7-21)可以看出，当$\ln[\sinh(\alpha\sigma)]=0$时，可以求得二元一次函数在 lnZ 轴上的截距$\ln A$，结合所求的 lnZ 值，继而绘制$\ln Z$-$\ln\left[\sinh\left(\alpha\sigma\right)\right]$曲线，如图 7-10 所示，同时求得$A=e^{50.86}$。

将以上所得数据n'、α、A、Q的值代入式(7-16)中，解得纳米 SiCp/Al-12Si 复合材料的高温热变形本构方程为

$$\dot{\varepsilon} = e^{50.86} \times [\sinh(0.0164\sigma)]^{8.44} \exp\left(-\frac{330.02}{RT}\right)$$

从图 7-9 和图 7-10 中还可看出，纳米 SiCp/Al-12Si 复合材料在不同变形条件

下所得的试验数据与双曲正弦函数较为吻合，图中的相关系数 r 超过 0.98。

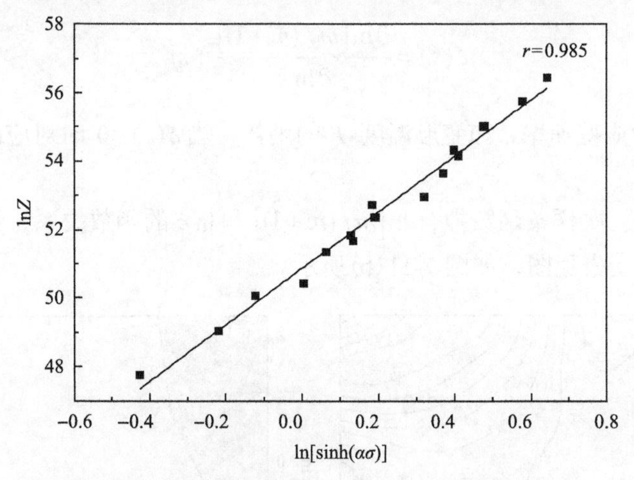

图 7-10　复合材料 $\ln Z$ 与 $\ln[\sinh(\alpha\sigma)]$ 之间的关系

7.4.4　纳米 SiCp/Al-12Si 复合材料的热加工图

热加工图是一种用于评定材料加工性能的常用工具，借助热加工图能够有效优化热加工工艺，避免材料在成型过程中出现缺陷。热加工图一般以动态材料模型理论(DMM)为基础，是由以变形温度和应变速率为加工变量的功率耗散图与流变失稳图叠加而成的。

功率耗散图反映了材料在热变形时显微组织演变的功率耗散情况，一般用功率耗散因子 η 来表示，即[25]

$$\eta = \frac{2m}{m+1} \tag{7-22}$$

式中，m 为应变速率敏感指数，在一定温度 T 和应变速率 $\dot{\varepsilon}$ 下，m 可以表示为

$$m = \frac{\partial \ln \sigma}{\partial \ln \dot{\varepsilon}} \tag{7-23}$$

采用三次样条函数拟合一定温度和应变速率下的流变应力 $\ln\sigma$ 和 $\ln\dot{\varepsilon}$，同时计算出 m 值，即可绘制出 T 和 $\ln\dot{\varepsilon}$ 平面功率耗散曲线，如图 7-11(a)所示，类似地图中的等高线。一般来说，材料的热塑性越好，热加工性能就越好，等高线所对应的功率耗散因子的值也会越大，但是较高的能量耗散功率虽然是较为理想的加工状态，也有可能出现在失稳区内，因此准确地找出加工失稳区也是很有必要的[26]。

失稳图是依据不可逆热力学最大值原理，引入无量纲参数 $\xi(\dot{\varepsilon})$ 来描述不稳定

时，材料加工的连续失稳判据[25]:

$$\xi(\dot{\varepsilon})=\frac{\partial\ln\left[m/(m+1)\right]}{\partial\ln\dot{\varepsilon}}+m \tag{7-24}$$

式中，$\xi(\dot{\varepsilon})$ 为应变速率 $\dot{\varepsilon}$ 和变形温度 T 的函数，当 $\xi(\dot{\varepsilon})<0$ 时对应的区域为流变失稳区。

同样采用三次样条函数拟合 $\ln\left[m/(m+1)\right]$ 和 $\ln\dot{\varepsilon}$ 的函数关系，计算出失稳判据，绘制出流变失稳图，如图 7-11(b)所示。

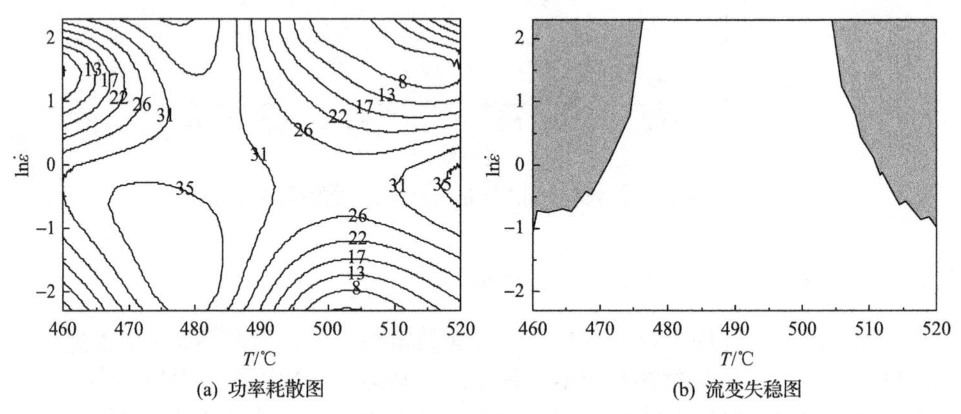

(a) 功率耗散图　　(b) 流变失稳图

图 7-11　应变量为 0.4 时纳米 SiCp/Al-12Si 复合材料的功率耗散图和流变失稳图

将功率耗散图和流变失稳图叠加起来即为复合材料的热加工图。图 7-12 为应变量为 0.4 时的纳米 SiCp/Al-12Si 复合材料的热加工图。图中灰色阴影部分即为流变不稳定区，白色区域为变形安全区。可以看出，在应变速率较高的情况下，流

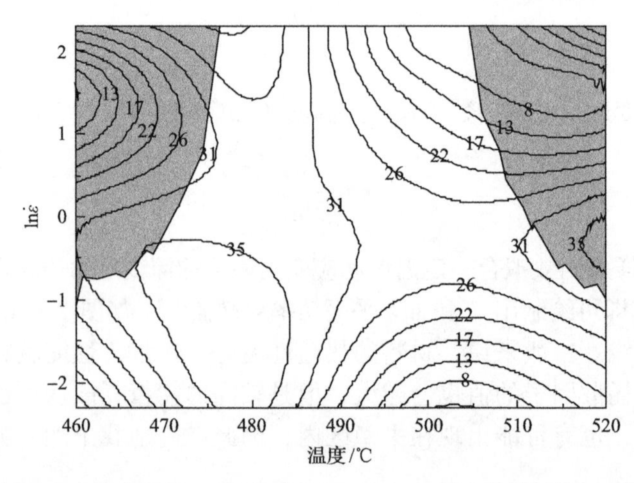

图 7-12　应变量为 0.4 时纳米 SiCp/Al-12Si 复合材料的热加工图

变失稳区的面积也较大。初步断定，当应变速率为 0.1～0.36s^{-1}、变形温度为 460～520℃，或在应变速率为 0.36～10s^{-1}、变形温度为 475～505℃的范围内都适合对复合材料进行热加工。

7.5　热变形过程中复合材料微观组织演变

复合材料在经过高温变形后，不仅会发生形状上的变化，且内部的显微组织也会产生变化。热变形工艺参数对复合材料整个塑性变形中的加工硬化和动态软化过程有很大影响，因此深入分析热变形过程中复合材料内部显微组织的演变规律，并以此为依据合理选择高温变形的各项工艺参数，实现对复合材料微观结构的控制以改善综合性能，对实际生产应用有重大意义。

本节采用 SEM 观察了热变形后立即水淬冷却的压缩试样，研究了在热变形过程中变形条件(变形温度、应变速率)对 2%纳米 SiCp/Al-12Si 复合材料宏观形貌和显微组织变化的影响。

7.5.1　复合材料热压缩试样宏观形貌

图 7-13 所示为在应变速率为 0.1s^{-1}、不同变形温度条件下的热压缩试样的宏观形貌。从图中可以看出，纳米 SiCp/Al-12Si 复合材料在应变速率为 0.1s^{-1}，变形温度为 460℃的条件下变形后，试样表面出现了严重的开裂现象，裂纹宽度、深度较大；在 480～520℃较高温度区间内试样的外形较为完好，没有出现开裂现象。说明在应变速率一定时，温度越低越容易出现压裂现象，原因是低温条件下局部流变较强，导致试样开裂，高温条件下，流变阻碍降低使流变应力增大，使试样的破坏程度降低，可见材料的塑性随变形温度的升高而提高。

(a) 520℃

(b) 500℃

(c) 480℃

(d) 460℃

图 7-13　应变速率 0.1s^{-1} 时不同温度热压缩后纳米 SiCp/Al-12Si 复合材料的宏观形貌

图 7-14 所示为变形温度为 520℃，不同应变速率下的热压缩试样宏观形貌。由图可见，在应变速率较低的条件下，试样经过热压缩后外形完整，几乎没有出现开裂，当应变速率增大为 10s^{-1} 时，试样表面呈现被破坏的现象，这可能是因为应变速率较大时，动态回复和动态再结晶的软化作用在还未来得及发挥时就开始

变形，因此对材料的破坏程度加大，出现明显开裂现象，可以认为应变速率越大，材料的塑韧性越差。

(a) $0.1s^{-1}$　　(b) $1s^{-1}$　　(c) $5s^{-1}$　　(d) $10s^{-1}$

图 7-14　变形温度 520℃时纳米 SiCp/Al-12Si 复合材料热压缩后的宏观形貌

可见，宏观形貌的分析与从热加工图中初步得出的结论有出入，因此想要更确切地制定复合材料热加工工艺方案还需结合热变形试样的微观组织。

7.5.2　复合材料热压缩后的微观组织

1. 复合材料不同温度热压缩后的微观组织

图 7-15 所示为应变速率为 $10s^{-1}$，不同变形温度下的热压缩试样 TEM 显微组织。从图 7-15(a)可以看出，当温度为 460℃时，复合材料的组织内部存在大量位错，且位错之间相互缠结，位错网络密度很大；温度为 480℃时，如图 7-15(b)所示，组织内部出现了明显的位错墙，说明在这两种条件下，出现了较明显的动态回复特征。随着温度的升高，组织内的位错数目明显减少，当温度为 500℃时，如图 7-15(c)所示，出现了清晰明确的三叉亚晶界，进一步温度升高至 520℃时，出现了正在合并的亚晶，如图 7-15(d)所示，晶内观察到少量位错，晶粒间有明显取向差，晶界清晰，还可看出晶界有沿着其曲率相反方向运动的趋势，说明此时材料开始发生动态再结晶。

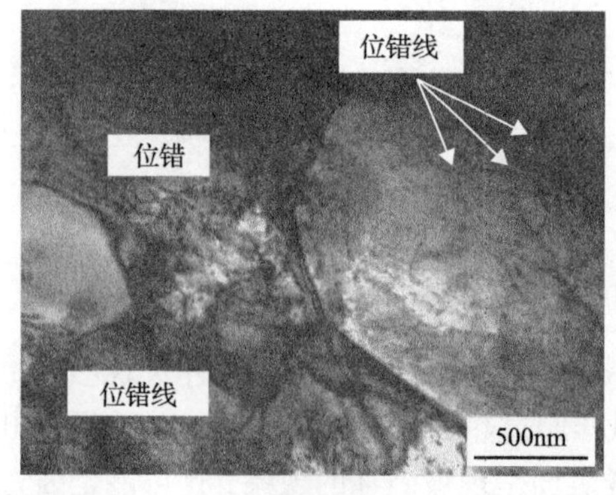

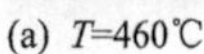

(a) T=460℃

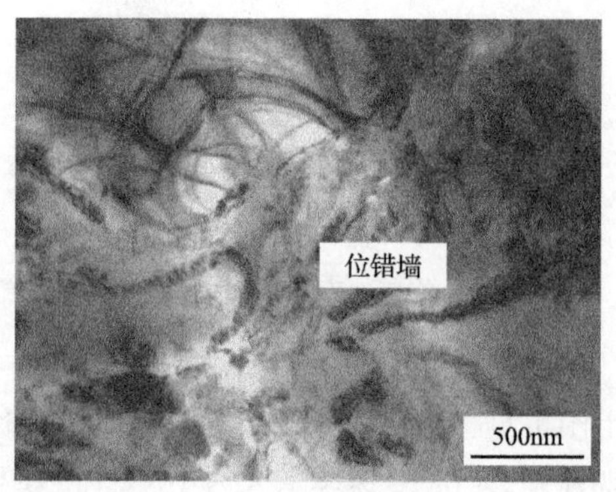

(b) T=480℃

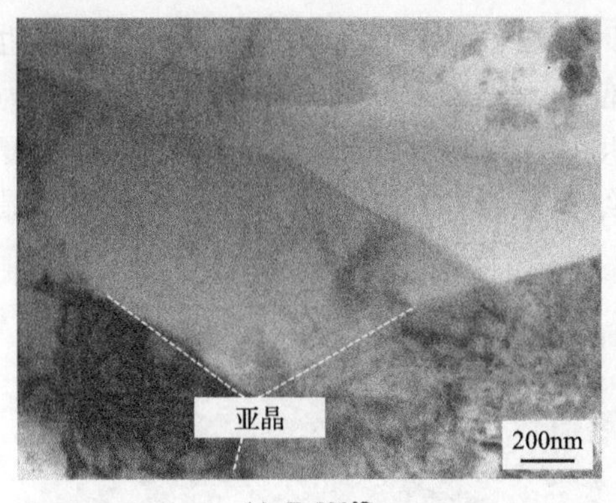

(c) T=500℃

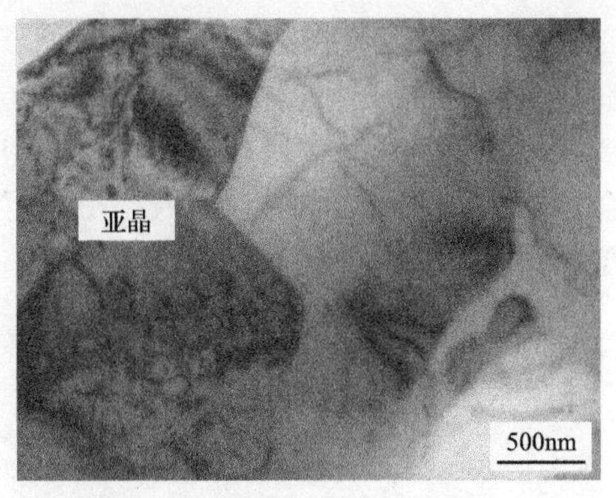

(d) T=520℃

图 7-15　应变速率 $10s^{-1}$ 时不同温度压缩后纳米 SiCp/Al-12Si 复合材料的 TEM 显微组织

可见，在一定应变速率、较低变形温度的条件下，复合材料的原子热激活能较低，此时动态回复发生的程度有限，并不能抵消变形初期大量累积的位错，因此组织中的位错密度较高。温度较高时，借助增强的热激活作用，原子运动能力得以提升，位错充分发生滑移、攀移并重新分布，尤其是刃型位错的攀移运动，可以使同一滑移面上的异号位错相互吸引而抵消[14]，从而使位错密度降低，并形成尺寸较大、组织较为完善的亚晶粒，同时较高的变形温度还能够促进亚晶界的迁移合并形成大角度晶界，并提高再结晶晶界的迁移能力[27]，有利于动态再结晶的发生。

2. 不同应变速率下复合材料微观组织

图 7-16 所示为变形温度为 520℃时，不同应变速率下的热压缩试样的 TEM 显微组织。当应变速率为 $10s^{-1}$ 时，如图 7-16(a)所示，组织中出现亚晶合并现象，但亚晶界尚清晰，同时晶内位错密度略大，还可观察到位错缠结，说明此时再结晶过程进行得不充分；当应变速率为 $5s^{-1}$ 时，如图 7-16(b)所示，白色线框圈出的合并亚晶界略有模糊，晶内位错密度降低，此时再结晶程度更深一步。当应变速率为 $1s^{-1}$ 时，如图 7-16(c)所示，出现了明显的再结晶晶粒，晶界清晰但仍有部分呈弯曲状，还可看出晶内有少量位错缠结，但位错有继续迁移并消失的倾向；当应变速率为 $0.1s^{-1}$ 时，如图 7-16(d)所示，组织中出现了明显完整的等轴晶晶粒，可见该条件下再结晶过程进行得较为充分，再结晶晶粒有充裕的时间长大，同时晶粒内位错密度降低。

可见，在一定温度和较低应变速率下，相同应变量所需的变形时间略长，位错能够在充足的时间内发生滑移和攀移，通过运动更多地实现湮灭和重组，晶内位错密度下降。同时动态软化的过程与变形时间紧密相关，应变速率降低可赋予再结晶晶粒足够的时间长大，使动态再结晶过程进行得更充分。较高的应变速率会缩短相同应变量下所需的变形时间，变形储存能来不及释放，位错也没有充裕的时间进行对消和重新排列，使得动态回复和动态再结晶等软化行为来不及或不能充分进行，从而使位错密度增大。因此，降低应变速率可以使复合材料组织内的位错密度降低，出现再结晶晶粒，晶界变得平直清晰明锐，晶粒尺寸增大。

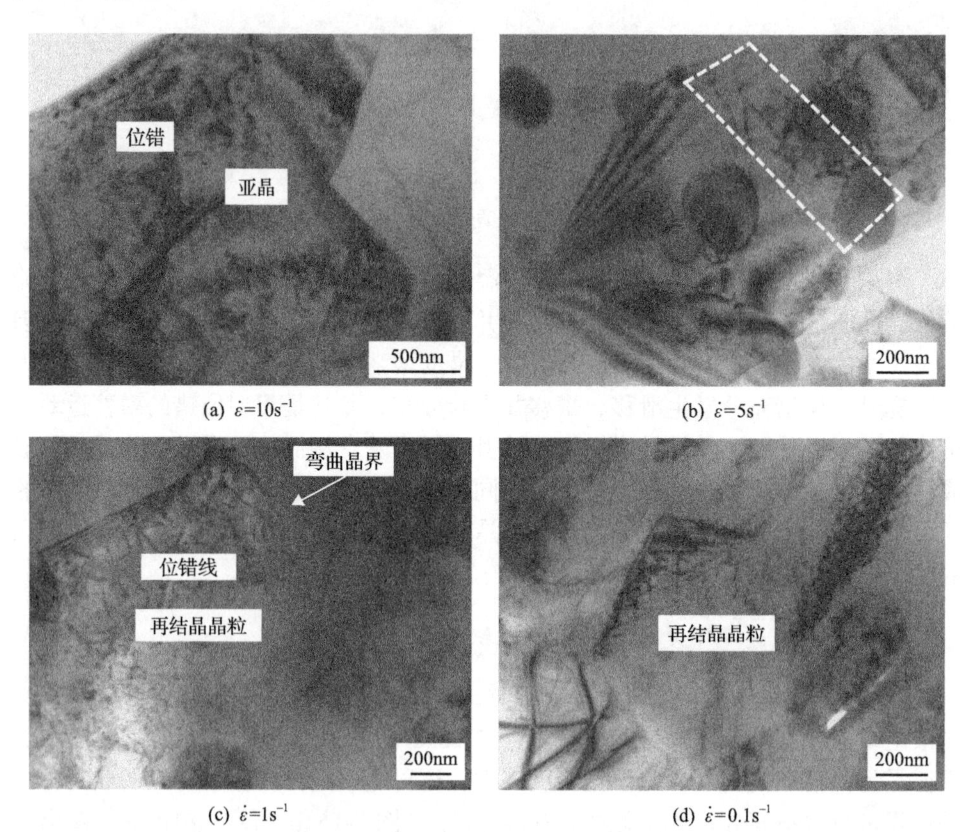

(a) $\dot{\varepsilon}=10s^{-1}$ (b) $\dot{\varepsilon}=5s^{-1}$

(c) $\dot{\varepsilon}=1s^{-1}$ (d) $\dot{\varepsilon}=0.1s^{-1}$

图 7-16 变形温度为 520℃时不同应变速率下纳米 SiCp/Al-12Si 复合材料的 TEM 显微组织

综上所述，应变速率一定时，当变形温度低于 500℃时，复合材料中发生动态回复；温度高于 500℃时，发生动态再结晶。在温度一定的条件下，应变速率越低，复合材料中动态再结晶现象越明显。

7.5.3 ln*Z* 值对复合材料微观组织的影响

Z 参数的物理意义是温度补偿的应变速率因子，通常采用 ln*Z* 的值来作为判断动态软化发生的标准[28]。许多学者认为，ln*Z* 值较大时，在变形过程中动态回复占主要地位，ln*Z* 值较小时，动态再结晶起主导作用，ln*Z* 取中间值时，动态回复与动态再结晶一同起作用[29]。

1. ln$Z$ 值对复合材料位错形态的影响

图 7-17 所示为复合材料在不同热变形条件下内部的位错组织。从图 7-17(a)中可以看出，晶粒内有些区域位错密度较高，位错相互缠结，开始形成亚晶且晶界清晰，而有的区域缠结成位错网，只形成胞状组织，还有的区域位错数量很少，这说明动态回复过程不是均匀进行的。图 7-17(b)组织中位错密度稍低，出现了较大较完整的亚晶晶粒，并保留了变形位错的亚结构，同时图中圈出的等厚位错网条纹是正在形成的再结晶晶界，如图 7-17(b)中箭头方向所示，晶界移动的方向指向曲率中心，最终会变平直，这说明该条件下动态再结晶进行了一部分，新晶界的存在有力地证明了动态再结晶的发生。图 7-17(c)组织中位错数量大大减少但仍有部分缠结，出现大角度晶界，晶界变得清晰平直，再结晶过程进一步进行，图 7-17(d)中再结晶晶粒已充分长大，此时再结晶过程充分进行。

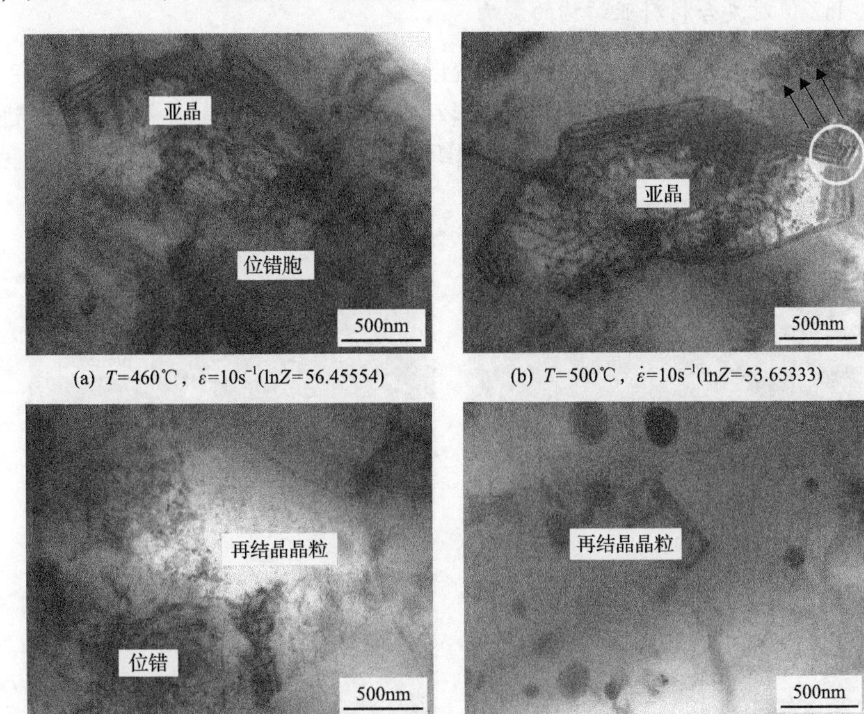

(a) T=460℃，$\dot{\varepsilon}=10s^{-1}$(ln$Z$=56.45554)　(b) T=500℃，$\dot{\varepsilon}=10s^{-1}$(ln$Z$=53.65333)

(c) T=500℃，$\dot{\varepsilon}=1s^{-1}$(ln$Z$=51.35075)　(d) T=500℃，$\dot{\varepsilon}=0.1s^{-1}$(ln$Z$=49.04816)

图 7-17　不同 ln$Z$ 值对应的纳米 SiCp/Al-12Si 复合材料的位错组织

对比图 7-17(a)~(d)可以发现，随着 ln$Z$ 值的减小，变形组织内部的位错数量降低，这也进一步从微观组织上说明了流变应力随温度的升高和应变速率的降低而降低的原因。当 ln$Z$ 值很大时，复合材料中动态回复起主要作用，且回复具有不均匀性，局部区域变形量很大，位错密度更高。当 ln$Z$ 值减小时，动态回复进行的程度越充分越有助于动态再结晶的发生。动态回复过程与位错运动紧密相连，其实质即为在螺型位错交滑移和刃型位错攀移的作用下，使位错相互抵消并重新排列，而再结晶的驱动力就是变形时与位错有关的储能，来自变形晶粒间的位错密度差，取决于位错的密度及其分布，而动态再结晶的形核往往发生在位错数量较多且均匀分布的区域[30]，因此位错密度随 ln$Z$ 值的减小降低。

综上所述，ln$Z$ 的值对热变形过程中复合材料组织中的位错和亚晶均有影响，当 ln$Z$ 较大时，动态回复起主要作用，组织中位错密度较高，互相缠结成位错胞，也会形成较小亚晶晶粒；当 ln$Z$ 较小时，动态再结晶占据主导地位，组织中位错数量大大减少，亚晶尺寸变大，晶界变得清晰，会出现亚晶合并长大，发生动态再结晶。

2. ln$Z$ 值对复合材料亚结构的影响

图 7-18 所示为复合材料在不同热变形条件下内部的亚晶组织。从图 7-18(a)可以看出，该条件下已经开始形成形状较为规则的亚晶，亚晶晶粒有拉长的迹象且粒度较小；从 7-18(b)看出，亚晶的组织更为完善，亚晶尺寸变大，亚晶界变得

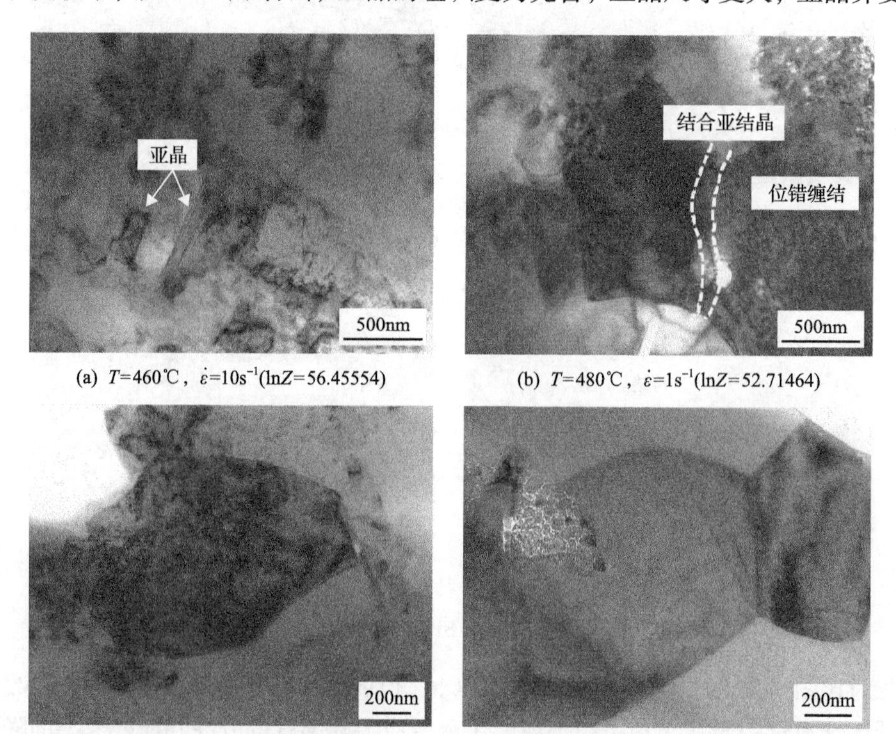

(a) T=460℃，$\dot{\varepsilon}$=10s^{-1}(ln$Z$=56.45554)　(b) T=480℃，$\dot{\varepsilon}$=1s^{-1}(ln$Z$=52.71464)

(c) T=500℃，$\dot{\varepsilon}$=1s^{-1}(ln$Z$=51.35075)　(d) T=520℃，$\dot{\varepsilon}$=0.1s^{-1}(ln$Z$=47.75306)

图 7-18　不同热变形条件下纳米 SiCp/Al-12Si 复合材料的亚晶组织

清晰，但大角度晶界和小角度晶界有明显差距，还出现了两个亚晶胞壁接触并开始融合的现象，说明此时动态回复起主导作用，动态再结晶将要开始；图 7-18(c)的组织中已有亚晶粒形成并长大，还有一些区域的亚晶正在合并，意味着此时发生了动态再结晶，但再结晶过程还不够充分；图 7-18(d)中亚晶基本完全合并，晶界趋于平直且角度接近 120°，说明此时再结晶过程进行得较为充分。

对比图 7-18(a)～(d)可以发现，组织中亚晶晶粒尺寸会随着 $\ln Z$ 值的减小而逐渐增大，位错的可动性也随之加强，与此同时位错互相抵消的效率大幅度提高，增殖和互消逐渐达到均衡，最终朝着位错密度更稳定的趋势发展，而且位错可动性的加强还会增大对亚晶界周围应力场的影响，能够增大亚晶界之间的间距，使排列在亚晶界上的位错形成更简单更稳定的低能量组态[31]。因此，$\ln Z$ 值越小，越有助于动态再结晶发生，这也进一步验证了热变形过程中的位错组织规律。

7.6　纳米 SiCp/Al-12Si 复合材料热变形动态软化行为

材料在高温变形过程中的流变应力大小和位错密度紧密相关。研究表明，流变应力与 $\mu B\sqrt{\rho}$ 成正比(μ表示剪切模量，B 表示伯格斯矢量，ρ 表示位错密度)[32]。热变形过程中，一方面位错密度的增大会引起加工硬化，另一方面位错的滑移与攀移运动会引起动态软化，即出现动态回复和动态再结晶现象，因此在热变形过程中，由塑性变形引起的硬化和由回复再结晶引起的软化这两个矛盾的现象同时存在。

7.6.1　动态回复

动态回复是再结晶晶粒形成前亚结构组织发生变化的过程[30]。许多研究表明，在变形初期，材料内部位错大量增殖，位错密度急剧增加，流变应力也逐渐提高，位错与位错之间的相互缠结及位错的运动距离随着微应变的增加逐渐被缩小在一定的尺寸范围内，并形成位错胞组织。与此同时，在热变形激活能的作用下，位错通过滑移和攀移运动与来自其他位错源的异号位错互相抵消，形成低能量组织，继而形成亚晶，这是热变形过程中动态回复的主要机制。

图 7-19(a)为变形温度为 460℃、应变速率为 $5s^{-1}$ 条件下的位错结构。可以看出，位错平直地排列组成一道位错墙，这是因为热变形过程中异号刃型位错通过攀移运动互相抵消，余下的同号位错会在滑移面上排列形成平衡组态，在滑移面的垂直方向上形成位错墙，这便是动态回复过程中多边形化的典型结构。位错墙所包围的区域会形成胞状组织，如图 7-19(b)所示，位错胞内仍有位错缠结，随着温度的升高，位错的活动能力加强，胞壁上异号位错更容易互相抵消，由此呈现出清晰的亚晶界，如图 7-19(c)、(d)所示，这同时也意味着亚晶的形成。

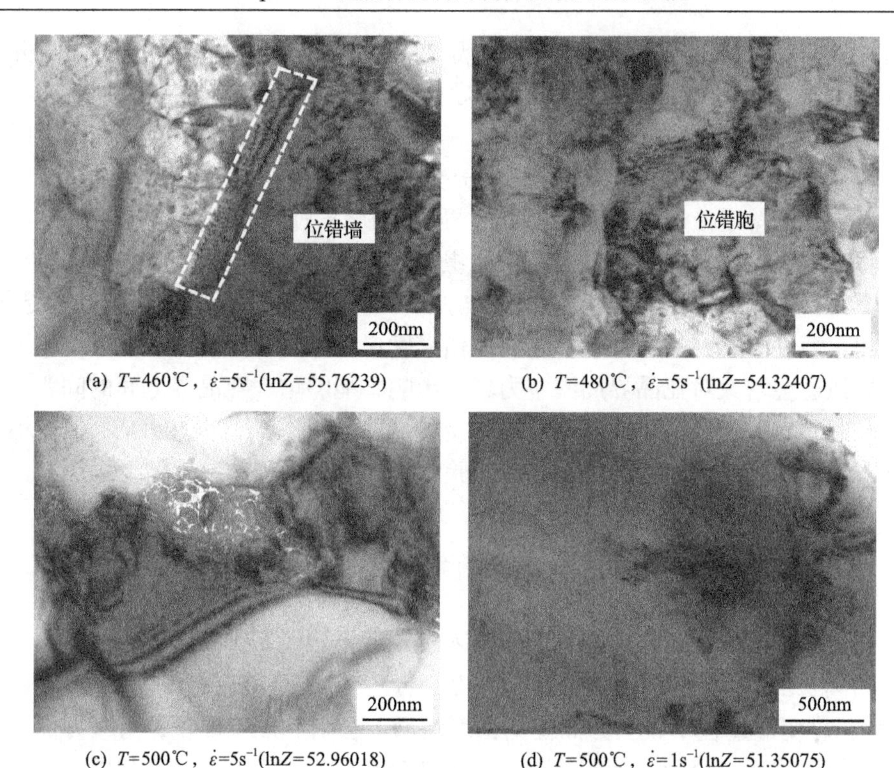

(a) T=460℃，$\dot{\varepsilon}$=5s^{-1}(ln$Z$=55.76239)　(b) T=480℃，$\dot{\varepsilon}$=5s^{-1}(ln$Z$=54.32407)

(c) T=500℃，$\dot{\varepsilon}$=5s^{-1}(ln$Z$=52.96018)　(d) T=500℃，$\dot{\varepsilon}$=1s^{-1}(ln$Z$=51.35075)

图 7-19　不同热变形温度下的纳米 SiCp/Al-12Si 复合材料的透射组织

材料在稳态变形过程中是依靠位错的滑移和攀移运动来实现动态软化的，因此稳态变形机制的实质就是热激活的位错机制，变形过程中形成的亚结构取决于单位时间内的热激活次数[33]，而热激活次数是 ln$Z$ 的函数。ln$Z$ 值减小能够使位错的运动快速进行，互消和重组更加充分，同时位错的可动性也随之增大，亚晶界的活动能力加强，使多边形化过程进行得更为完善、亚晶组织的尺寸更为完整。但在变形温度较低、应变速率较大的条件下，位错的可动距离随原子热激活能的降低而缩小，使位错的互消和重组概率减小；此外，位错容易在低温时发生缠结，应变速率越高，缠结越严重，越会阻碍位错的运动，形成尺寸较小的位错胞组织。

7.6.2　动态再结晶

再结晶的形核机制包括再结晶晶粒的形核与长大，根据临界晶核尺寸模型：

$$r_{\mathrm{k}} = \frac{2\sigma}{\Delta G_{\mathrm{v}}} \tag{7-25}$$

式中，r_{k} 为临界晶核半径；σ 为界面能；ΔG_{v} 为变形基体与再生晶核间的体积自由能差。

当晶粒的半径达到临界值时，就可以自发进行形核过程。再结晶形核过程与亚晶晶粒密切相关，亚晶尺寸随着温度的升高逐渐增大，达到临界尺寸后，就可通过一定的形核机制进行动态再结晶。关于动态再结晶有以下两种经典的形核机制[34]：

(1)应变诱发晶界迁移机制：如图 7-20 所示，大角度晶界两侧的亚晶的位错密度不同，在两侧亚晶应变储能差的作用下，大角度晶界会向位错密度较高的一侧移动，兼并相邻的变形基体和亚晶，作为再结晶核心而长大。

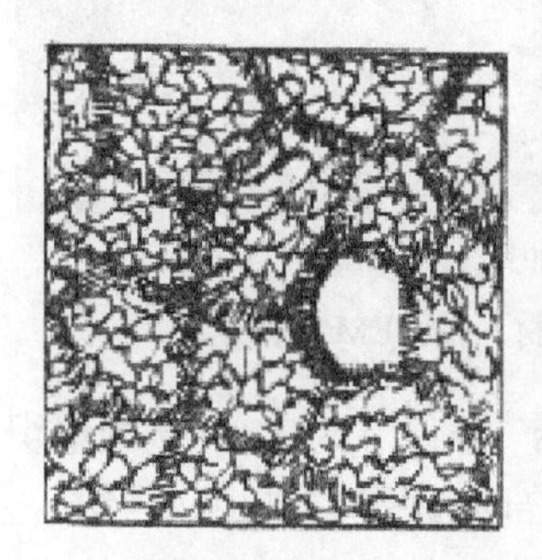
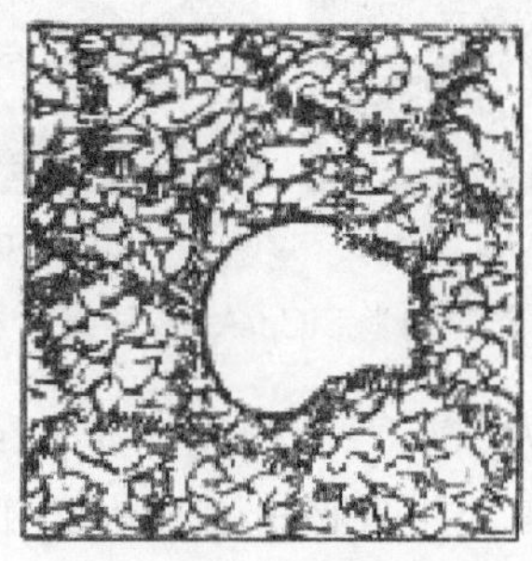
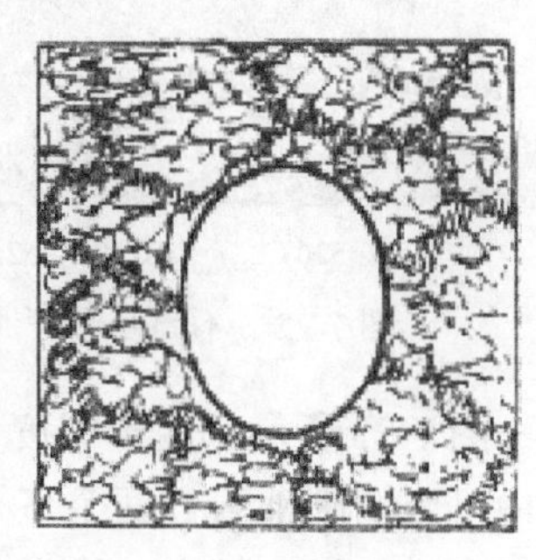

图 7-20　应变诱发晶界迁移机制示意图

(2)亚晶粗化机制：亚晶形成后，晶粒内部仍有较高的界面能，为了降低界面能，位向差不大的相邻亚晶会发生转动互相合并，通过两亚晶小角度晶界上位错的运动，能够形成新的晶界同时消除两亚晶合并后的公共晶界，由于转动作用会增大其与相邻亚晶之间的位向差，这样就形成了大角度晶界，提高了晶界迁移率，这种晶界发生运动后留下的晶粒就构成再结晶晶核，如图 7-21 所示。

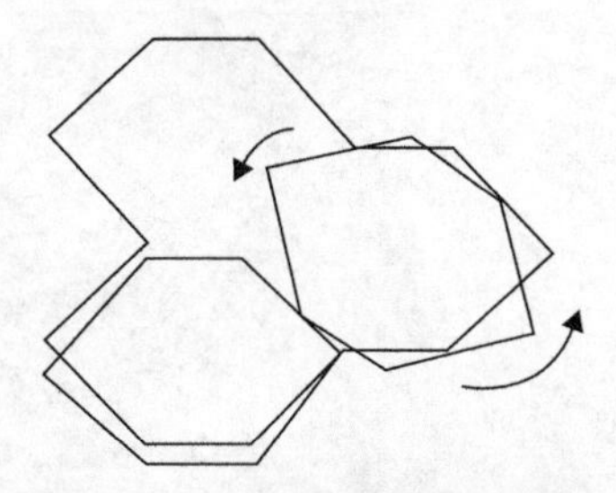

图 7-21　亚晶粗化机制示意图

图 7-22 所示为复合材料在不同应变条件下的再结晶形核 TEM 显微组织。从图 7-22(a)可以看出，大角度晶界两侧存在较大的位错密度差，初步形成了较小的再结晶晶核，晶界有向位错密度较高一侧运动的趋势；从图 7-22(b)中可以看出，再结晶晶核已长大，此时再结晶过程已进行得较为充分，但与晶界周围仍存在位错密度差，这意味着较高的位错梯度是动态再结晶的形核所必需的。可见应变诱发晶界迁移是纳米 SiCp/Al-12Si 复合材料高温压缩变形过程中再结晶形核

的机制之一。

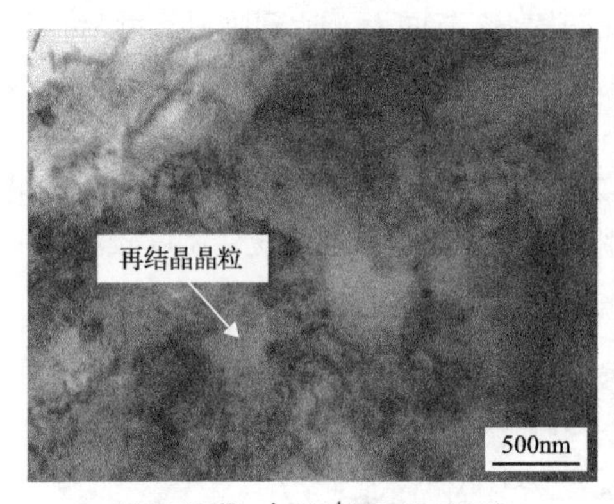

(a) T=520℃，$\dot{\varepsilon}$=10s^{-1}(ln$Z$=52.35823)

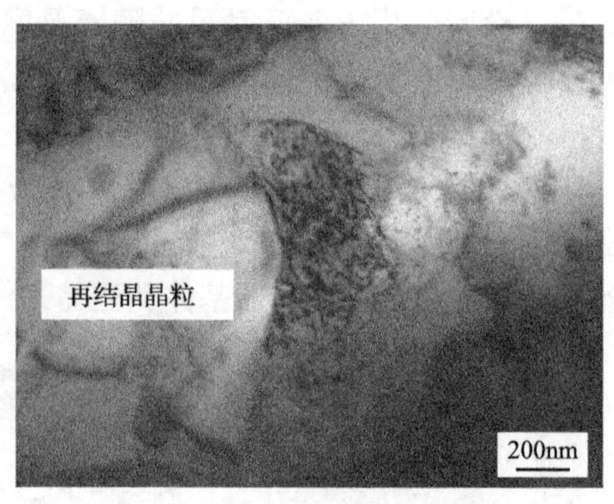

(b) T=500℃，$\dot{\varepsilon}$=0.1s^{-1}(ln$Z$=49.04816)

图 7-22　不同变形条件下的纳米 SiCp/Al-12Si 复合材料的 TEM 显微组织

图 7-23 所示为变形温度为 500℃、应变速率为 0.1s^{-1} 条件下的 TEM 显微组织，从中可以清晰地看到两个正在合并的亚晶粒，晶粒内部有许多位错相互缠结，公共亚晶界已经开始变得模糊。随着变形的进行，小角度亚晶界会一直吸收位错，使其与周围亚晶界取向差逐渐增大，当超过临界之后会转变为大角度晶界，使亚晶发展成具有更大角度的晶粒，逐步形成再结晶晶核。晶粒长大的驱动力是晶界两侧界面能的差值，晶界的迁移向着曲率中心的方向，最终晶界会变得清晰平直。可见亚晶粗化也是纳米 SiCp/Al-12Si 复合材料高温压缩变形过程中再结晶形核的机制。

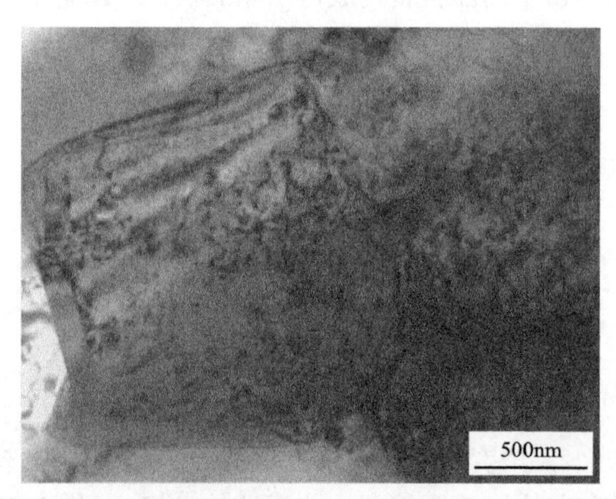

图 7-23　500℃、0.1s^{-1} 时纳米 SiCp/Al-12Si 复合材料热变形的 TEM 显微组织

纳米 SiCp/Al-12Si 复合材料的热变形软化机制包括动态回复和动态再结晶。其中，动态再结晶形核机制包括应变诱发晶界迁移机制和亚晶粗化机制。

参 考 文 献

[1] 居志兰，花国然，戈晓岚. SiCp 粒径及含量对铝基复合材料拉伸性能和断裂机制的影响[J]. 机械工程材料，2008, 32(2): 30-32.

[2] 田晓风，肖伯律，樊建中，等. 纳米 SiC 颗粒增强 2024 铝基复合材料的力学性能研究[J]. 稀有金属，2005, 29(4): 143-147.

[3] WANG L N, WU H, WU X P, et al. Preparation and mechanical properties of β-SiC nanopartiele reinforced aluminum matrix composite by a multi-step powder metallurgy process[J]. 武汉理工大学学报：材料科学英文版，2013, (6): 1059-1063.

[4] KOLLO L, BRADBURY C R, VEINTHAL R, et al. Nano-silicon carbide reinforced aluminium produced by high-energy milling and hot consolidation[J]. Materials Science & Engineering: A, 2011, 528(21): 6606-6615.

[5] ZHANG R, GAO L, GUO J K. Preparation and characterization of coated nanoscale Cu/SiCp composite particles[J]. Ceramics International, 2004, 30(3): 401-404.

[6] YUAN D, HU K, LÜ S, et al. Preparation and properties of nano-SiCp/A356 composites synthesised with a new process[J]. Materials Science & Technology, 2018, 34(12): 1415-1424.

[7] LÜ S, XIAO P, YUAN D, et al. Preparation of Al matrix nanocomposites by diluting the composite granules containing nano-SiCp under ultrasonic vibration[J]. Journal of Materials Science & Technology, 2018, 34(9): 1609-1617.

[8] YAGHOBIZADEH O, BAHARVANDI H R, AHMADI A R, et al. Development of the properties of Al/SiC nano-composite fabricated by stir cast method by means of coating SiC particles with Al[J]. Silicon, 2019, 11(2): 643-649.

[9] 高红霞，王华丽，杨东. 单一纳米及纳/微米 SiC 混合颗粒增强铝基复合材料研究[J]. 粉末冶金技术，2016, 34(1): 11-15.

[10] HE G J, LI W Z. Influence of nano particle distribution on the strengthening mechanisms of magnesium matrix composites[J]. Acta Materiae Compositae Sinica, 2013, 30(2): 105-110.

[11] HE C L, WANG J M, YU W X, et al. Microstructure and tensile behavior of aluminum matrix composites reinforced with SiC nanoparticles[J]. Rare Metal Materials & Engineering, 2006, 35(8): 156-160.

[12] 贾磊，谢辉，吕振林. Mo 粉末烧结现象与烧结机制研究[J]. 铸造技术，2008, 29(3): 395-399.

[13] HABIBNEJAD-KORAYEM M, MAHMUDI R, POOLE W J. Enhanced properties of Mg-based nano-composites reinforced with Al_2O_3 nano-particles[J]. Materials Science & Engineering: A, 2009, 519(1-2): 198-203.

[14] 仇琍丽. 7A85 铝合金高温热压缩流变行为和显微组织演变[D]. 长沙：湖南大学，2015.

[15] 任培东，吴前峰. 不同变形温度和变形速率对 SUS316L 不锈钢流变应力及金相组织的影响[J]. 机械研究与应用，2009, (5): 65-67.

[16]黄裕金，陈志国，舒军，等. 2E12 铝合金的高温塑性变形流变应力行为[J]. 中国有色金属学报，2010, 20(11): 2094-2100.

[17] BERGSTRÖM Y. A dislocation model for the stress-strain behaviour of polycrystalline α-Fe with special emphasis on the variation of the densities of mobile and immobile dislocations[J]. Materials Science & Engineering, 1970, 5(4): 193-200.

[18] LAASRAOUI A, JONAS J J. Prediction of steel flow stresses at high temperatures and strain rates[J]. Metallurgical and Materials Transactions A, 1991, 22(7): 1545-1558.

[19] 王进, 陈军, 张斌, 等. 35CrMo 结构钢热塑性变形流动应力模型[J]. 上海交通大学学报, 2005, 39(11): 1784-1786.

[20] DEVADAS C, SAMARASEKERA I V, HAWBOLT E B. The thermal and metallurgical state of steel strip during hot rolling microstructural evolution[J]. Metallurgical and Materials Transactions A, 1991, 22(2): 335-349.

[21] LUTON M J, SELLARS C M. Dynamic recrystallization of nickel and nickel&iron alloys during high temperature deformation[J]. Acta Metallurgica, 1969, 17(8): 1033-1043.

[22] 陈永禄, 陈文哲, 洪丽华, 等. 铝及其合金高温流变应力模型的研究现状[J]. 铸造技术, 2008, 29(9): 1223-1226.

[23] 张学敏, 曾卫东, 舒滢, 等. 基于Zener-Hollomon因子的Ti40阻燃合金开裂准则研究[J]. 稀有金属材料与工程, 2008, 37(4): 604-608.

[24] RAMANATHAN S, KARTHIKEYAN R, GANASEN G. Development of processing maps for 2124Al/SiCp composites[J]. Materials Science & Engineering: A, 2006, 441(1-2): 321-325.

[25] 邹雷, 周张健. ODS-310 合金的热变形行为及热加工图[J]. 粉末冶金材料科学与工程, 2014, (2): 177-183.

[26] 时伟, 王岩, 邵文柱, 等. GH4169 合金高温塑性变形的热加工图[J]. 粉末冶金材料科学与工程, 2012, 17(3): 281-290.

[27] 陈学海, 陈康华, 董朋轩, 等. 7085 铝合金的热变形组织演变及动态再结晶模型[J]. 中国有色金属学报, 2013(1): 44-50.

[28] LI B, PAN Q, ZHANG Z, et al. Characterization of flow behavior and microstructural evolution of Al-Zn-Mg-Sc-Zr alloy using processing maps[J]. Materials Science & Engineering: A, 2012, 556: 844-848.

[29] AGHAIE K M, ZARGARAN A. The hot formability of an Al-Cu-Mg-Fe-Ni forging disk[J]. Journal of Metals, 2010, 62(2): 37-41.

[30] 黄旭东. 2026 铝合金热变形行为研究[D]. 长沙: 湖南大学, 2009.

[31] 李雪峰. 一种新型 Al-Mn 合金的均匀化处理及热变形行为研究[D]. 长沙: 湖南大学, 2013.

[32] 孙亚丽. SiCp/Al 复合材料的热变形组织演变及动态再结晶行为研究[D]. 洛阳: 河南科技大学, 2016.

[33] 沈健, 唐京辉, 谢水生. Al-Zn-Mg 合金的热变形组织演化[J]. 金属学报, 2000, 36(10): 1033-1036.

[34] 姜科. 铜铝复合接触线用银铜合金高温变形行为研究[D]. 赣州: 江西理工大学, 2009.